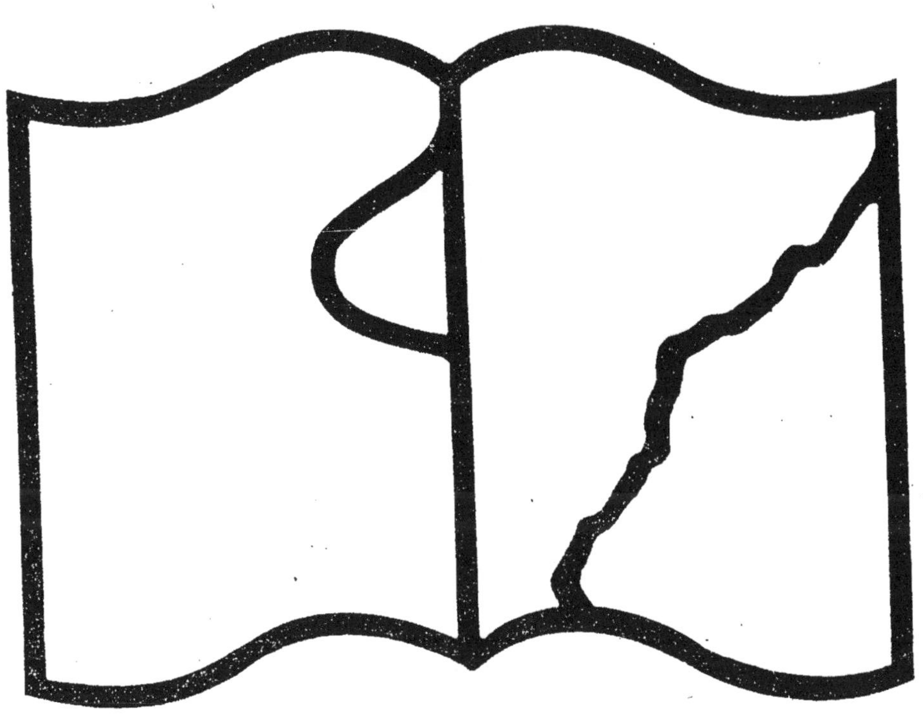

A
B

ANALYSE GÉOGRAPHIQUE DE L'ITALIE,

DÉDIÉE A MONSEIGNEUR

LE DUC D'ORLEANS,

PREMIER PRINCE DU SANG.

Par le Sieur D'ANVILLE, *Géographe ordinaire du Roi.*

A PARIS,

Chez la Veuve ESTIENNE & FILS, ruë Saint Jacques, vis-à-vis la ruë du Plâtre, à la Vertu.

M DCC XLIV.

AVEC APPROBATION ET PRIVILEGE DU ROI.

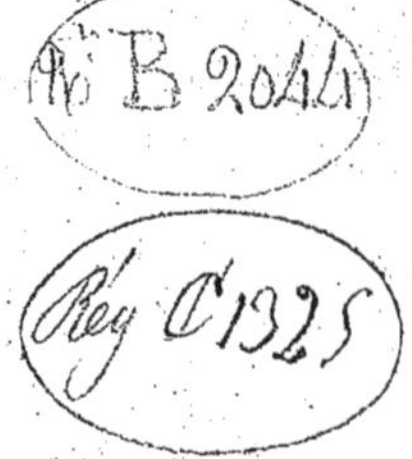

A MONSEIGNEUR
LE DUC
D'ORLEANS,
PREMIER PRINCE DU SANG.

ONSEIGNEUR,

Comblé des bienfaits de Votre Altesse Sérénissime, j'ose

a ij

lui offrir le tribut de ma reconnoiſſance. Cet Ouvrage, & ceux dont il doit être ſuivi, VOUS *appartiennent,* MONSEIGNEUR: *Vos dons en procurent la publication;* VOUS *même en avez tracé le plan. Si le goût des grands Princes étoit fondé, comme en* VOTRE ALTESSE SÉRÉNISSIME, *ſur leurs propres connoiſſances, la protection qui ſeroit aſſurée aux talens, produiroit plus d'un avantage. Les Gens-de-Lettres employés avec diſcernement, donneroient avec confiance à leur travail toute l'étendue & le dégré de ſolidité que chaque matiére paroîtroit exiger. Comptables de ce travail à des*

Protecteurs éclairés, quel motif pour les engager à le perfectionner! Quand je pense, MONSEIGNEUR, *que j'ai à remplir les vûës de* VOTRE ALTESSE SÉRÉNISSIME *dans ce qu'il lui a plu de me proposer; que cette carriére s'ouvre à la ſuite de l'honneur que j'ai eu d'être appellé aux Etudes de* MONSEIGNEUR LE DUC DE CHARTRES; *je ſuis convaincu, comme je le dois, que mes efforts ne pourront répondre à de pareils engagemens. Mais, je puis au-moins proteſter à* VOTRE ALTESSE SÉRÉNISSIME, *que l'on ne ſçauroit apporter plus de zèle & d'application à cette entreprise, dont l'exécution sera mon devoir par préférence à tout autre objet.*

Je suis avec un entier dévouement, & le plus profond respect,

MONSEIGNEUR,

DE VOTRE ALTESSE SÉRÉNISSIME,

Le très-humble, très-obéïssant, & très-soumis serviteur,

D'ANVILLE.

AVERTISSEMENT

Dans lequel on donne le Plan d'un nouveau corps de Cartes Géographiques.

UOIQUE plusieurs Sçavans, également distingués par l'érudition & par la critique, ayent déja travaillé sur la Géographie de l'Italie, ce nouvel ouvrage ne paroîtra superflu, qu'autant qu'on ignorera l'objet & le plan que l'on s'y est proposé. La plûpart des Sçavans, en débrouillant & en comparant ce qui se trouve répandu dans les monumens de l'Antiquité, se sont contentés de remarquer les défauts des Cartes, sans porter leurs vûës jusqu'à la réformation des Cartes mêmes. C'est-là cependant ce qui fait la partie la plus difficile, comme la plus essentielle, de la Géographie. Le travail qui y est attaché, devroit tirer quelque recommendation de sa difficulté & de son importance : mais, on ne sçauroit se flater, qu'une exactitude scrupuleuse soit également sensible à tout le monde ; & moins encore se promettre, qu'un détail poussé aussi loin qu'il peut l'être en écrivant sur cette matiére, ne rebute pas le plus grand nombre des Lecteurs. Ces inconvéniens n'ont point dû m'arrêter dans la composition de la Carte que je donne de l'Italie, & dans l'explication que j'y joins. Si cette Analyse ne fournit pas dans toutes ses parties, le juste équivalent d'un enchainement de Triangles sans interruption, au-moins est-il à présumer, que la certitude Géométrique ne peut être remplacée par des combinaisons en plus grand nombre, & plus étroitement liées. Cette discussion donnera lieu à une observation générale, & de très-grande conséquence; qui est, que l'emploi des espaces, un des points capitaux de la Géographie, veut une sévérité d'examen & d'évaluation, qu'on ne s'est point encore assez proposée dans la construction des Cartes.

Je n'ajouterai rien ici sur ce sujet, à ce qu'on trouvera dans le préliminaire de l'ouvrage même. Je profiterai de l'occasion que me donne cet Avertissement, pour donner au Public le Plan d'un nouveau corps de Cartes Géographiques, dont l'Italie ne paroît aujourd'hui que comme l'échantillon. Il n'est pas douteux, que les découvertes ou les améliorations, que le tems amene & procure à la Géographie, ne doivent exciter les Géographes à renouveller leurs travaux. On peut même ajouter, que les sources anciennes & connuës (comme il paroîtra dans la discussion de l'Italie) ne sont point encore épuisées; & que des matériaux, qui semblent déja mis en œuvre, ou à portée de l'avoir été, peuvent encore beaucoup contribuer à perfectionner les ouvrages de ce genre. Mais, j'ai toujours été tellement prévenu, que l'entreprise d'un corps de Cartes générales demandoit de de si grandes études de préparation, des travaux si souvent répetés sur les mêmes sujets, une si ample collection de matériaux, soit Cartes particuliéres, soit Mémoires & instructions de détail; que quoique depuis environ vingt ans il soit sorti de mes mains un nombre assez considérable de morceaux ou d'essais particuliers, je n'aurois encore osé mettre la main à un pareil ouvrage, si les bontés & la magnificence vraiment royale d'un grand Prince ne me faisoient une loi de cette entreprise, & n'en facilitoient l'exécution. MONSEIGNEUR LE DUC D'ORLEANS ayant remarqué, que les quatre Parties du Monde, qui ont été dessinées par MONSEIGNEUR LE DUC DE CHARTRES dans le cours de ses Etudes, & quelques autres Cartes de ma composition, différoient en plusieurs points des Cartes précédentes; après avoir exigé des preuves de ces changemens, & les avoir admises, m'a excité à composer de nouvelles Cartes, assez étenduës pour renfermer ce qu'il y a de plus intéressant dans la Géographie, tant ancienne que moderne; ajoutant de son propre mouvement, qu'il se chargeoit des frais de l'ouvrage. Depuis ce moment, *M. le Marquis d'Argenson*, Chancelier de Monseigneur le Duc d'Orleans, & rempli du même zèle pour les Lettres, n'a cessé de me presser de répondre par mon application & par ma diligence, aux bontés de S. A. S. & c'est à sa sollicitation, qu'il m'a été permis d'annoncer au Public, les secours & la protection particuliére que ce grand Prince veut bien accorder à mon entreprise.

Dans les combinaisons que j'ai faites depuis longtems, sur ce qui convenoit à des Cartes générales, j'ai eu lieu de me persuader, que l'*in folio* ordinaire, auquel on les a communément réduites, ne pouvoit remplir leur objet. N'y a-t'il pas une sorte de témérité, à prétendre faire entrer l'Allemagne dans une Carte de 16 à 18 pouces de hauteur ? Comment y démêler ce nombre prodigieux d'Etats, dont plusieurs Cercles de l'Empire, qui ne sont pas les plus étendus, sont composés ? Y a-t'il du choix à faire entre ces Etats, qui petits comme grands, sont également distincts & indépendans les uns des autres ? Un inconvénient de cette nature peut même se faire sentir sur d'autres sujets. Il y a dans la Mappe-monde bien des espaces, qui n'entrent point dans les Cartes des Parties du Monde, les Terres Arctiques & Australes, la vaste étendue de la Mer du Sud. Si l'Hémi-sphère est borné à environ un pied de diametre, selon ce qu'une feuille ordinaire peut contenir, quelle expression aura-t'on de ce qui est renfermé dans ces espaces ? Si plusieurs parties de l'Asie, de l'Amérique Septentrionale, sont trop resserrées dans une Carte, il faut nécessairement que quelques isles, quelques portions même de continent, que les établissemens qu'on y a faits & le commerce rendent considérables, & d'une connoissance très-importante, soient réduites à des points, où l'on ne pourra rien démêler. Et pour ne pas négliger l'ancienne Géographie, que l'étude de l'Hiſtoire rend indiſpenſable, ſi la Carte du Monde Romain eſt donnée trop ſuccinte, ne ſera-t'on pas obligé de ſe pourvoir d'un aſſez nombreux ſupplément de Cartes particuliéres des pays qui faiſoient les provinces de l'Empire ?

Ces conſidérations m'ont paru exiger, que les Cartes générales occupaſſent au moins deux feuilles. Par ce moyen, elles ſeront aſſez amples, pour que les Cartes des principaux Etats de l'Europe puiſſent en beaucoup d'occurrences exempter de la néceſſité de recourir à des Cartes particuliéres. Les Cartes d'Aſie, d'Afrique, d'Amérique, fourniront autant que ſi chacune de ces Parties du Monde étoit coupée en différens morceaux, comme la plûpart des Géographes n'ont pû ſe diſpenſer de le faire, pour ſuppléer à l'inſuffiſance des Cartes trop générales, & bornées à une feuille ſur ces Parties. Un petit nombre de ſujets remplira tout l'objet de l'ancienne Géographie. Quand on conſidère, que la répétition du limitrophe des pays contigus emporte beaucoup d'eſpace dans les Cartes, on ſent parfaitement qu'une Carte de deux feuilles peut renfermer ce qui en demande quatre ou cinq dans le partage d'une certaine étenduë de pays en pluſieurs piéces particuliéres : outre que les grands Continens ainſi ſubdiviſés, demandent toujours leurs Cartes générales, par la raiſon qu'on veut les voir raſſemblés ſous un coup d'œil. Or, ne doit-il pas paroître plus commode & plus convenable, d'embrasser les principaux objets sous un petit nombre d'articles, que de les avoir dispersés en beaucoup de morceaux détachés ? Ce n'est point une objection à faire, que les Cartes de deux feuilles sortent de la grandeur ordinaire des Atlas : on y fait tous les jours entrer des Cartes de plus d'une feuille. D'ailleurs, si un certain nombre de Cartes générales de deux feuilles fournissent en elles-mêmes un assortiment, il n'y a plus de nécessité à les joindre avec d'autres : elles peuvent faire un corps à part. Ce ne sera pas même le premier assemblage de Cartes qui excéde la grandeur ordinaire, & le Neptune François peut servir d'exemple. Ce que les morceaux prendront en étenduë sera compensé en réduction par leur petit nombre.

Après avoir parlé de la grandeur des Cartes, il convient de spécifier les différens sujets qu'on se doit proposer d'y traiter. Il est censé que dans la plûpart, l'objet sera commun avec les Cartes générales précédentes. La Mappe-monde, suivie des quatre Parties du Monde, puis les principaux Etats de l'Europe, feront toujours également la distribution, ainsi que la matiére, d'un ouvrage de cette espece. La diversité ne peut consister, que dans la maniére de rendre les mêmes sujets. Ce que je proposerai sur l'ancienne Géographie, sera sur un plan plus différent de ce qui a été exécuté jusqu'à présent.

La MAPPE-MONDE doit être prise sous le point de vûë ordinaire de l'Hémi-sphère ancien & du nouveau, oriental & occidental. Ce n'est pas que la Mappe-monde considérée par les Pôles, & en Hémi-sphère boreal & austral, n'ait son utilité ou son avantage : mais il semble, que la prémiére maniére de projection soit communément préférée à la seconde. On remarquera, qu'un Hémi-sphère dont le diamétre peut aller à 20 pouces, fournit un champ presque trois fois aussi considérable en surface, qu'un diamétre de 12 pouces, auquel les Mappe-mondes d'une feuille ont paru assujetties jusqu'à présent; d'où il suit, que l'expression des parties qui entrent dans cette étenduë de surface, doit être plus parfaite, & devenir plus sensible. Je ne borne pas l'avantage qui en résulte, aux seuls endroits qui ne doivent paroître que dans la Mappe-monde, comme il a été dit ci-dessus, & qui ne trouveront point leur répétition en plus grand espace dans les Cartes des Parties du Monde. Car, si l'on considère, combien l'Europe devient serrée dans l'Hémi-sphère d'un pied, on verra que plusieurs des Etats qui se comptent dans cette Partie, & qui ne peuvent se confondre avec d'autres, ne sçauroient néanmoins trouver de place distincte & de dénomination dans leur espace trop limité. Cependant, c'est le moins qu'il convienne d'exprimer dans la Carte du Monde, même la plus générale. Je dis plus : quoiqu'à l'égard d'un pays comme l'Italie, il ne soit point à propos ni praticable dans la Mappe-monde, de faire une distinction d'Etats particuliers, il faut du moins que la mention de certaines villes choisies réponde aux principaux d'entre ces Etats; que Turin, Milan, Venise, Gênes, Florence, Rome, Naples, soient également admises. Entre ces villes, il n'y en a guère que vous puissiés exclure plutôt que quelqu'une des autres. C'est sur la proportion qui résulte de ce détail, qu'il convient de combiner l'espace nécessaire à une Mappe-monde. Et quoiqu'une pareille observation se fasse mieux sentir à l'égard de l'Europe que des autres Parties, elle influë néanmoins sur toutes ces Parties en général.

La Carte d'EUROPE seroit trop superficielle, si dans les Etats principaux qui la composent, on ne pouvoit distinguer les Provinces qui composent ces Etats. Ce sont apparemment les bornes étroites d'une feuille, qui ont contraint quelques Géographes à n'admettre d'autre division dans l'étenduë de la France, que celle des prétendus grands Gouvernemens, division qui n'a eu lieu que dans la tenuë de quelques Etats du Royaume, & qui devoit même répugner à des Géographes instruits, par la raison que des Provinces considérables & de la plus ancienne dénomination, n'y paroissent point, & sont subordonnées à d'autres plus récemment établies. Si le défaut d'espace dans une Carte d'Europe peut faire excuser cette division du Royaume, elle devient absurde dans ſes Cartes de la France même, où elle a été conſervée. La Carte d'Europe ne pouvant admettre la diviſion politique des Cercles de l'Empire, on y doit trouver au moins la diſtinction des régions ou provinces Nationales de l'Allemagne; & même d'autant plus néceſſairement, que dans la Carte d'Allemagne une pareille diſtinction, quelque importante qu'elle puiſſe paroître, ne ſçauroit ſe démêler au travers de ce partage preſque infini d'Etats particuliers ou de poſſeſſions. Enfin, une Carte d'Europe un peu étenduë peut ſuffire en quelque ſorte pour ce qui regarde ſes parties plus éloignées, Pologne, Scandinavie, Ruſſie; ſur leſquelles il faut même avouer, que nous manquons encore des ſecours néceſſaires pour les traiter avec la même préciſion dont les autres parties ſont ſuſceptibles.

L'Asie a beaucoup acquis du côté de la Géographie, depuis peu d'années. Ce n'eſt point exagérer que de dire, que la Chine eſt aujourd'hui mieux connuë que pluſieurs parties de l'Europe. Les RR. PP. Jéſuites, auſquels on en eſt redevable, ont embraſſé dans leur travail la Tartarie limitrophe de la Chine. Le Tibet, dont on ne connoiſſoit preſque que le nom, ſe trouve décrit & circonſtancié par leurs ſoins. On a extrêmement enchéri à l'égard de la Tartarie Septentrionale, ſur des Cartes qui avoient déja effacé toutes les précédentes. Le voyage de Beerings a fixé la connoiſſance d'un nouveau continent, dans la partie la plus reculée de la Tartarie. Quoique par les ſoins des Hollandois principalement, les côtes de l'Inde, les iſles adjacentes, dont l'exacte connoiſſance par rapport au commerce eſt ſi importante, ſoient exprimées dans des Cartes très-amples, cependant la Compagnie des Indes de France perfectionnera cette même partie. Il ſeroit à ſouhaiter, que la partie de l'Aſie qui tient à l'Europe de plus près, & pour laquelle les beſoins de l'Hiſtoire, tant ancienne que moderne, inſpirent la plus vive curioſité, participât aux mêmes avantages. Je n'ai point épargné l'étude & les recherches ſur un objet ſi intéreſſant, auquel même ce qu'une Carte générale d'Aſie peut contenir ne me paroît pas devoir ſuffire, & que par conſéquent je me propoſe de traiter en particulier, comme on verra ci-après.

L'Afrique ne ſemble rien promettre, qui ſerve à étendre les connoiſſances Géographiques: mais, on peut enchérir du côté de la préciſion ſur ce qui paroît connu. Nous avons plus de détail qu'auparavant ſur une partie de la Barbarie. Il y a de notables changemens à faire dans le cours du Nil; & on peut même avancer, que l'opinion reçûë de la découverte des ſources de ce fleuve ſouffre des difficultés. La Mer Rouge devenant plus circonſtanciée, doit conſéquemment paroître mieux connuë. La côte de l'Ethiopie orientale qui lui ſuccéde, ſe perfectionne par des routiers Portugais, dont on n'a point encore fait d'uſage, d'uſage. Des relations ou morceaux d'hiſtoire nous inſtruiſent de diverſes circonſtances locales, à l'égard des pays de Congo & d'Angola; & la côte de Guinée ſe trouve réformée en pluſieurs endroits. Enfin, en combinant les notions qu'on peut avoir du côté du Sénégâ, avec ce que Ptolémée & Edriſſi ont donné ſur l'intérieur de l'Afrique, on en peut tirer quelques conſéquences qui n'ont point été apperçûës.

Pour ce qui eſt du Nouveau-monde, la diſtinction naturelle de l'AMÉRIQUE en partie SEPTENTRIONALE & partie MÉRIDIONALE, preſcrira toujours aux Geographes une ſéparation en deux Cartes. La prémiére de ces deux parties intéreſſe plus généralement que l'autre les Nations de l'Europe, qui y prennent une part plus égale & la fréquentent davantage. D'ailleurs, en s'y renfermant dans ce que la Nouvelle-Eſpagne & le Canada ont de plus connu, d'autant que la Mappemonde peut être cenſée ſuffiſante pour ce qui ſort de ces limites, on ſe trouve ainſi plus au large à l'égard de l'Amérique Septentrionale. Et l'avantage d'un plus grand dévelopement en ce qui la concerne, doit prévaloir ſur le défaut d'égalité d'Echelle à l'égard de l'Amérique Méridionale. Car enfin, les Antilles & autres iſles, quelques parties de la Nouvelle-France & des Colonies Angloiſes, du Mexique même, quoiqu'on n'en ſoit pas inſtruit auſſi préciſément qu'il conviendroit, exigent plus d'eſpace qu'une Carte trop reſſerrée dans ſon étenduë, ou qui embraſſe trop d'eſpace, n'en peut donner. Et ſans prendre autant de volume que la Carte Angloiſe de M. Popple, on pourra néanmoins exprimer les mêmes objets avec plus de détail & de préciſion en beaucoup d'endroits; quoique cette Carte ſoit recommendable en ce qu'elle contient divers morceaux qui peuvent contribuer à perfectionner la Carte de l'Amérique Septentrionale. Quelques parties du Canada, ſpécialement ce qui eſt compris entre le fleuve Saint-Laurent & la Baye d'Hudſon, la Louiſiane entiére, dont j'ai dreſſé une Carte fort ample, qui eſt manuſcrite dans mes papiers, fourniront des circonſtances neuves, ou plus détaillées qu'auparavant. La lecture de pluſieurs volumes manuſcrits en Eſpagnol, qui appartiennent au Roi, & qui m'ont été communiqués il y a dix ans à l'occaſion d'un ouvrage dont j'avois l'honneur d'être chargé pour Sa Majeſté; m'a procuré ſur pluſieurs pays de la domination d'Eſpagne, des connoiſſances que je n'avois trouvées nulle part, quoique j'euſſe parcouru & tiré des extraits d'un bon nombre de livres imprimés dans la même langue.

L'AMÉRIQUE MÉRIDIONALE étant un maſſif de terre, que des enfoncemens de mer ne pénétrent point, il n'eſt pas étonnant que ce qu'on a de connoiſſances diminuë à meſure qu'on s'éloigne de la côte. En quelques endroits même, la connoiſſance eſt preſque bornée au rivage de la mer. Les pays compris d'ordinaire ſous le nom général de Paraguai, dans tout l'intervalle du Pérou au Bréſil, font la plus conſidérable portion de terrain dont on puiſſe dire avoir des Cartes, & c'eſt aux RR. PP. Jéſuites qu'on en a l'obligation. L'intérieur du Pérou & de Tierra-firme dépendent encore en grande partie de ce que la lecture des hiſtoires & relations écrites par les Eſpagnols, peuvent fournir. Il eſt vrai qu'on a lieu d'eſpérer, que la Géographie de ces pays tirera de très-grands avantages du ſéjour que MM. de l'Académie Royale des Sciences ont fait au Pérou, indépendamment de l'objet principal de leur voyage. Le Bréſil n'eſt connu juſqu'à préſent que ſur la côte : cependant pluſieurs Mémoires particuliers m'ont mis en état d'ajouter aux Cartes, le quartier des Mines d'Or & des Mines de Diamans. J'ai tiré d'un Religieux Portugais, qui avoit demeuré douze ans ſur la riviére des Amazones, beaucoup de particularités le long de ce fleuve, dans tout l'eſpace dépendant de la Couronne de Portugal. Il n'eſt pas queſtion d'entrer en plus grand détail, dans une expoſition auſſi ſuccinte qu'on ſe l'eſt propoſée, de ce qui doit faire le ſujet des nouvelles Cartes générales.

Paſſons aux parties de l'Europe. Plus la FRANCE nous eſt familiére, plus elle exige une préciſion, qui rend l'exécution difficile. Si quelque défaut eſt pardonnable à un Géographe François ſur tout autre ſujet, il n'en eſt pas de même à l'égard de la Carte de la France. Rien ne doit s'y démentir; détail des côtes de la mer, & du cours des riviéres, diviſion exacte des provinces, choix & gradation des lieux ou des poſitions, ſelon leur dignité & leur état plus ou moins conſidérable, dénominations correctes, & analogues aux anciennes ou primitives, autant que cela ſe peut, & ſans s'écarter de la maniere actuelle de les prononcer: toutes ces conditions, qui généralement parlant ſont requiſes en tout ouvrage Géographique, deviennent exigibles dans celui dont il eſt queſtion. Quelque ſoin que nous apportions à la Carte d'un pays étranger, il n'eſt preſque pas poſſible qu'il ne s'y trouve des parties plus foibles les unes que les autres; mais, la Carte de France ne ſouffre point d'inégalité de cette eſpece. On n'a procuré à aucun pays de la Terre, une baſe Géographique auſſi parfaite qu'à la France. Les opérations Trigonométriques de l'Académie Royale des Sciences ont traverſé le Royaume du Nord au Sud, de l'Eſt à l'Oueſt, elles l'ont envelopé dans toute ſa circonférence. Le Plan Géométrique des grands Chemins du Royaume, ſelon le projet qui en eſt formé, ſe joignant à cela, il en réſultera conſtamment un canevas de Carte fort ſupérieur à tout ce qui a jamais exiſté en ce genre. Mais, je ne puis me diſpenſer d'obſerver, qu'il faut encore du détail pour remplir l'objet d'une Carte; & que dans le nombre des Cartes particuliéres qui ont été données juſqu'à préſent ſur les provinces de France, il y en a beaucoup d'assez défectueuses, pour qu'il n'y ait point de sureté à emprunter d'elles ce qui convient à une Carte générale, où l'on se proposera autant de précision dans l'expression du détail, que dans la disposition des points principaux. J'ai acquis par mes recherches quelques secours sur différentes parties; & je souhaite avec ardeur, que les personnes qui seront à portée de m'aider à cet égard, y soient engagées par l'intérêt qu'il est naturel de prendre à la perfection de la Carte générale du Royaume.

L'ALLEMAGNE est pourvûë d'un grand nombre de Cartes particuliéres, & la collection que j'en ai faite est considérable. Il y a plusieurs Cercles de l'Empire, qui dans leur totalité ou en grande partie, fournissent beaucoup de détail. Les Provinces-unies, que l'on comprend dans ce qu'on appelle l'Allemagne, ont pour ce qui les concerne les Cartes particuliéres les plus circonstanciées que l'on connoisse. La difficulté à l'égard de l'Allemagne, consiste moins dans le manque des Cartes, que dans la maniére de les combiner entre elles, & d'en composer un corps dont les rapports & les proportions soient d'une justesse bien décidée. La Carte de France s'appuye sur un grand nombre de points fixés par des opérations Trigonométriques. L'Italie a pour elle des mesures actuelles sur les grandes Voies Romaines, mesures qui déterminent l'usage qu'on doit faire des Cartes particuliéres, quant aux espaces. Des avantages de cette nature n'étant point donnés à l'égard de l'Allemagne, il faut donc que l'application du Géographe à une combinaiſon de toutes les piéces qui ſervent à ce ſujet, lui faſſe démêler dans ce nombre infini de morceaux, quels ſont ceux dont il réſulte plus de convenance & d'harmonie pour la compoſition du total. Il pourra juger plus ou moins favorablement de cette convenance, ſelon les rapports qui s'y rencontreront avec quelques points déterminés par des obſervations Aſtronomiques. La haute Allemagne, ſituée entre le Danube & les Alpes, profite de ce qui concerne la Lombardie, dans la meſure d'étenduë d'occident en orient. Remarquons au-reſte, que la Carte d'Allemagne ſurpaſſe infailliblement toute autre Carte en difficulté, par ce nombre prodigieux d'Etats & de morceaux détachés, qui compoſent le corps Germanique, & dont la diſtinction demande beaucoup d'étude & de diſcuſſion.

L'ITALIE méritera une attention d'autant plus grande, que l'ancienne Géographie ſera plus en recommendation au Géographe. L'étude même qu'il doit avoir faite des écrits & monumens de l'Antiquité, eſt d'une grande reſſource pour la conſtruction de la Carte d'Italie. Les anciennes meſures ſuppléent ſouvent aux Cartes ou morceaux de détail, où les eſpaces ne ſe trouvent pas toujours définis avec certitude & préciſion. Pour en être pleinement convaincu, il ſuffit d'avoir remarqué, qu'à proportion de ce que les Cartes ont été dreſſées avec plus de juſteſſe, on les voit correſpondre plus généralement aux meſures dont on vient de parler. Il ſeroit ſuperflu de s'expliquer plus au long à l'égard de l'Italie, puiſqu'elle fait la matiére d'une Analyſe particuliére & très-ample. Les raiſons qui m'ont porté à publier un ouvrage de ce genre d'Analyſe, & le choix que j'ai cru devoir faire de l'Italie pour l'objet de cet ouvrage, ſont cauſe que la Carte d'Italie devance toutes celles que l'on promet ici.

L'ESPAGNE doit tenir ſa place dans l'aſſortiment des Cartes des principales parties de l'Europe. Mais, avec beaucoup de deſir de traiter ce ſujet, je ſuis obligé de me plaindre de la diſette des matériaux. A l'exception d'un petit nombre de morceaux particuliers, qui ſont ſortis de l'Eſpagne même, tout ce qu'on a donné juſqu'à préſent ſur ce continent ne mérite aucune confiance. Quoique j'aye ramaſſé pluſieurs piéces, qui ne ſont entrées dans la compoſition d'aucune Carte générale de l'Eſpagne, cependant la Caſtille-vieille, la Biſcaye propre, les Aſturies, Léon & l'Eſtremadure, Cordouë & Grenade, ſont des parties ſur leſquelles je me trouve encore fort dénué. La lecture des Hiſtoires particuliéres, dont l'Eſpagne eſt autant bien pourvûë qu'elle l'eſt peu du côté des Cartes, pourra ſuppléer à ce qui manque ſur quelques points importans, qui ſuffiſent en quelque maniére à une Carte générale. Peut-être même, qu'en ſollicitant des éclairciſſemens ſur les lieux, je ſerai aſſez heureux pour acquérir les inſtructions dont j'aurai le plus de beſoin. En général, la Carte d'Eſpagne coûtera beaucoup de travail. Mais, quoiqu'on puiſſe ſe trouver à portée de la perfectionner, je n'oſerois me flater de donner le même dégré de préciſion à cette Carte, qu'aux autres de la même eſpece. Il eſt vraiſemblable que la partie du Portugal ne ſera pas la plus défectueuſe dans la Carte d'Eſpagne. Pluſieurs Cartes particuliéres, parmi leſquelles j'en ai de manuſcrites, ſeront aſſujetties à des points fixés le long de la côte, & vérifiées dans l'intérieur ſur des deſcriptions locales.

Les Isles Britanniques offrent le contraire de ce que je n'ai pû me diſpenſer de dire ſur l'Eſpagne. Cette Carte devient une des plus parfaites entre celles des principaux Etats de l'Europe, & en même tems une des plus aiſées. Des Cartes particuliéres de tous les Comtés qui compoſent l'Angleterre, & remaniées même à diverſes repriſes, des Plans des ports & autres principaux endroits de la côte, des meſures actuelles de toutes les routes, des obſervations Aſtronomiques en différens lieux, voilà ce qui ſe raſſemble ſur l'Angleterre. Remarquons même, qu'étant fixés par ces meſures & par ces obſervations, la conciliation de ce grand nombre de Cartes particuliéres n'inquiéte point. Quoiqu'on n'ait pas autant de ſecours à l'égard de la partie ſeptentrionale de la Grande-Bretagne, ou dans l'étendue de l'Ecoſſe, cependant

cependant les Cartes particuliéres n'y manquent point. Ce qui regarde l'Irlande a ſon fondement ſur un travail d'Arpentage. Une grande partie des Cartes manuſcrites de chaque Baronie ou diſtrict de ce pays, levées ſelon cet Arpentage, m'étant connuë, & ayant été inſtruit par-là de la meſure préciſe de la Perche qui y a été employée, c'eſt le moyen de traiter ce pays avec beaucoup de préciſion.

Aux cinq principales parties de l'Europe dont on vient de parler; ſçavoir, la France, l'Allemagne, l'Italie, l'Eſpagne, les Iſles Britanniques; j'en ajoute une ſixiéme, compoſée de la HONGRIE, des pays adjacens juſqu'à la Mer Noire, & de la DALMATIE, depuis les confins de l'Iſtrie juſqu'à Durazzo en Albanie. Les affaires de l'Europe qui nous intéreſſent dans la connoiſſance de ces pays, & la portion qu'ils ont faite autrefois de l'Empire Romain, rendent également cette Carte néceſſaire. Joignons à ces motifs, la faculté de traiter ce ſujet avec quelque avantage. La Hongrie de Muller nous ayant déja fait connoître combien ce qui avoit précédé étoit défectueux, a beſoin elle-même de très-grandes réformes. La Tranſilvanie, la Valaquie, la Moldavie, deviennent des objets tout neufs en Géographie. Cantelli & Coronelli ont donné pluſieurs morceaux très-détaillés ſur la Dalmatie: mais, ces morceaux demandent d'être combinés entre eux, & que leur véritable poſition ſoit mieux déterminée. La Servie, plus connuë en détail qu'auparavant, ſera ſuivie d'une Route juſqu'à Conſtantinople, Route levée ſur les lieux, & qui ſe combine parfaitement avec une grande Voie Romaine, répétée dans tous les Itinéraires qui nous reſtent de l'Antiquité. La Géographie ſe trouvant preſque entiérement en défaut à l'égard de la Bulgarie, ce qui laiſſera un vuide dans cet endroit de la Carte, j'y placerai par forme de dédommagement l'extrait d'une Carte très-circonſtanciée de la Mer de Marmara, & de l'Helleſpont ou du Détroit des Dardanelles. Puiſſions-nous par la ſuite acquérir les moyens d'agrandir une pareille Carte, de tout le terrain que la Grece a rendu ſi célébre, & d'une connoiſſance ſi importante.

Cette Carte ſemble nous conduire à une autre, dont l'objet ſelon mon opinion, eſt très-eſſentiel & de grande conſéquence. On ſe rappellera qu'en parlant de l'Aſie il a été obſervé, que ce qui avoiſine l'Europe demandoit d'être traité en particulier. Une des plus intéreſſantes parties de la Géographie conſiſtant dans la combinaiſon de l'ancienne avec la moderne, les rapports de l'une avec l'autre ſe prêtant même un mutuel ſecours, ſurtout à l'égard des régions éloignées, où la Géographie actuelle & poſitive eſt encore foible ou preſque nulle; il en réſulte, que les contrées d'Aſie qui ont figuré de tout tems dans l'Hiſtoire, avant & depuis même qu'elles ont été ſujettes de l'Empire Romain, & qui aujourd'hui ſont fréquentées par nos voyageurs, veulent un plus grand dévelopement que dans la Carte qui contiendra l'Asie toute entiére. Si les matériaux nous manquent, pour que tout ce qui compose la Turquie d'Europe puisse égaler la maniére de traiter les autres morceaux de cette Partie du Monde, nous pouvons du-moins prendre ici plus d'espace que dans la Carte générale de l'Europe. A la Turquie d'Asie, il convient d'ajouter les parties de la Perse les mieux connuës, sçavoir ce qui est situé sur la Mer Caspienne d'une part, & sur le Golfe Persique de l'autre. Il est naturel que l'Egypte, en remontant même jusques dans la Nubie Turque, trouve sa place dans le même morceau. Son objet en général peut se renfermer sous le titre de Carte du LEVANT. Mais, qu'il me soit permis de donner en peu de mots l'idée du travail que demande l'exécution de cet objet de Carte. Il est indispensable, que ce qui concerne l'ancienne Géographie sur ces mêmes contrées, soit aussi familier au Géographe que l'état actuel même. Pour s'instruire sur cet état actuel, il faut non-seulement consulter tous les voyageurs modernes, tirer même s'il se peut quelques éclaircissemens des gens du pays, que le hazard offrira ; il faut de plus, puiser dans la source des Auteurs Orientaux, & outre ceux qui ont écrit spécialement de la Géographie, ne pas négliger les Historiens. C'est sur un pareil sujet, qu'il aura été très-avantageux d'avoir répété le travail plus d'une fois.

Ce que la Géographie moderne paroît avoir de plus intéressant pour nous, peut se renfermer dans le nombre & l'espece des Cartes dont on vient de parler. Car, quoique ces Cartes soient réputées générales, l'étendue qu'on leur donne admettant beaucoup plus de détail qu'il n'en entre dans les Cartes ordinaires, elles satisferont à bien des besoins Géographiques ; & il n'en faut presque excepter, que ce qui peut regarder les expéditions militaires, ou la nécessité d'une connoissance particuliére & Topographique de quelque province ou canton de pays. La combinaison de l'étendue commune des parties de l'Europe, avec l'espace des deux feuilles, a décidé du point d'Echelle dans nos Cartes. Le Dégré de Latitude aura exactement 33 lignes & un tiers dans les desseins originaux, ausquels l'impression apportera à la vérité quelque petite réduction, comme cela est ordinaire. Mais, il en résulte en gros, que cette mesure d'Echelle fournit en surface environ trois fois autant que la mesure du Dégré sur le pied de 19 à 20 lignes, selon les Cartes de M. de l'Isle. Celles que MM. Sanson ont dressées en deux feuilles, & dans lesquelles le Dégré ne va pas à deux pouces complets, n'ont par conséquent que la moitié de surface. Ce calcul fera juger de la proportion du détail, entre les Cartes ici proposées & les précédentes. Il peut y avoir des avantages à ménager des rapports par gradation dans le Point des différentes Cartes. C'est dans cette vûë, que toutes les parties de l'Europe devant être dressées au même point d'Echelle, la représentation du Monde Romain en deux Cartes, dont on parlera ci-après, sera prise à moitié de longueur d'Echelle, ce qui mettra la plus grande facilité dans la combinaison des parties de ce Monde avec les parties de l'Europe qui y répondent. Dans la Carte d'Europe, la mesure d'Echelle sera la moitié de la précédente, ou le quart de celle des parties de l'Europe. L'Asie & l'Afrique seront sur le pied de moitié à l'égard de l'Europe. Ce sera la même chose pour une Carte générale du Monde connu des Anciens : la conformité d'Echelle entre cette Carte & les Cartes d'Asie & d'Afrique, une simple réduction de moitié sur la Carte d'Europe, rendront tout-à-fait aisée la comparaison de l'ancien & du nouveau, ce qui fait un des plus grands intérêts de la Géographie. Il seroit à souhaiter pour la même fin, que la Carte du Levant fut au même point d'Echelle que le Monde Romain : mais, l'objet de cette Carte embrasse trop de terrain, pour qu'on ne soit pas contraint de le resserrer un peu davantage. L'Amérique Septentrionale exigeant plus d'espace que la Méridionale, elle aura la même mesure d'Echelle que la Carte d'Europe.

Il nous reste à exposer ce qui concerne l'ancienne Géographie. En bornant, comme il convient, la Carte de l'*Orbis Veteribus cognitus*, à ce que les Anciens connoissoient en effet, cette Carte ſera auſſi ample que celles que pluſieurs Géographes ont données ſéparément de l'Europe ancienne, de l'Aſie & de l'Afrique de même, indépendamment d'une plus générale du Monde ancien, qu'ils n'ont point été diſpenſés de donner. Il doit ſuffire, que la Carte que nous propoſons puiſſe ſatisfaire à ce que l'ancienne Géographie fournit au delà des bornes du Monde Romain, auquel les Cartes d'une eſpece plus particuliére doivent être réſervées. Pour donner une idée juſte & préciſe du Monde connu des Anciens, on ne peut ce ſemble mieux faire, que de s'arrêter aux termes mêmes des connoiſſances de l'Antiquité, ſans repréſenter l'Aſie & l'Afrique toutes entiéres. Et vû que les bornes du Monde ancien n'ont pas dû être portées auſſi loin qu'on l'a fait juſqu'à préſent, ſurtout à l'égard de l'Aſie, cette expreſſion de l'Aſie dans ſa totalité en paroît plus hors d'œuvre. La petite Carte du Monde ancien, donnée dans l'édition in 4°. de l'Hiſtoire de M. Rollin, fournit une idée de celle dont il eſt actuellement queſtion. Si les bornes de l'Aſie dans l'Antiquité y paroiſſent fort rapprochées, par comparaiſon aux Cartes précédentes, des preuves tirées de l'Hiſtoire, auſſi-bien que de la Géographie même, nous y autoriſent.

L'*Orbis Romanus* fait la partie eſſentielle, & la plus abondante, du Monde ancien. Sa diviſion naturelle, & uſitée dans les Cartes, en partie *Occidentale*, & partie *Orientale*, doit faire la diſtinction de deux morceaux particuliers. La Mer Ionienne entre l'Italie & la Grece, puis une ligne tirée de la Mer Adriatique au Danube, vers le confluent de la Save, font la ſéparation de ces deux parties. Dans l'une ſe renferment, l'Italie, l'Afrique, l'Eſpagne, la Gaule, la Grande-Bretagne, les pays ſitués entre le haut-Danube & la Mer Adriatique : dans l'autre, la Grece, & tout ce qui s'étend juſqu'au bas-Danube, l'Aſie mineure, la Syrie & la Méſopotamie, l'Egypte & la Lybie. L'énumération ſeule de ces différentes contrées nous rappelle leur ancienne célébrité, & combien la connoiſſance de chacune d'elle importe à ceux qui étudient l'Antiquité. Les Cartes qui ont été données juſqu'à préſent de l'Empire Romain, quoique diviſées en deux parties, ſont néanmoins ſi générales, qu'il a fallu néceſſairement y joindre des Cartes particuliéres, dont le beſoin regarde ſouvent les circonſtances plus importantes & plus familiéres. Or, telle eſt l'Echelle à laquelle nous portons les deux parties du Monde Romain, qu'elle égale à peu de choſe près, celle que MM. Sanſon, qui ont plus étendu leur travail ſur l'ancienne Géographie qu'aucun des autres Géographes modernes, prennent dans leurs Cartes particuliéres des pays qui faiſoient les provinces de l'Empire. Ainſi, deux Cartes de cette meſure ſont capables d'épuiſer tout l'objet de l'ancienne Géographie. Je ne vois d'exception qu'à l'égard d'une petite portion de l'Italie, à l'égard de la Grece, & de la Palestine. Et si ces contrées sont susceptibles d'un plus grand détail que les autres, elles ne doivent pourtant pas faire augmenter la mesure d'un objet de Carte beaucoup plus général, & d'autant moins même qu'on peut pourvoir au besoin de ce détail de la maniére que nous indiquerons bien-tôt.

Il est à remarquer, que des Cartes particuliéres de la Gaule, de l'Italie, de la Gréce, &c. ont pour objet de rassembler tout ce que l'Antiquité fournit de connoissance sur ces différens pays, sans qu'on y soit restraint à une Epoque, ou renfermé dans un siécle plutôt que dans un autre. La Carte de la Gaule admet des villes qui doivent leur nom à Auguste, avec celles dont la dénomination paroît plus ancienne ou purement Celtique. Dans la Carte de Gréce, en même tems qu'on y cherche des lieux qu'Homere a rendus célébres, & qui néanmoins échapoient déja aux recherches des Sçavans d'un siécle moins reculé, comme Strabon le fait connoître, on trouveroit à redire qu'une Démétriade, une Antigonie, une Cassandrie, une Thessalonique, noms établis par les Princes Macedoniens, ne s'y vissent point. Je dis plus; il faut sçavoir gré à un Géographe, de ce que ses recherches dans l'Orient, & sur les frontiéres d'Arménie & de Mésopotamie, se portent jusques chez les Auteurs Byzantins, & qu'il en emprunte même quelques circonstances locales, puisque ces Auteurs nous décrivent le pays avec plus de détail

tail qu'on n'avoit fait avant eux. En un mot, les Cartes particuliéres de cette eſpece ſont cenſées le répertoire de ce qui appartient à l'Antiquité en général. Or, dès que notre Carte du Monde Romain doit tenir lieu de ces Cartes, on ne doit pas trouver étrange, qu'elle ne ſoit point reſſerrée dans ce qui convient à un ſiécle plutôt qu'à un autre.

Je ne diſconviendrai point, que des Cartes qui ſeroient adaptées à des Epoques principales, ou à des points d'Hiſtoire ſinguliers, aux deſcriptions même de quelques Auteurs en particulier, n'euſſent leur utilité & leur agrément; ſurtout pour des perſonnes qui voudroient au ſimple coup-d'œil, reconnoître dans des Cartes les changemens, que non-ſeulement les révolutions dont parle l'Hiſtoire, mais encore le progrès des connoiſſances, apportent dans la Géographie. Mais, il faut avoir égard, que l'objet eſſentiel de l'aſſortiment de Cartes dont il eſt ici queſtion, étant de renfermer un grand fonds de Géographie dans un petit nombre de morceaux capitaux; des Cartes rédigées ſous le point de vûë qu'on vient de dire, n'entrent point dans cet objet. Ce ſeroit ſacrifier le fonds même de la choſe à une méthode particuliére. Pourroit-on même entreprendre avec quelque apparence de ſuccès, l'exécution d'un travail conforme à cette méthode, ſans le fondement préalable d'une combinaiſon univerſelle de tout ce qui entre dans le plan de l'ancienne Géographie?

Quoique le Monde Romain dans nos deux Cartes devienne très-ample, j'ai cependant remarqué, qu'il y avoit quelques parties, ſur leſquelles une abondance de détail plus grande que partout ailleurs, ne pouvoit s'y renfermer. J'ai ſpécifié ſur ce ſujet une portion de l'Italie, la Gréce, & la Paleſtine. Il eſt naturel, que comme l'Hiſtoire Sacrée, & les deux branches principales de l'Hiſtoire Profane, roulent particuliérement ſur ces objets, la Géographie ancienne y ſoit plus chargée de détail que tout autre part. La *Gréce* exigeant qu'on joigne avec elle toute la Mer Egée, & la côte d'Aſie, depuis le Boſphore juſqu'à Rhodes incluſivement, prend plus d'eſpace que les deux autres morceaux raſſemblés. Mais, mon deſſein n'étant point d'uſer d'une meſure d'Echelle plus ample pour ce pays, que pour les principaux de l'Europe dans leur état actuel & bien connu, d'autant que je ne préſume pas qu'on ſoit aſſez inſtruit pour ſe le permettre; l'étenduë de la Gréce & de qui l'accompagne, ne ſuffit point pour remplir la grandeur de nos Cartes. Ainſi, nous pouvons y ajouter dans des quarrés ſéparés; d'un côté, la partie de l'*Italie*, qui conſiſte principalement dans les environs de Rome; de l'autre, la *Paleſtine*, depuis Sidon juſqu'à la frontiére d'Egypte. On ne peut donner à la Carte deſtinée à repréſenter ces différens objets plus amplement que dans la Carte du Monde Romain, de titre général plus convenable que celui de SUP-

PLEMENT à cette Carte. Je n'entrerai ici dans aucun détail sur ce qui concerne la partie de l'Italie, dont le fond du plan sera égal & commun avec l'Italie actuelle & moderne. La Gréce & la Palestine demandent quelque explication. Entre les Géographes qui ont donné des Cartes de la Gréce, il m'a paru qu'aucun n'avoit mieux étudié l'Antiquité que Nicolas Sanson : mais, on peut dire, que la Géographie positive lui a manqué totalement. J'ai eu le bonheur de rassembler des Cartes levées, & la plûpart manuscrites, du contour des côtes. A l'exception des morceaux de cette espece, & de ce que Whéler a fait sur l'Attique, la Béotie, & la Phocide ; le continent de la Gréce, cette contrée si célébre, que tant de faits nous font désirer de bien connoître, est encore très-ignoré, & dépourvu de toute description actuelle & prise sur le terrain même. C'est la raison pour laquelle le morceau particulier que nous méditons sur la Gréce, & qui étant plus dévelopé que le Monde Romain, demanderoit des connoissances plus étendues, ne fournira rien qui s'éloigne de la côte en plusieurs endroits, spécialement en Macédoine. A l'égard de la Palestine, une Carte où l'on ne voudra admettre que les points & circonstances que l'on peut se flater de fixer avec quelque solidité, sera toujours très-différente de ces Cartes dont les auteurs n'ont prétendu omettre aucune des plus petites circonstances de lieu dont il est mention dans les Livres Saints. Et parce que les monumens Grecs & Romains contribuent beaucoup à ce qui paroît déterminé plus précisément dans le détail, la Carte de la Palestine deviendra constamment plus propre au tems du second Temple que du prémier.

Je n'ai plus qu'un morceau à proposer, pour rendre complet notre corps de Cartes générales. Il y a trop d'intervalle entre ce qu'on appelle Géographie ancienne, & l'état actuel, pour que le passage de l'un à l'autre soit immédiat. La face de notre continent changée par la chute de l'Empire Romain, doit être considérée dans un Etat moyen, qui prépare à celui d'aujourd'hui. Notre intérêt à cet égard se renferme particuliérement dans les contrées de l'OCCIDENT; la France, la Germanie, l'Italie, l'Espagne, l'Angleterre. Il n'est pas possible dans une Carte générale, de spécifier tout ce qui a été *Pagus* en France & en Germanie. La France seule demanderoit plus d'une Carte, pour satisfaire à un pareil détail. Mais, sans prendre une plus grande Echelle que celle qui aura été employée pour le Monde-Romain, les circonstances principales de la Géographie du *MOYEN-AGE* peuvent être exprimées. La conformité d'Echelle entre la Carte qui sera dressée dans cet objet, & celle de la partie occidentale du Monde-Romain, rendra la comparaison de l'une avec l'autre tout-à-fait sensible. On a dessein, que la Carte dont il s'agit soit propre & utile à la lecture des Historiens originaux, depuis le sixiéme ſiécle juſqu'au douziéme. Une Carte de France, qui ne ſera point aſſujettie à une Epoque particuliére, admettra avec les changemens que l'établiſſement de la Monarchie Françoiſe a apportés dans la Gaule, quelques circonſtances de pays & de lieu, dont il n'eſt pourtant mention qu'après pluſieurs ſiécles depuis cet établiſſement. Si la Carte du Moyen-age ne ſouffroit rien que d'antérieur au neuf ou dixiéme ſiécle, la plûpart des villes qui ont été les prémiéres conſtruites en Allemagne, ne pourroient y entrer. L'Italie ſoumiſe aux Princes François, peut conſerver quelque trace de ſon état Lombard & Grec. Le P. Beretti n'a pas cru ces objets incompatibles dans ſa Carte de l'Italie *medii-ævi*, puiſqu'il ajoute dans le titre, *Græco-Langobardico-Francici.* En Eſpagne, outre les changemens cauſés par l'invaſion preſque générale de la part des Maures, & ſur leſquels il convient même de conſulter les deſcriptions de ce pays faites par les Arabes; il faut encore expoſer les prémiers établiſſemens des Princes Chrétiens, qui échaperent au joug de ces Infideles, établiſſemens qui par la ſuite ont produit les différens Etats, entre leſquels l'Eſpagne entiére s'eſt trouvée partagée. Ainſi, ce ſujet demande qu'on allie les Chroniques de l'Eſpagne avec les Auteurs Arabes. Quoique l'Heptarchie Anglo-Saxone fut déja réunie en Monarchie, lorſque Guillaume-le-conquérant paſſa en Angleterre, ou dans le onziéme ſiécle; cependant la diviſion de ce pays en ſept

Royaumes, indépendamment de ce qui étoit resté aux Galles ou anciens Bretons, fait le principal objet pour la Carte du Moyen-age.

Après avoir traité de chacun des différens morceaux, qui composeront le nouveau corps de Cartes Géographiques, une simple énumeration rassemblera le tout sous un coup-d'œil.

I. La Mappe-monde.
II. L'Europe.
III. L'Asie.
IV. L'Afrique.
V. L'Amérique Septentrionale.
VI. L'Amérique Méridionale.
VII. La France.
VIII. L'Allemagne.
IX. L'Italie.
X. L'Espagne.
XI. Les Isles Britanniques.
XII. La Hongrie & la Dalmatie.
XIII. Le Levant.
XIV. *Orbis Veteribus cognitus.*
XV. *Orbis Romani pars Occidentalis.*
XVI. . . . . *pars Orientalis.*
XVII. *Supplementum Orbi Romano; Italiæ celebriorem partem, Græciam, & Palæstinam, fusius exhibens.*
XVIII. *Occidentis Tabula, ad Medium-ævum exacta.*

Ce Plan, & le nombre même de ces Cartes, ont été agrées par MONSEIGNEUR LE DUC D'OR-

LEANS. Si l'exécution eſt de quelque utilité au Public, c'eſt à ce grand Prince qu'on en aura l'obligation. Au-reſte, je ne me propoſe point d'ordre dans la publication de ces morceaux. Les prémiers prêts, ſans avoir égard à l'arrangement des ſujets, verront le jour avant les autres. Il eſt eſſentiel même, que ce qui doit être traité plus en détail, précede dans le travail ce qu'il y a de plus général ; que les parties de l'Europe devancent l'Europe même ; que la Mappe-monde dépende de la conſtruction de ſes propres parties. C'eſt mal-à-propos que l'on preſſe un Géographe ſur des morceaux généraux, puiſque le bien de la choſe veut, que ce ſoit préciſément par-là qu'il finiſſe. Un motif d'intérêt ne mettra point dans l'exécution, une promtitude trop nuiſible au fonds du travail. Je ferai ſeulement obſerver, que les morceaux faits les prémiers, devant contribuer par quelque endroit à ceux qui viendront après, ces derniers par conſéquent iront plus vîte. On doit s'attendre que de nouvelles Cartes apporteront des changemens aux précédentes ; & quoique mon deſſein ne ſoit pas de compoſer ſur chacune de celles que j'entreprens, une Analyſe auſſi ample que celle qui concerne l'Italie, je ſens néanmoins combien il peut être utile au Public, & avantageux même au Géographe, que ces changemens paroiſſent fondés en raiſon. C'eſt ce qui me détermine, & m'impoſe en quelque façon la loi, de déduire ſommairement par écrit les points principaux de la conſtruction de chaque Carte. Un Mémoire relatif à une Carte paroîtra avec la Carte même. Et ces divers Mémoires étant imprimés dans la même forme que l'Analyſe de l'Italie, leur aſſemblage composera en pluſieurs volumes ſemblables, un corps de diſcuſſion Géographique, ouvrage qui n'exiſte point, & que le dévelopement du fort & du foible dans l'état actuel de la Géographie, peut rendre très-utile. Ces écrits me procureront le moyen, de témoigner publiquement ma reconnoiſſance à l'égard des perſonnes qui voudront bien m'aider de leurs lumiéres, & de ce qu'ils auront en main de propre à perfectionner un ouvrage de cette étenduë, & au mérite duquel le Public doit s'intéreſſer.

ANALYSE

ANALYSE GEOGRAPHIQUE DE L'ITALIE.

EN comparant les Géographes entre eux, à ne parler même que de ceux auxquels cette qualité convient à plus juste titre, & qui sont véritablement Auteurs, ce qui se remarque davantage est une grande diversité entre leurs Cartes. Le Public est peu informé des raisons plus ou moins solides qui y ont donné lieu, & pour s'en éclaircir il faut presque devenir Géographe. On sçait bien en général, que les Cartes de M. De l'Isle différent de celles de MM. Sanson par la réduction des Mesures itinéraires à une plus juste valeur, & parce que ceux-ci ont devancé les déterminations Astronomiques qui ont réformé la Longitude, ou qu'ils n'y ont point assez déféré. Mais cette seule considération ne peut s'étendre ou répondre également à une infinité de circonſtances de détail, qui ſont de pluſieurs eſpeces. Cependant, le défaut d'accord dans des ouvrages de même genre met le Public en droit de douter du mérite de ces ouvrages; & de leur refuſer ſa confiance. Un Géographe qui fera de nouveaux changemens, ſi on n'en pénétre pas les raiſons, ou qu'il ne les produiſe point au jour, riſquera d'être ſoupçonné de donner dans le ſingulier, & de vouloir ſe diſtinguer par cet endroit. Les Cartes ſe multiplient néanmoins, & quand même elles acquéreroient quelque perfection, il ſemble que faute de le conſtater par la diſcuſſion des faits & circonſtances dont cette perfection peut dépendre, la Géographie en elle-même ne prenne point un état plus fixe, & que ſon progrès ne ſoit point décidé.

Les Géographes pour leur propre intérêt, pour établir leur crédit (ſi je puis m'exprimer ainſi) devroient ſe porter à donner l'Analyſe des ouvrages qu'ils publient; & leurs Cartes pour être bien reçuës, ou accueillies à proportion du mérite qu'elles pourroient avoir, demanderoient d'être appuyées de quelque diſcuſſion par écrit. L'aſſujettiſſement des Cartes à une Analyſe & à des preuves, rendroit vraiſemblablement les Cartes moins communes; mais il eſt évident que le fond de la Géographie en tireroit des éclairciſſemens qui ne ſont point donnés. La diſtinction ſe faiſant entre ce qu'il y auroit de plus ou moins poſitif, on ſçauroit mieux de quel point il faut partir pour perfectionner de nouveaux ouvrages. Le Géographe qui auroit fait voir juſqu'où il a pû porter l'étenduë de ſes recherches, & le talent de les mettre en œuvre, ne ſeroit reſponſable de ſon ouvrage qu'autant qu'il avoit de moyens pour le bien compoſer. Il peut entrer dans la compoſition d'une Carte une infinité de combinaiſons, qui ne ſe développent qu'en ſuivant la route même & le procédé du Géographe. Ce travail, qui fait la partie fondamentale de l'ouvrage, ne ſe devine point; & ſi une Carte ſe trouve diſpoſée avec une ſorte de goût, avec de la netteté, & qu'heureuſement elle ait été bien exécutée par le Graveur, le coup d'œil devient ſon principal avantage, & l'Auteur n'en voit guéres juger que par ce foible endroit.

En parlant ainſi, ce n'eſt pas que je ne ſois convaincu, qu'il y a des Sçavans qui par un goût particulier pour la Géographie, & l'ayant étudiée à fond, ſont fort en état de juger d'une Carte à tous égards. Mais ces Sçavans ne ſont pas le plus grand nombre, & ce dont il eſt queſtion demande un détail & un genre d'étude, dont il ne conviendroit pas de faire le devoir eſſentiel de toute perſonne qui cultive les Sciences. Il y a des recherches néceſſaires & propres aux ouvrages de Géographie, qui ne regardent intimement, & qui ne paroiſſent même intéreſſer que le Géographe, qu'un objet de préférence occupe & ſaiſit tout entier.

J'ai ſouvent remarqué qu'on étoit étonné de ce qu'un Géographe s'occupoit encore d'une Carte de la Grece ou de l'Italie. Et en-effet, on a de la peine à ſe perſuader, que ſur des ſujets de cette conſéquence, & tant de fois répétés, il y ait autre choſe à faire qu'à copier ce que les Auteurs qui ont acquis le plus de réputation ont déja donné. A l'égard de l'Italie principalement, dont la connoiſſance paroît ſi fort à portée, ſi familiére, on ſe perſuade qu'il ne peut y avoir tout au plus que quelques légers traits de perfection à mettre en quelques endroits. Je l'aurois peut-être penſé comme un autre, ſi j'avois moins étudié & approfondi la matiére.

Mais, ſi dans un pareil ſujet, l'Auteur d'une nouvelle Carte s'éloigne conſidérablement des Cartes précédentes, il devient comptable envers le Public, des raiſons qu'il a eu pour le faire : peut-être même qu'il eſt à craindre pour ſon amour propre, qu'on ne faſſe pas aſſez d'attention aux changemens qui ſont le fruit de ſon travail, & qu'il regarde comme des réformations. Un écrit ſuccint, & qui peut ſe borner aux circonſtances principales, ſuffit pour mettre le Public en état de juger ; & quand un Géographe ne feroit ainſi ſes preuves que ſur quelques ouvrages en particulier, ce qu'il produiroit en général en tireroit quelque avantage.

Le travail de la Géographie ſe peut réduire à deux chefs principaux. Le prémier, qui en eſt à mon ſens le plus grand art, & ce qu'il y a de plus difficile dans la compoſition des Cartes, conſiſte dans la combinaiſon des diſtances, & à trouver au plus près qu'il eſt poſſible, la vraie meſure d'étenduë ou d'emplacement qui convient à chacun des pays repréſentés dans ces Cartes. Et qu'on ne diſe pas, que la délicateſſe en ce point n'eſt pas d'une extrême conſéquence. On ne ſçauroit donner trop d'étenduë à un pays, ſans pouſſer d'autant celui qui vient après, ou ſans le reſſerrer mal-à-propos. Quelqu'un dont tout l'objet ſe renfermeroit dans un ſeul pays, pourroit bien ne pas faire grande attention à un pareil inconvénient, ou même ne le pas ſentir. Mais il n'en eſt pas ainſi du Géographe, qui eſt obligé de mettre un accord & une ſorte d'harmonie dans les différentes parties d'un grand continent, à chacune deſquelles il doit avoir égard en particulier. A meſure que la Géographie s'eſt perfectionnée, les réformes qui y ont été faites ont ſouvent été plus ſenſibles par les changemens apportés dans l'étenduë des pays, que par d'autres endroits.

Le ſecond chef roule ſur l'expreſſion du local. Ce qu'il en doit entrer dans les Cartes générales s'emprunte ordinairement des Cartes particuliéres de chaque Province ou Diſtrict qui fait partie d'un grand pays, leſquelles ont été dreſſées ſur les lieux, ou ſont priſes à peu près ſur ce pied. Mais, il y a encore une infinité de ſujets dans la Géographie, & même très-intéreſſans, ſur-tout par rapport à l'Hiſtoire, dans leſquels ce même détail ne réſulte & ne ſe conclut preſque par tout, que ſur la combinaiſon & la maniére de faire uſage de quelques deſcriptions ou récits répandus dans les Ecrits des Hiſtoriens & des Voyageurs. C'eſt dans ce cas que le détail de la Géographie demande de très-grandes recherches, beaucoup de lecture & d'étude; & il eſt évident, que la diſcuſſion d'un pareil détail feroit beaucoup plus chargée, que s'il ne s'agiſſoit que de citer & de comparer des Cartes particuliéres qui le fourniroient.

Quoique je n'aye point négligé l'expreſſion du local, autant qu'il a été en mon pouvoir de le connoître, & de le rendre ſenſible dans quelques Cartes, qui ſont néanmoins des eſſais plutôt que des morceaux auſſi terminés que je le déſirerois; cependant j'avoue, que la meſure ou l'étenduë des eſpaces, leur combinaiſon, ont ſouvent fait mon plus grand travail. J'ai toujours été perſuadé, que la préciſion dans cette partie de la Géographie ne ſçauroit être trop recherchée, & qu'elle exige une application particuliére dans ceux qui ſe dévoüent au progrés de cette ſcience utile & poſitive. On pourra juger des conſéquences ſur l'Analyſe de l'Italie que j'entreprends de donner. Elle roulera preſque entiérement ſur la diſcuſſion des eſpaces: je n'entrerai point dans le détail du local, qui dépend de l'emploi des Cartes particuliéres & Topographiques, dont je citerai un bon nombre des meilleures qui me ſoient connuës.

Dans le deſſein de rendre compte de la compoſition d'une Carte, divers motifs ont déterminé mon choix pour l'Italie. Prémiérement, le mérite & l'importance du ſujet: en ſecond lieu, l'eſpece & la quantité des matériaux propres pour le traiter, & dont il paroiſſoit néanmoins réſulter un ouvrage neuf à bien des égards, ce qui avoit plus lieu de ſurprendre d'un pays comme l'Italie que de beaucoup d'autres. D'ailleurs, je me ſuis livré à ce ſujet à diverſes repriſes; & le Public a même vû quelques fruits de ce travail réïtéré dans l'Hiſtoire Romaine de M. Rollin, où j'ai répété deux fois une Carte de l'Italie propre, c'eſt-à-dire, non compris la Lombardie ou Gaule ciſ-Alpine. La ſeconde de ces deux Cartes a été compoſée ſans avoir égard à la prémiére, & celle-ci avoit même été précédée d'une eſpece d'eſquiſſe de l'Italie entiére, faite pour ma propre inſtruction. Il ne me convient peut-être point de mettre en ligne de compte une Carte particuliére de la Gaule cisAlpine, insérée depuis dans la même Histoire, parce qu'ayant été construite à peu près en même temps que je me suis appliqué à cette discussion, elle ne peut être regardée comme un ouvrage distinct & particulier, encore qu'il y ait eu quelques points retouchés en cette partie. Or, ces sortes de répétitions me paroissent fort avantageuses : car il y a des défauts qui ne deviennent sensibles qu'après un essai d'ouvrage, & qu'on ne corrige bien qu'en le remaniant. Il ne faut pas qu'un Géographe ait la moindre répugnance à différer de lui-même, & à changer dans une seconde & troisiéme Carte ce qu'il a fait dans la prémiére. Ces changemens, bien loin de devoir nuire à l'Auteur, sont à mon sens, l'indice d'un renouvellement d'étude & d'application. Dans cette discussion de l'Italie, les deux Cartes dont je viens de parler ne me tiennent, pour ainsi dire, lieu de rien, quoique publiques; & il y aura des endroits où je ne serai pas parfaitement conforme ni à l'une ni à l'autre. Il paroîtra seulement, que je m'en écarte beaucoup moins que des Cartes précédentes.

Si la Géographie tire encore de grands secours de l'Antiquité, il faut convenir que c'est principalement à l'égard de l'Italie. Outre que les grandes Voies Romaines, dont l'Histoire fait souvent mention sous le nom de ceux qui avoient pris soin de les faire construire, se retrouvent dans les Itinéraires avec cette même distinction de nom; les Ecrivains de l'Antiquité, soit Historiens, soit Géographes, nous donnent entr'autres circonstances locales, des mesures de distance, dont la précision se fait connoître à l'examen. Quand on a voulu répandre du doute sur les distances qui sont marquées, non-seulement dans les Itinéraires, mais encore dans quelques Ecrits des Anciens, ç'a presque toujours été faute de connoître les mesures employées dans ces distances, ou parce qu'on n'en a pas fait un usage convenable. Lucas-Holstenius a remarqué plus d'une fois, que mal-à-propos Cluvier trouvoit à redire, que le nombre des Milles dans les Itinéraires Romains ne répondoit point à la maniére de compter aujourd'hui les mêmes distances. Strabon nous donne beaucoup de distances en Stades, qui certainement ne paroîtront pas convenables sur le pied de Stades ordinaires, ou de ceux dont la connoissance est familiére.

Mais, si Cluvier avoit toujours eu égard à la distinction qu'il faut faire du Mille Romain & du Mille commun actuellement en usage, il auroit trouvé également comme Holstenius, que les nombres des Milles anciens sont souvent en rapport exact avec les Milles modernes, suivant la mesure qui est propre aux uns & aux autres; en conséquence de laquelle, ceux-ci dans l'estimation qu'on en fait, surpassent assez généralement les prémiers d'environ un cinquiéme d'étenduë, & diminuent d'autant dans le compte numéraire.

Quant aux Stades, dont je viens de dire que Strabon fait usage, & qui ne sont point particuliers à ce célèbre Géographe, ni réservés à l'Italie seule, il est bien vrai que la mesure qui leur est propre n'avoit point encore été donnée avant le Traité des Mesures itinéraires que j'ai publié. Mais, cette mesure étant une fois reconnuë, & fixée précisément par la réduction d'un cinquiéme sur le Stade Olympique ou ordinaire; si on applique à des espaces connus & décidés les distances données en Stades de l'espece dont il est question, ces distances deviennent justes ou très-convenables. J'en ai produit plusieurs exemples dans le Traité dont je viens de parler. On sçait qu'il y a un rapport exact entre huit Stades ordinaires & un Mille Romain; & puisqu'il y a des distances qui étant marquées en Milles & en Stades, fournissent dix Stades pour un Mille, comme on le voit dans ce Traité, il faut convenir que ces Stades sont d'une espece différente des Stades ordinaires, & qu'ils sont dans la proportion indiquée. Cette mesure de Stade ainsi définie, se trouve exactement relative à l'étenduë du grand-Cirque de Rome, qui est un espace encore existant, reconnoissable dans ses limites, & dont Diodore & Pline ont marqué la longueur en Stades. Enfin, en rapportant à cette mesure particuliére de Stade la mesure élémentaire du Pied-naturel, qui est entrée dans la composition du Stade, comme Aulu-Gelle le dit formellement, j'ai fait voir que cette proportion de Pied convenoit dans la plus grande précision à l'étenduë du Stade dont nous parlons.

La mesure du Mille Romain, à laquelle les autres mesures itinéraires ont un rapport marqué, servant par conséquent à leur vérification, je me suis appliqué à la définir & fixer au plus près qu'il m'a été possible. J'ai recherché, non-seulement la mesure particuliére du Pied Romain & du Palme, deux différens élémens du Mille, mais encore les mesures actuelles du Mille même, données par l'intervalle de Colomnes milliaires encore sur pied & dans leur place. Ces différentes voies de procéder n'ont varié entre elles que dans un espace d'environ dix Pieds sur la totalité du Mille, ce qui ne doit pas paroître considérable; & la moyenne proportionnelle s'est rencontrée à 755 Toises & demie. Voilà le résumé d'une assez grande discussion de détail, que je ne répéterai point ici, le Lecteur pouvant recourir au Traité même que j'ai donné. Les Arpenteurs Romains se servent encore d'un Mille peu différent, & que je n'aurois pas même distingué d'avec l'ancien, sans un examen scrupuleux. Ce Mille actuel s'évalue, en conséquence des mesures particuliéres dont il est composé, à 764 Toises. Il est par conséquent plutôt fort que foible à l'égard du Mille ancien, & il se rencontre quelquefois que la distinction qui convient entre eux se fait remarquer sensiblement.

C'est ordinairement sans examen (qu'il me soit permis de le dire) & uniquement sur la maniére vague & indéterminée dont nous estimons aujourd'hui les distances, que l'on juge des mesures itinéraires que l'Antiquité nous fournit. Mais, il est constant que les Anciens y mettoient

de

de l'exactitude. Il paroît ſur-tout que les Géographes en faiſoient une étude particuliére ; puiſque ne tirant pas des ſecours Aſtronomiques autant de préciſion qu'on en tire aujourd'hui, & la pratique des opérations Trigonométriques ſur le terrain ne paroiſſant point établie, leur Géographie n'étoit preſque fondée que ſur la combinaiſon des diſtances, comme il eſt manifeſte par leurs écrits, à les ſuivre depuis Scylax juſqu'à Agathémer & Marcien d'Héraclée. Les meſures d'eſpace qu'Agrippa, gendre d'Auguſte, avoit fait prendre dans les Provinces de l'Empire, & dont quelques-unes nous ont été tranſmiſes par Pline, ſervoient vraiſemblablement de baſe dans la repréſentation du Monde Romain, qui fut tracée à Rome ſur un Portique, en forme de Carte Géographique. Les Grecs en employant la meſure du Stade, qui dans ſa plus grande étenduë n'étoit que la vingt-cinq ou trentiéme partie de notre Lieuë ordinaire, pouvoient fixer les diſtances d'une maniére beaucoup plus préciſe que nous, qui en comptant par Lieuës, nous contentons ordinairement de les qualifier de grandes ou de petites. Il convient de regarder comme une marque de préciſion de la part des Anciens, qu'à une grande ſomme de Stades ils ajoutent quelquefois un ſupplément de quelques dixaines, & même de fraction de dixaine. Sur les grandes Voies Romaines, il ſuffiſoit pour connoître la diſtance des lieux, de compter les Colomnes Milliaires, dont les intervalles étoient aſſujettis à une meſure fixe & déterminée.

Il eſt vrai qu'en s'attachant à ce qui eſt requis dans la plus ſcrupuleuſe exactitude, on fait ici deux objections. La prémiére, que dans les Itinéraires Romains (ſuppoſé même que les nombres des diſtances y ſoient par-tout corrects & ſans vice) ces nombres donnent toujours les Milles complets, ſans fraction en plus ou en moins ; quoiqu'il ſoit hors de vraiſemblance que la diſtance des Villes ſe ſoit toujours rencontrée au terme précis de la meſure des Milles. En ſecond lieu, on propoſera comme une difficulté, l'incertitude où l'on peut être ſur le point ou lieu d'où ces diſtances ont été comptées ; & de sçavoir, si c'est plutôt du centre des Villes que de leur issuë ou sortie, que ces mesures ont été prises.

Je répondrai à la prémiére objection ; que dans un long espace, composé d'un grand nombre de distances particuliéres, il est censé que ce qui peut être foible dans les unes se compense par le fort qui se trouvera dans les autres : car c'est ainsi que le plus ou le moins se partagent. Ceux qui opèrent sur le terrain, & qui se servent même de bons instrumens avec l'habileté requise, sont obligés de convenir, que dans une longue suite d'opérations il se fait une compensation de même genre, pour que ce qui peut manquer à la plus parfaite précision sur chaque opération particuliére soit corrigé. Et d'ailleurs, combien dans le détail de cette discussion y aura-t-il d'endroits, où des fractions de Mille deviennent des minuties en comparaison des écarts qui se rencontrent dans les Cartes qui ont été données de l'Italie ? Je remarquerai même, qu'on n'est pas toujours destitué d'une sorte d'indication sur les fractions de Mille dans la combinaison des anciens Itinéraires. Quand on les a étudiés, & qu'ils ont été souvent comparés avec le local même, on reconnoît que la différence d'un Mille entre deux Itinéraires, ne dépend communément que d'une fraction négligée dans l'un, & qui a paru assez considérable dans l'autre pour y être employée pour un Mille même. Dans une suite de plusieurs distances, vous trouvez quelquefois que ces nombres de plus ou de moins sur les distances particuliéres se compensent au total. Et quant à ce qui nous regarde en particulier, par rapport à l'usage de ces anciens monumens & l'emploi des distances qui y sont marquées, il devient évident par une infinité d'endroits de cet ouvrage, qu'en prenant souvent en droite-ligne, ou presque sans réduction, des mesures qui sont pourtant relatives à des chemins, nous sauvons bien par ce moyen des omissions de fractions, en les jugeant plutôt rédondantes qu'autrement.

Quant à la ſeconde objection, je ſuis convaincu, qu'à l'égard des Villes principales & qui dominoient ſur un diſtrict, les diſtances ſe comptoient non-ſeulement de ces Villes, & ſur les Colomnes-milliaires étoient numérotées I. II. III. &c. mais encore que ces diſtances ſe prenoient du centre de la Ville, & non de ſes portes. Cette pratique étoit d'autant plus ſage, qu'il eſt cenſé que ce principe des diſtances eſt moins ſujet à viciſſitude ou changement que l'enceinte des Villes. Auguſte qui ſe chargea de la réparation des grandes Voies aux environs de Rome, fit placer une Colomne dorée dans le *Forum Romanum*, c'eſt-à-dire, au milieu de la Ville & au pied du Capitole; *Milliarium Aureum in capite Fori Romani ſtatutum*, dit Pline; de laquelle Colomne on commençoit à compter les diſtances. Car pour quelle autre fin auroit-elle été élevée, & ſans cette fin pouvoit-elle être qualifiée de Milliaire? Peut-on même diſconvenir, que ce ne ſoit relativement à l'effet même d'une pareille fin, que Plutarque dit poſitivement dans la Vie de Galba, que toutes les grandes Voies ou Chauſſées de l'Italie aboutiſſent ou ſe terminent, τελευτῶσιν, à ce Milliaire? Indépendamment de ce fait, & des conſéquences naturelles qu'il entraîne avec lui, j'ai reconnu par pluſieurs meſures de diſtance ſur l'Arpentage de l'Agro-Romano, que ces meſures ne peuvent ſe rapporter qu'au centre de Rome, & qu'aucune ne convient à ſes portes. En traitant des Meſures itinéraires, je ſuis entré dans quelque détail de ces meſures de diſtance; on en pourroit même ajouter à celles dont il eſt mention dans ce Traité; & en-effet pluſieurs endroits de cette Analyſe, dans leſquels il ſera queſtion des environs de Rome, rendront la choſe encore plus évidente.

Ce n'eſt pas même à l'égard de Rome ſeule qu'il paroît démontré, que les diſtances ſe rapportent au pareil endroit. On retrouve autour de Milan dix ou douze dénominations de lieu, par leſquelles la diſtance des lieux à l'égard de cette Ville eſt indiquée, ſelon que cette diſtance étoit comptée ſur pluſieurs grandes Voies qui en ſortoient, & relativement au numéro des Colomnes ou Pierres-milliaires placées sur ces Voies. Ces dénominations subsistantes, quoique ces Colomnes ayent péri, roulent entre elles jusqu'au Decimo, ou *Decimum milliare :* & non-seulement leur distance à l'égard de Milan, assujettie à la mesure précise du Mille Romain, ne peut convenir qu'au centre de la Ville, & non à ses portes; mais encore il m'a paru, que pour trouver quelque analogie entre les distances particuliéres de chacun de ces lieux qui sont répandus sur différentes Voies, ces distances ne pouvoient avoir d'autre point commun de partance que ce même centre. Car, quoiqu'il se rencontrât quelque petite variation entre les mesures relatives à chaque lieu actuel en particulier, elle n'étoit pas telle & aussi générale qu'elle auroit résulté de la disproportion entre un Quarto ou Quinto, & un Décimo.

Mais, voici ce qui décide indubitablement la question. Il s'agit de la distance de deux points ou lieux situés sur des Voies ou routes opposées, & dans l'intervalle desquels la Ville de Milan se trouve comprise sur une même ligne avec ces points. Il y a un Sesto sur la route du Lodi-vecchio ou de *Laus-Pompeia*, & en deçà de Melegnano, qui est le lieu connu des François sous le nom de Marignan; & en prolongeant l'allignement de ce Sesto à Milan au delà de cette Ville, on rencontre un Quarto placé sur la voie qui tend à Vareze. Pareillement, au Décimo qui se retrouve entre Milan & Pavie, & dont il est mention dans l'Itinéraire de Jérusalem, répond un Sesto sur la route qui s'éloigne de Milan du côté contraire, & qui par Monza tend à Lecco. Par l'Arpentage qui a été fait du Milanez, & dont j'ai eu communication, comme on verra dans la suite, la premiére distance revient à 9 Milles de Milan & environ un sixiéme; la seconde à 14 des mêmes Milles moins un dixiéme. Comme il n'y a pas une parfaite proportion entre ces deux mesures, on en doit conclure que nous les produisons naturellement ainsi qu'elles se trouvent, & sans modification quelleconque. Mais, en pareille circonstance, c'est à une moyenne proportionnelle qu'il convient d'avoir égard. Le Mille de Milan s'évalue 849 Toises au plus, selon les élémens qui lui sont propres, & dont il sera traité dans le détail de cet ouvrage : conséquemment les deux mesures cidessus produisent 19580 Toises ou environ. Or, les 26 Milles Romains, sçavoir 10 d'une part, & 16 de l'autre, lesquels dans notre hypothese doivent faire l'équivallant de ces mesures, se montent strictement à 19643 Toises. Dans ces deux calculs, qui ne différent que de 60 & quelques Toises, dont il ne résulte qu'un douziéme du Mille Romain, partant un 312me seulement du total, le diamétre de la Ville de Milan se trouve absorbé. Donc, les distances numérotées de Mille en Mille autour de Milan usurpoient ce diamétre, lequel devoit être partagé entre deux Voies qui prenoient une route opposée. Donc, ces distances se comptoient du centre de la Ville plutôt que de ses portes. Et quand les révolutions que le tems ameine, les accidens arrivés à la Ville de Milan, sa destruction presque totale par l'Empereur Frédéric-Barbe-rousse, qui n'épargna que les Eglises l'an 1163, rendroient équivoque le lieu qui faisoit le centre de Milan sous la domination Romaine, cette incertitude n'auroit aucune mauvaise conséquence pour le fond de notre question.

Ce qu'une pareille combinaison de mesure a de décisif se peut employer à l'égard de Rome même. Il y a un Quinto subsistant sur la Voie Flaminienne, au Nord de Rome ; un Decimo sur l'ancienne Voie qui conduisoit à *Laurentum*, vers le Midi. La distance entre ces lieux, y compris la traversée de Rome entiére, ne revient au plus qu'à 14 Milles Romains & demi, selon l'Echelle de l'Arpentage de l'Agro Romano. Cette mesure se rapporte, non à une ligne directe (car elle seroit plus courte encore) mais à la trace même & au circuit des Voies, qui sont exprimées, comme on le doit croire, dans un Arpentage. Et bien que le Mille Romain moderne ait un 90me de plus que l'ancien, que pardessus cela je me sois moi-même porté à forcer un peu l'Echelle de l'Arpentage, pour ne point riſquer de ſerrer l'eſpace dans les environs de Rome, toutefois on ne ſçauroit imaginer que la traverſée de Rome, qui prend plus de 2600 Pas Romains ſur la meſure en queſtion, puiſſe en être ſouſtraite & défalquée; de maniére que les 15 Milles fuſſent jugés renfermés dans une meſure qui ſe réduiroit ainſi à environ 12.

Si les diſtances ont été comptées du centre des Villes, on objećte que dans une Ville de la grandeur de Rome, ou auſſi étenduë, le *primus Lapis* ne ſortant point de l'enceinte même de la Ville, & s'y trouvant renfermé, les Hiſtoriens n'ont pû dire *ad primum ab Urbe Lapidem*. Mais, cette objećtion tombe & devient nulle quand on obſerve, que dans ce cas *Lapis & Milliare ſunt unum & idem;* que par conſéquent l'expreſſion dont il s'agit ne ſignifie autre choſe que la diſtance eſtimée d'un Mille ou environ à l'égard des dehors de Rome. Il y a même tel récit, où une pareille expreſſion ne peut s'entendre d'une maniére préciſe & abſoluë du lieu & place d'une Pierre ou Colomne-milliaire numérotée I. La même expreſſion pourroit au ſurplus être employée à l'égard d'événemens antérieurs au tems où les diſtances de Mille en Mille ont été marquées par des Colomnes ſur les grandes Voies Romaines. Plutarque nous apprend, que c'eſt Caius-Gracchus, qui dans le ſeptiéme ſiécle de Rome, a le prémier travaillé à cet établiſſement, que l'on peut fixer à l'an 631 de l'époque de Varron. C'eſt apparemment dans le ſens où j'obſerve que le terme de *Lapis* doit être pris, qu'il faut entendre Pline-le jeune dans une de ſes Lettres, que le tombeau de Pallas, affranchi de l'Empereur Claude, étoit placé ſur la Voie Tiburtine *intra primum Lapidem:* car autrement il faudroit ſuppoſer dans cette ſépulture une infraćtion des Loix, qui ne la permettoient pas dans l'enceinte de la Ville. Cet endroit de Pline eſt un des argumens, que M. l'Abbé Révillas, Profeſſeur de Mathématique au Collége de la Sapience à Rome, & dont je reſpećte le ſçavoir & les talens, employe dans ſa

Dissertation sur le *Milliarium Aureum*, pour établir que les distances ne se comptoient point de ce Milliaire.

L'opinion de ce Sçavant, qui lui est commune avec Holstenius & avec Fabretti, porte principalement sur le fondement que voici. La Colomne-milliaire du numéro I, déterrée près de la Voie Appienne en 1584, & placée aujourd'hui dans le Capitole avec des ornemens ajoutés, dont M. l'Abbé Révillas la dépoüille avec beaucoup de discernement & de critique, étoit trop éloignée du centre de Rome dans le lieu où elle a été trouvée, pour que l'espace du premier Mille pût convenir à l'emplacement du Milliaire doré dans le *Forum Romanum*. Mais, une Colomne enfouie parmi des décombres, comme on en juge par ce qui est dit de celle-ci, & qui n'est point sur pied, ne peut décider la question, sur-tout quand il y a des faits qui s'y opposent. On pourroit indépendamment de ces faits, douter que la Colomne en pareille situation fût encore dans son vrai lieu, & sans aucun dérangement ou transport d'une place à une autre: dans le cas où les faits se montrent contraires, il faut convenir qu'il y a plus que du doute & du soupçon sur ce sujet. Il paroît d'autant mieux décidé, que cette Colomne étoit déplacée, qu'il est difficile d'en adapter l'emplacement à l'hypothése même selon laquelle la distance se prendroit de la Porte de Rome. Nous apprenons de M. l'Abbé Révillas, que l'endroit vers lequel la Colomne a été trouvée, n'est écarté de la Porte de Saint-Sébastien que d'environ 530 Palmes Romains, & comme il évaluë en même tems la longueur du Mille Romain ancien sur le pied de 6604 des mêmes Palmes, il s'ensuit qu'à un douziéme & demi ou deux vingt-cinquiémes près, l'espace du Mille qui seroit indiqué par la position de la Colomne devroit être pris sur l'étenduë de la Ville. Suivant le meilleur Plan de Rome qui me soit connu, publié par Rossi sous le Pontificat d'Innocent XII, la distance depuis la Porte de Saint-Sébastien (qui répond probablement à la Porte Capene dans l'enceinte d'Aurélien) jusque vers le Capitole, & en prenant ſon terme ſelon qu'il convient à l'emplacement du *Forum Romanum*, eſt d'environ 1400 Pas Romains. Il n'eſt pas néceſſaire dans cette diſtance, d'avoir égard à une légere différence entre le Mille moderne & l'ancien : je ſuppoſe même que la meſure du chemin dans cet intervalle pût valoir 1500 Pas, au lieu de 1400 de meſure directe. Si toutefois nous en défalquons plus de 900 Pas pour trouver le terme du Mille en queſtion, il reſtera moins de 600 Pas pour le réſidu d'intervalle juſqu'au point pris dans l'emplacement du *Forum*. Or, il faudroit ſuppoſer en ce cas-là, que l'enceinte de Servius-Tullius ne s'écartoit pas davantage du centre de Rome ; & il s'enſuivroit que la Porte Capene auroit joint l'extrémité du grand-Cirque, & ce qui eſt encore moins probable, il n'y auroit eu que la moindre partie du Mont-Aventin qui fut renfermée dans la même enceinte. Mais, puiſqu'on eſt bien fondé à croire que ces circonſtances ne conviennent point à l'enceinte de Servius-Tullius, ni à l'emplacement de la Porte Capene ; & puiſque cette Porte étoit notablement plus reculée du centre de Rome, & par conſéquent moins écartée du lieu actuel de la Porte de Saint-Sébaſtien ; il en faut conclure, que le lieu de la Colonne à 80 Pas ſeulement au dehors de cette derniére Porte, ne répond point à la prémiére pour la diſtance d'un Mille.

On cite l'Inſcription d'un Marbre Barberin, par laquelle Salvia-Marcellina fait donation au Collége d'Eſculape ou de la Santé, de quelques lieux ſitués auprès du Temple de Mars, *intra Milliarium I & II ab Urbe euntibus*. Ces circonſtances locales nous fixent ſur la Voie Appienne même, & dans les environs de la Porte Capene. Et il en réſulte d'une maniére indubitable, que le *primum Milliarium* ſur cette Voie ne pouvoit être relatif qu'au Milliaire doré. Le Temple de Mars dont il s'agit ici, étoit très-voiſin & en vûë de la Porte Capene : deux vers d'Ovide (*Faſtor. VI*) le diſent formellement ; & Servius, Commentateur de Virgile, a écrit, *in Viâ Appiâ, propè Portam*. Ce Temple avoit ſon

ſon emplacement ſur un lieu éminent, nommé *Clivus Martis*, comme il ſe conclut des Actes de Saint Sixte, qui ſouffrit le martyre *in Clivo Martis, ante Templum :* & le *Clivus* ſe reconnoît encore dans le terrain élevé ſur lequel paſſe l'enceinte actuelle de Rome, à l'endroit même de la Porte de Saint-Sébaſtien ; ce qui eſt de plus confirmé par des Inſcriptions trouvées ſur le lieu, & dont le *Clivus-Martis* fait le ſujet. Nous connoiſſons donc la poſition du Temple de Mars, non-ſeulement par rapport à ſa proximité à l'égard de l'ancienne Porte Capene, mais encore par la diſpoſition même du terrain qui lui ſervoit d'aſſiette. Et il eſt aſſez ſingulier, que l'immédiateté de ſituation ou l'adhérence à la Porte de Saint-Sébaſtien, fixe ce Temple dans un emplacement qui ſoit même en deçà du lieu où la Colomne-prémiére a été déterrée, plutôt qu'au delà, ſelon que l'Inſcription Barberine le réquèreroit, ce qui témoigne bien le déplacement de la Colomne. Il faut de plus obſerver, que puiſque ce Temple étant ſcis près de la Porte de Saint-Sébaſtien, ſe trouvoit néanmoins très-voiſin de la Porte Capene ancienne, & telle qu'elle exiſtoit dans l'enceinte de Servius-Tullius, il s'enſuit que cette Porte ne pouvoit être auſſi diſtante de celle de Saint-Sébaſtien qu'il le faudroit pour l'eſpace du Mille combiné ci-deſſus. Ce n'eſt pas dans l'enceinte d'une Ville, même auſſi grande que Rome, que des lieux qui ſeroient écartés de près d'un Mille, ſe déſigneroient l'un par l'autre au moyen du terme *propè :* cette expreſſion ne s'emploiroit que dans l'eſpace vague d'une Région ou Contrée. Or, par le détail de combinaiſon qui a été fait ci-deſſus pour l'eſpace du prémier Mille, il conſte que la Porte de Saint-Sébaſtien eſt à 14 ou 1500 Pas d'un point pris dans l'étenduë du *Forum Romanum :* donc, le Temple de Mars, voiſin de cette Porte, étoit *intrà I & II Milliarium* à l'égard du Milliaire doré placé dans le *Forum :* au lieu qu'en comptant de la Porte Capene, en la ſuppoſant même moins écartée que de raiſon du centre de Rome, le même Temple ſe trouveroit *intrà I Milliarium.*

Cette question m'a engagé plus loin peut-être qu'il ne convenoit dans ce Discours Préliminaire : mais je renvoye pour un surcroît de discussion sur la même matiere, à ce qui est dit au sujet de la distance d'Albano & d'Aricia à l'égard de Rome, dans la prémiére Section de la troisiéme Partie de cet ouvrage. Je demande au-reste, pourquoi toutes les distances en général qui sont indiquées à l'entour de Rome, ne peuvent se retrouver complettes dans leur application sur le terrain, qu'autant qu'on pénétre jusqu'au centre de Rome, quand ces distances sont prises en revenant sur cette Ville. L'Antiquité fourniroit des circonstances propres à tirer une même conclusion à l'égard de plusieurs autres Villes, & qui exigent que les distances itinéraires mesurées sur les Voies Romaines se rapportent également à leur centre. Et quand nous serions destitués de pareils indices, notre opinion n'est-elle pas appuyée ci-dessus de preuves positives & Géométriques ? Concluons donc, qu'à l'égard des Villes principales & desquelles se numérotoient les distances, ces distances étoient prises du centre de ces Villes ; au lieu que la suite des mêmes distances traversoit les Villes d'un ordre inférieur, sans interruption de numéro.

Ce dont on accuse plus communément les Itinéraires Romains, & qui tire à plus grande conséquence, est d'être peu corrects dans les nombres des distances : & en-effet l'Itinéraire d'Antonin, où les mêmes distances sont quelquefois répétées, n'est pas toujours d'accord avec lui-même. Je conviens que ces précieux restes de l'Antiquité, ayant passé plusieurs fois par la main de Copistes ignorans ou peu attentifs, ne sont pas parvenus jusqu'à nous aussi corrects qu'ils ont dû l'être en original ; j'y ai remarqué des distances qui ne sçauroient être justes, & j'en ai relevé le défaut quand l'occasion de le faire s'est présentée. Mais je tiens, qu'on n'a le plus souvent rejetté les nombres des Itinéraires, que faute de connoître la mesure propre des distances, ou pour vouloir rapporter ces distances à d'autres lieux que ceux qu'indiquent ces Itinéraires. Et on ne peut ſe diſpenſer d'obſerver en général, qu'à proportion de ce que la Géographie acquiert de perfection, ſur-tout par rapport à l'étendue des eſpaces, on remarque plus de juſteſſe dans les Itinéraires anciens.

D'ailleurs, ces divers Itinéraires, qui ſont des piéces d'une eſpece différente, & dans leſquelles on ne s'eſt point copié, ſe corrigent quelquefois l'un par l'autre: & pour peu que quelque Carte particuliére, quelque inſtruction locale, fourniſſent un moyen de comparaiſon, le Géographe qui doit être exercé à cette ſorte de diſcuſſion, ſe trouve à portée de démêler ce qui eſt plus ou moins exact ou correct. Ce n'eſt pas à l'égard d'un pays comme l'Italie, qu'on eſt dépourvu de ces ſecours Géographiques, qu'il eſt avantageux de concilier avec les meſures de diſtance que nous devons à l'Antiquité: il n'y a point de province ou canton particulier de l'Italie, dont on n'ait une ou pluſieurs Cartes, dans leſquelles le plus ou le moins de préciſion ſe fait reconnoître.

J'obſerverai même en paſſant, que c'eſt par la confrontation des Itinéraires avec les Cartes, que l'utilité des Itinéraires devient plus ſenſible. Car ſi les Cartes particuliéres nous font appercevoir le défaut qui ſe rencontre quelquefois dans les nombres des Itinéraires, ces mêmes Itinéraires nous fixent ſouvent dans l'uſage que l'on doit faire des Cartes. Il eſt aſſez fréquent, que l'Echelle placée ſur les Cartes ſoit incertaine & indéfinie dans ſa meſure effective, malproportionnée même avec la Graduation appliquée à ces Cartes. Dans un cas pareil, quelques diſtances bien vérifiées, ſoit par accord entre les divers Itinéraires, ſoit par convenance avec quelque circonſtance empruntée d'ailleurs (diſtances données en Milles Romains, dont la meſure n'eſt point équivoque) détermineront l'étendue réelle des eſpaces, ce qui eſt de la plus grande conſéquence dans la Géographie.

Il reſte une derniére obſervation à faire ſur les meſures

itinéraires, & qui regarde précisement leur application dans la Géographie. Ces mesures ne sont point réduites à la droite-ligne de la maniére dont elles nous sont données, puisque ce n'est autre chose que la mesure actuelle des chemins: & quoique ces chemins en général fussent alignés par les Romains aussi directement que faire se pouvoit, cependant ils obéïssoient aux circonstances d'un terrain inégal, où coupé par des eaux, avec l'assujettissement indispensable aux divers accidens de la nature. Outre que le contraire seroit hors de vraisemblance, les anciennes Voies qui sont subsistantes ont des détours & des inégalités plus ou moins sensibles, selon l'exigence du terrain. Par conséquent, il y a peu de distances sur lesquelles il ne soit nécessaire de supposer quelque déduction à faire, par comparaison avec une ligne directe & horizontale.

On peut bien se faire une grande habitude, de comparer des mesures de chemin avec des alignemens ou distances Géométriques, & de calculer la différence qui s'y rencontre le plus communément, suivant différentes dispositions de terrain. On peut même en conséquence, établir quelques regles ou proportions générales de réduction, des distances itinéraires aux espaces absolus; en fixant même des degrés de proportion, à raison de la variété du terrain plus ou moins inégal & embarrassé. Mais, pour peu qu'on soit versé dans la Géographie, on est persuadé, que les distances itinéraires, si elles induisent en erreur, c'est plutôt en portant le Géographe à agrandir les espaces, qu'à les resserrer, même en usant de précaution dans l'emploi de ces distances. Il se rencontre souvent dans la disposition du local, des accidens qui consument du chemin au-delà de ce qu'un Géographe ose le supposer; & de-là vient que dans les meilleures Cartes, où l'étendue des espaces est fixée par des opérations positives, ces espaces y sont presque toujours plus resserrés qu'on ne l'auroit présumé sur la seule idée des distances.

Dans la Dissertation sur *Bibracte*, qui fait partie des

Eclairciſſemens ſur l'ancienne Gaule, j'ai fait voir que dans l'intervalle de Lion à Toul, au lieu de 167 Lieues Gauloiſes que l'on compte au moins dans les Itinéraires bien vérifiés diſtance par diſtance, il ne s'en retrouve que 152 en droite-ligne & à l'ouverture du compas. La route eſt néanmoins aſſez bien ſoutenue dans ſa direction, il n'y a point de montagne élevée à franchir dans cet eſpace, les deux points aux extrémités ſont fixés invariablement par des moyens Géométriques & Aſtronomiques. Cependant, il y a ici une déduction de 15 Lieues Gauloiſes, qui font un onziéme ſur la diſtance, & cette déduction eſt telle, qu'un Géographe dans de pareilles circonſtances, & n'ayant point les deux termes preſcrits & arrêtés, ne la riſqueroit pas.

Je ſuppute que les Itinéraires Romains nous fourniſſent 214 ou 15 Milles entre Milan & Rimini; ſçavoir, de Milan à Plaiſance 40, de Plaiſance à Parme 39 à 40, de Parme à Modéne 36, de Modéne à Bologne 25, de Bologne à Rimini 74; & nous entrerons même dans l'examen particulier de toutes ces diſtances en diſcutant la Lombardie. Il eſt vrai que tous ces lieux ſe ſuivent ſur un alignement plus direct qu'il n'eſt ordinaire dans une longue route, & que le pays en général eſt uni, quoique fort coupé de riviéres. Mais enfin, ce n'eſt pas un rayon tiré dans l'air, il y a même des écarts de direction aſſez ſenſibles, comme la Carte d'Italie, & même le chaſſis de Carte dont il ſera queſtion cy-après, & que nous avons inſéré dans cet écrit, le manifeſtent. Et puiſqu'en meſurant l'intervalle des poſitions de Milan & de Rimini, on trouve 207 Milles à l'ouverture du compas, il eſt évident qu'on ne peut faire un uſage plus étendu des meſures itinéraires. Il y a dequoi compenſer des fractions de Mille négligées, en les ſuppoſant de ſurabondance plutôt que dans le ſens contraire. Ce ſeroit ſe tromper immanquablement, & forcer la meſure des eſpaces, que de vouloir prendre par tout ailleurs ſur le même pied, les diſtances données par les Itinéraires. Mais je ſuis perſuadé, qu'un Géographe, auquel il eſt plus naturel d'être retenu que trop hazardé ſur la déduction qui eſt à faire dans les diſtances itinéraires, court plutôt le riſque de pécher par le prolongement des diſtances que par le raccourciſſement; & ce que la ſimple ſpéculation fait paroître probable & ſenſible, ſe vérifie fréquemment par la confrontation des Cartes avec la meſure vraie & poſitive d'une infinité d'eſpaces.

Au-reſte, ces éclairciſſemens, qui tournent à l'avantage des meſures itinéraires des Anciens, ſont d'autant mieux placés icy, que ces meſures contribueront beaucoup à la diſcuſſion de l'Italie. J'ai ſaiſi, je l'avoue, l'occaſion d'entrer ſur ce ſujet dans un détail, capable de diſſiper des préventions, auxquelles le défaut d'être ſuffiſamment informé peut ſeul donner lieu. D'ailleurs, les diſtances anciennes dont nous ferons uſage, ſeront toutes combinées avec diverſes Cartes, & dans ce nombre de Cartes il s'en trouvera qui doivent être réputées Géométriques. Il y aura même plus d'un endroit, où la meſure des eſpaces, la poſition des lieux, ſe trouvant fixées par des opérations poſitives, par des obſervations Aſtronomiques, nous ſerons diſpenſés d'emprunter le ſecours des Anciens, & de les citer; à moins que pour faire la vérification de leurs diſtances, nous ne voulions en rappeller quelques-unes.

Dans cette Analyſe de l'Italie, on n'a point d'autre objet de préciſion que celle qui devient ſenſible dans une Carte, ou dont elle eſt ſuſceptible. En pouſſant la délicateſſe ſur ce point auſſi loin qu'il nous étoit poſſible, & peut-être au-delà de ce qui a été pratiqué communément, & ſur-tout à l'égard du ſujet dont il eſt queſtion, nous ne prétendons rien de plus, & il ſeroit hors de propos d'en exiger davantage. On s'en tient donc à la ſimple compoſition de la Carte d'Italie; dans la maniére d'évaluer ou de faire l'emploi des diſtances & autres moyens qui y concourent; en recherchant néanmoins une grande exactitude dans l'emplacement des poſitions, auxquelles les diſtances ſe rapportent. Pour cet effet, toutes les mesures ou distances quelconques dont on est convenu, prises à l'ouverture du compas, ont été accumulées plusieurs fois, & même jusqu'à dix, sur une verge d'Echelle suffisamment prolongée. De sorte que l'on peut dire, que ces mesures & distances ont fonciérement autant de précision, que si la Carte sur laquelle elles ont été portées étoit dix fois plus étendue en longueur, ou cent fois plus en superficie. Par ce moyen, quoique l'espace d'un Degré de Latitude n'occupe que 33 Lignes & un tiers dans notre Carte d'Italie, néanmoins un espace de 1000 Toises dans la mesure des distances est censé donné sur le pied d'environ 6 Lignes, un Mille Romain sur le pied de 4 à 5 Lignes: & par la même proportion, un Stade prend 4 à 5, ou 5 à 6 dixiémes de Lignes, selon l'espece de Stade, ce qui est encore une mesure très-sensible au compas.

Mais, comme les rapports de combinaison, l'enchainement des points discutés, ne se feroient sentir sur la Carte même de l'Italie, que par une application singuliére à les y développer & reconnoître, ce qui pourroit être regardé comme un travail pour le Lecteur; je joins icy une espece de chassis ou canevas de cette Carte, lequel chassis étant dégagé de tout ce qui constitue nécessairement le détail d'une Carte ordinaire, ne présente au coup-d'œil que le simple tissu des points qui servent de base & de fondement dans tout l'édifice. Des lignes tirées d'un point à un autre, indiquent les rapports combinés entre ces points, & ont presque généralement l'effet des côtés des Triangles dans une suite d'opérations Trigonométriques tracées sur le papier. Par-là on est en état de juger, que la correspondance d'une infinité de positions peut être donnée à un tel point de liaison & d'enchainement, qu'il soit difficile d'imaginer ou de supposer quelque notable dérangement dans une partie, sans offenser l'harmonie qui regne dans la totalité: que dans le cas où l'on ne peut être assûré d'une justesse parfaitement égale dans tous les points qui composent un aussi grand corps de combinaison, le nombre de ceux qui paroissent décidés, supplée à l'insuffisance de quelques autres, & les détermine nécessairement. Il n'auroit pas été praticable d'insérer icy un pareil chassis au point d'Echelle égal à la Carte même ; & je n'ai point vu d'inconvénient à réduire la longueur de cette Echelle à moitié, puisque dans le cas où l'on peut vouloir faire une vérification scrupuleuse des distances particuliéres sur lesquelles on se fonde, la Carte renduë publique en même tems que la discussion, fournit le champ dans toute l'étenduë qu'on s'est proposée.

J'observe néanmoins, que ce chassis a dû relativement à la discussion se prendre du Méridien de Paris, duquel il est à propos d'avertir que nous partons icy, & qui sert de point d'appui à la mesure absoluë des espaces discutés dans cet écrit. Il y a même dans ce chassis une diversité d'avec la Carte, dont il faut être prévenu. Les points ou lieux de Longitude, déterminés par des observations Astronomiques, ne se trouvant point en rapport avec la Graduation ordinaire de la Terre supposée Sphérique, l'écart qui s'y rencontre d'une maniére uniforme & générale (& même trop considérable pour qu'il soit permis de n'y pas faire attention) se fera remarquer dans le chassis par l'emploi qu'on y a fait de cette Graduation. Il n'en est pas de même dans la Carte, où il a paru indispensable de conformer sa Graduation à la Longitude vraie, prescrite par les Observations, puisqu'à elles seules il appartient de décider ou de nous instruire de la différence de Longitude entre un lieu & un autre.

L'inégalité des Degrés de Latitude ou sur le Méridien, que les diverses opinions sur la figure de la Terre ont apportée, ne peut être jugée sensible sur un petit espace de Latitude. Il faut pour former une notable différence entre ces Degrés, les rapprocher & comparer de deux régions extrêmes, ou du moins fort écartées. On n'a donc point pris d'autre hypothese sur la mesure du Degré terrestre que celle

celle qui a paru jusqu'à présent se conclure de la valeur commune des Degrés dans l'étenduë de la France, ou 57060 Toises. C'est sur cette évaluation du Degré de grand Cercle qu'on a calculé la Longitude ou Graduation commune, lorsqu'il a été question de la conférer aux Observations Astronomiques. Ce principe de calcul doit être réputé modéré. On pouvoit l'adopter tel, qu'il auroit fourni davantage. Les PP. le-Seur & Jacquier, Minimes, dans leur Commentaire sur la Philosophie de Newton (Tom. III, p. 77) ont conclu de la combinaison de la mesure terrestre en France avec l'arc du Méridien, 57100 Toises pour l'espace commun du Degré.

Il n'est pas douteux qu'une des circonstances plus importantes dans cette discussion Géographique, ne soit l'enchainement de l'Italie avec le Méridien de Paris. J'en ai obligation à M. Cassini, & elle dépend des points de Lion & de Grenoble, & de celui d'Antibes, dont il a bien voulu me permettre de prendre la distance à l'égard de la Méridienne de l'Observatoire, sur la Carte manuscrite dressée en conséquence des Opérations de MM. de Thuri & Maraldi. Le calcul des Triangles donnera vraisemblablement quelque petite différence en plus ou en moins; mais il faut convenir que ces délicatesses n'ont pas grande influence dans la Géographie. Comme le Méridien de Paris est celui auquel les Observations de Longitude ont le plus de correspondance, il nous étoit très-avantageux de pouvoir appuyer la mesure des espaces sur ce Méridien même, pour en faire le rapport aux Observations.

Après avoir exposé ce qui convenoit pour l'intelligence du sujet, voici l'ordre & la distribution de l'ouvrage. Il est coupé en trois Parties, & chaque Partie en plusieurs Sections. On ne pourroit embrasser & suivre tout d'une haleine le nombre presque infini de combinaisons & de discussions, dont un pareil ouvrage est composé. La premiére Partie renferme la Lombardie, qui se distingue actuellement du reste de l'Italie à peu près autant qu'autrefois ſous le nom de Gaule ciſ-Alpine. L'Italie proprement dite a paru trop étendue pour être contenue de même dans une ſeule Partie. On l'a diviſée, en ſuppoſant une ligne tirée dans la largeur du pays, depuis Oſtie juſqu'à Peſcara ſur la Mer Adriatique, en paſſant par le point de Rome. Ce qui s'étend depuis la Lombardie juſqu'à cette ligne, & que nous appellerons Italie Citérieure, fait le ſujet de notre ſeconde Partie : la troiſiéme traite de ce qui eſt au-delà, & conſéquemment à notre diſtribution ſera intitulée Italie Ultérieure. Mais pour déveloper plus particuliérement le tiſſu de l'ouvrage, nous déduirons le ſommaire ou titre des Sections qui compoſent chaque Partie.

PRÉMIÉRE PARTIE.

LA LOMBARDIE.

SECTION I. *En partant du Méridien de Paris, on s'étend par le Dauphiné & le Pié-mont juſqu'à l'entrée du Milanez.*

II. *Etenduë & emplacement du Milanez, ſa liaiſon avec le point de Gênes.*

III. *Retour de Gênes au Méridien de Paris, par la poſition de l'Iſle de Corſe & ſon rapport avec Antibes.*

IV. *Suite de la traverſée de la Lombardie juſqu'à Ravenne.*

V. *Retour vers le Milanez par l'Etat de Veniſe.*

VI. *Diſcuſſion portée juſques dans les Alpes du côté du Nord, & juſqu'à Trieſte du côté du Levant.*

VII. *Ce qui eſt reſté en arriére à l'égard du Milanez, principalement la Savoie, ſe diſcute.*

VIII. *De Bologne & de Ravenne on s'avance juſqu'à Rimini ; & le paſſage du Méridien de Rome près de Rimini donne lieu de diſcuter la différence de Longitude entre les Méridiens de Paris & de Rome.*

SECONDE PARTIE.

L'ITALIE CITÉRIEURE.

TROISIÉME PARTIE.

L'ITALIE ULTÉRIEURE.

Aufidus à l'Aternus, où finit la Voie Valérienne.

V. *A reprendre du point de Capoue, on s'étend jusqu'à Régio dans la partie de l'Italie la plus reculée vers le Midi.*

VI. *L'extrémité méridionale de l'Italie se combine avec les Latitudes de Messine, Syracuse, & Malte. Discussion de la Longitude sur les Observations faites à Palerme & à Malte.*

RÉSULTAT de cette Analyse Géographique, par rapport à la forme & à l'étenduë de l'Italie, en faisant un Parallele des Cartes de MM. de l'Isle & Sanson avec celle qui est icy donnée.

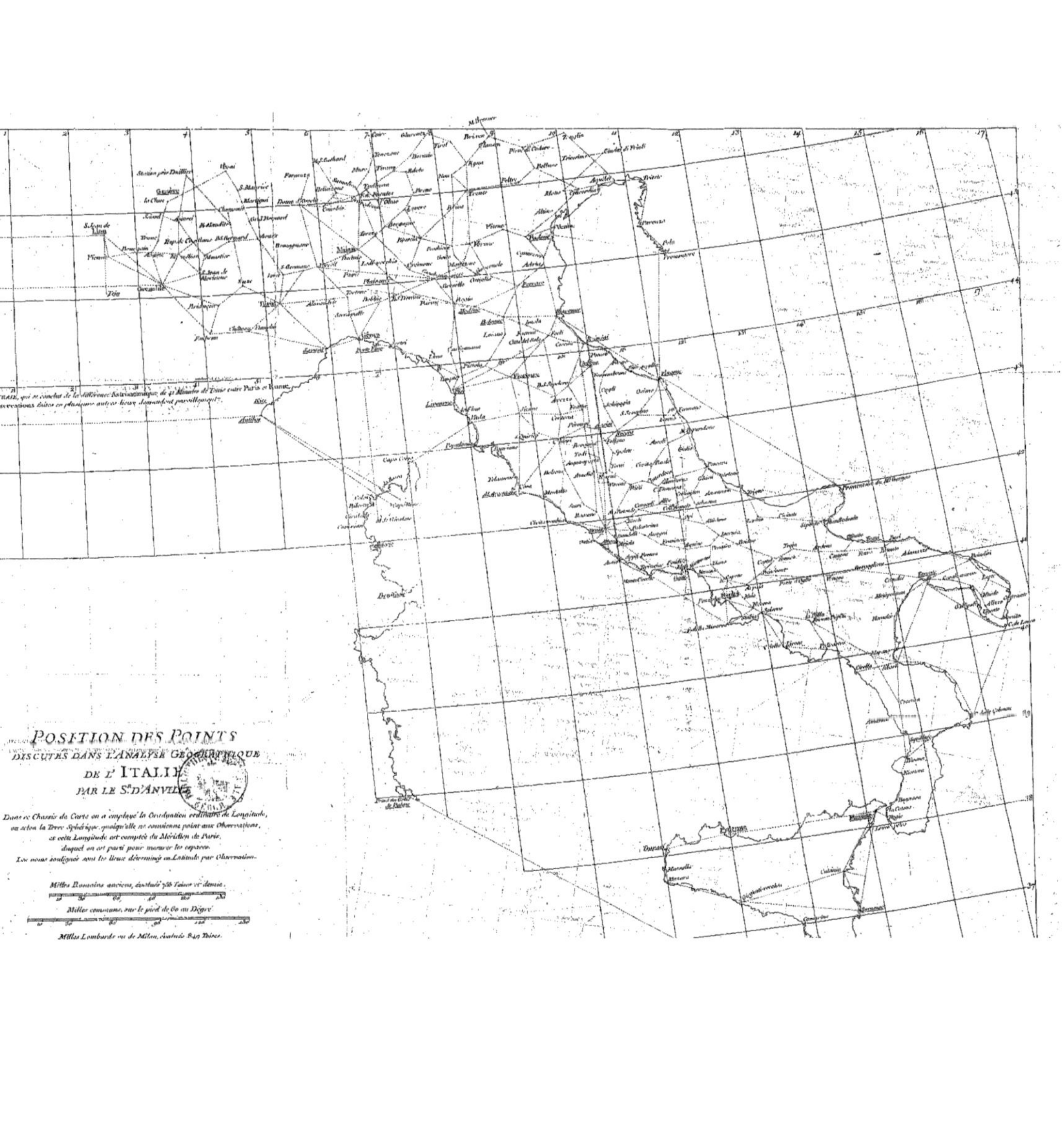
POSITION DES POINTS
DISCUTÉS DANS L'ANALYSE GÉOGRAPHIQUE
DE L' ITALIE
PAR LE S.R D'ANVILLE
Dans ce Chassis de Carte on a employé la Graduation ordinaire de Longitude, ou selon la Terre Sphérique, quoiqu'elle ne convienne point aux Observations, et cette Longitude est comptée du Méridien de Paris, duquel on est parti pour mesurer les espaces.
Les noms soulignés sont les lieux déterminés en Latitude par Observation.
Milles Romains anciens, évalués 756 Toises et demie.
Milles communs, sur le pied de 60 au Degré.
Milles Lombards ou de Milan, évalués 849 Toises.

PRÉMIÉRE PARTIE.

LA LOMBARDIE.

SECTION I.

En partant du Méridien de Paris, on s'étend par le Dauphiné & le Pié-mont jusqu'à l'entrée du Milanez.

QUOIQUE l'Italie soit l'objet de cette Analyse Géographique, les Opérations Trigonométriques de l'Académie Royale des Sciences, nous procurant l'avantage de pouvoir l'appuyer sur le Méridien de Paris, c'est précisément du passage de ce Méridien que nous partirons : & delà pour arriver au pied des Alpes, nous n'aurons pas besoin d'une longue discussion.

A prendre le Méridien de Paris à la hauteur de Lion, le distance de ce point à l'Eglise Métropolitaine de cette Ville, étant mesurée sur la Carte qui a été dressée en conséquence des Opérations dont on vient de parler, se trouve de 99500 Toises ou environ. La Latitude de Lion au même endroit est donnée par Observation à 45 degrés 45 minutes 20 secondes.

La distance de l'Eglise de Saint-Jean ou de la Métropolitaine de Lion, au centre de Grenoble, prise sur la même Carte, revient à 49200 Toises ou environ; & Grenoble est écarté du Méridien de Paris dans la même Carte de 136000 Toises quelque chose de plus. Je remarque, que la Latitude où Grenoble se rencontre en conséquence, ne va qu'à 9 minutes au-delà de 45 dégrés, nonobstant qu'elle soit indiquée dans quelques Tables Astronomiques à 45 degrés 11 minutes.

Pour aller plus loin, & arriver au point de Briançon, je me suis servi d'une très-belle & grande Carte manuscrite du Dauphiné, qui a été dressée sur les lieux pour un objet d'importance, sçavoir le renouvellement du cadrastre ou de l'imposition sur les terres, par les soins de M. Bouchu, Intendant de la province, vers l'an 1706. Il est constant qu'il n'y a rien de plus difficile & de plus délicat dans l'usage d'une Carte, que la maniére d'en fixer l'Echelle, & de l'orienter avec précision. Ici, outre la distance de Lion à Grenoble, & plusieurs autres encore appliquées sur la Carte dont il s'agit, j'ai reconnu que la Latitude de Tein, observée par M. Cassini le pere, à 45 degrés 4 minutes 18 secondes, comparée à celle de Lion, c'est-à-dire, l'arc du Méridien compris entre les Paralleles de ces lieux, donnoit à peu de choses près la même proportion d'espace que celle qui résultoit de ces distances. De-plus, le rayon tiré de Lion sur Grenoble, faisant angle avec le Méridien de Lion prolongé vers le Sud, m'a paru orienté conformément, à un degré près: encore remarquerai-je, que ce qui s'ensuit de la différence consiste à tenir la position de Grenoble plus écartée du Méridien de Lion que dans la Carte du Dauphiné; & c'est ce que l'espace mesuré entre le Méridien de Paris & le point de Grenoble immédiatement paroît exiger. Mais il en faut conclure, que cet espace de Longitude jusqu'à Grenoble ne peut être employé avec plus d'étenduë.

L'emplacement de Briançon à l'égard de Grenoble a été tiré de la Carte du Dauphiné, après en avoir rectifié l'Echelle & la position par les moyens qu'on vient de dire: de maniére, qu'à raison de l'analogie qui doit être entre les parties d'une Carte ainſi vérifiée, la diſtance de Briançon à l'égard de Grenoble, & la poſition reſpective de ces lieux, ſont comme une ſuite néceſſaire & une dépendance des moyens Géométriques & Aſtronomiques qui ont ſervi à cette vérification. Je remarquerai même par rapport à la diſtance entre ces lieux, que l'ayant combinée avec les Cartes meſurées des chemins, tirées du Département des Ponts & Chauſſées de la province, cette diſtance s'eſt trouvée convenable.

La poſition de Briançon nous met au pied des Alpes, à plus de 172000 Toiſes du Méridien de Paris. De-là pour paſſer à Suſe, j'ai combiné avec la Carte du Dauphiné une autre Carte particuliére & manuſcrite, qui s'étend principalement dans la Savoie, Carte levée ſous les ordres du Maréchal Catinat, par M. Rouſſel, Ingénieur du Roi, & dont les ouvrages ſe diſtinguent par l'habileté ſinguliére de leur auteur à repréſenter les pays de montagnes. J'ay trouvé ſur cette Carte la route tracée de Briançon à Suze, par le Mont-Genevre, Sézane, & Oulx; avec toutes les circonſtances d'une Topographie bien exprimée. J'ai meſuré cette route en ſuivant tous ſes circuits, & j'en ai diviſé la meſure en autant de parties que les anciens Itinéraires comptent de Milles Romains dans cet intervalle, & ſur la même voie. Leur accord ſur cet article ne permet point de douter des nombres. Dans l'Itinéraire particulier de Bourdeaux à Jéruſalem on lit :

Byrigantum.
Geſdaone X.
ad Marte IX.
Secuſſione XVI.

Dans l'Itinéraire d'Antonin, en ſuivant l'ordre contraire :

Secuſſionem.
ad Martis XVI.
Brigantionem XVIIII.

Il y a icy convenance dans le total ſur le pied de 35 Milles, convenance dans la diſtance particuliére de 19 Milles de

Briançon *ad Martem*, & dans la distance de 16 Milles de cette mansion à Suze. La Table Théodosienne, dans le même ordre que le premier Itinéraire, s'explique ainsi:

Brigantione VI. *in Alpe Cottiâ* V. *Gadaone* VIII.
Martis XVII. *Segusione*.

La distance de Briançon *ad Martem* est encore ici sur le pied de 19 Milles comme dans les autres Itinéraires. Il y a un Mille de plus, ou 17 pour 16, dans la distance ultérieure & jusqu'à Suze, ce qui ne signifie vrai-semblablement qu'une fraction de Mille en surabondance, négligée dans les autres Itinéraires.

Or, l'*Alpis Cottia*, qui a pris depuis le nom de *Mons Janus*, tombe précisément au Village du Mont-Genevre; *Gesdao* ou *Gadao*, sur la partie de Sézane qui est en deçà du passage de la Doria, & fait un Bourg séparé de l'autre partie; enfin, la mansion *ad Martem*, qui dans Ammien-Marcellin est apellée *Statio Martis*, se rencontre dans la position d'Oulx. Mais, en somme, au lieu de 35 Milles & plus, mesurés dans le détail de cette route, je n'en ai trouvé que 27 & demi sur une ligne droite tirée de Briançon à Suze; & la différence entre ces nombres, qui donne moins d'un quart de déduction, ne doit point paroître extraordinaire dans le passage des Alpes, & en suivant une Vallée resserrée entre des Montagnes. Il est à remarquer même, qu'indépendamment des circuits inévitables dans une pareille voie, l'inégalité du terrain ne paroît point entrer pour quelque chose dans cette déduction; & toutefois j'avouë que telle est la maniére dont la distance en question a été employée, sur laquelle par conséquent il est à présumer qu'il y a plutôt à rabatre qu'à ajouter.

J'ai procédé à peu près de même dans la distance de Suze à Turin. Les Itinéraires s'accordent encore dans cet intervalle, & on y compte 40 Milles. Celui que j'ai cité en prémier lieu s'explique ainsi:

Secussione, indè incipit Italia,
ad Duodecimum XII.

ad

ad Fines XII.
ad Octavum VIII.
Taurinis VIII.

L'Itinéraire d'Antonin ne coupe cet intervalle qu'en deux distances, mais qui reviennent au même :

Taurinos.
ad Fines XVI.
Segusionem XXIIII.

La Table compte à la vérité XXII au lieu de XXIIII, dans la distance de Suze à *Finibus ;* mais on y trouve aussi XVIII au lieu de XVI, de-là à *Augusta-Taurinorum*, Turin ; & la somme est la même dans le total. Ainsi la concordance à cet égard est parfaite. La distance en droite-ligne s'est trouvée de 35 Milles Romains, bonne mesure, c'est-à-dire, que la déduction ne va icy qu'à un huitiéme au plus ; & supposé même qu'il manquât quelque chose à la précision, par racourcissement dans cet espace, je croirois volontiers qu'il y auroit compensation à prendre sur le précédent, & même encore sur celui qui doit suivre immédiatement.

Si l'on consulte la Carte du Pié-mont de M. de l'Isle, que j'estime supérieure en plusieurs points à celle qui a été donnée dans le pays même par Thomaso-Borgomo, il paroîtra que l'espace n'est point épargné dans cet intervalle, & encore moins dans celui d'auparavant. On ne mesure sur cette Carte, du centre de la position de Turin au centre de Suze, que la valeur de 22 minutes & un quart de la Graduation de Latitude, au-lieu que j'en employe icy environ 28. Et dans la distance de Suze à Briançon, au lieu de 14 & trois quarts que l'on mesure sur la même Carte, on en trouve 21 & demi plus que moins, ou près d'un tiers de surplus. Et bien que par la maniére dont nous avons placé ces trois points, Briançon, Suze, & Turin, la position de Suze en conséquence de son gîsement à l'égard de Briançon, tel que le concours des deux Cartes l'a prescrit, fasse un angle plus aigu avec les deux autres que dans la Carte de M. de l'Isle; toutefois au lieu de 35 minutes de la même Graduation, qui dans cette Carte font l'intervalle en droiture de Briançon à Turin, on en trouvera 42 & plus par la maniére dont nous établissons icy ces positions.

Cette distance prise de Briançon à Turin, sans passer par Suze, a quelque rapport à une autre route, qui se séparant de la prémiére à Sézane, conduit à Turin par la Vallée qui s'étend le long de la riviére de Cluson : & cette voie paroît même avoir été la plus pratiquée, avant que le Roi Cottius, qui rechercha les bonnes graces d'Auguste, eut ouvert le passage par Suze, comme on l'infére d'Ammien-Marcellin. Quoique la discussion de l'ancienne Géographie n'entre point dans le plan de cet ouvrage, cependant comme elle s'y trouvera quelquefois liée, je remarquerai que c'est sur cette derniére route qu'il faut chercher l'*Ocelum*, lieu de quelque considération, selon le témoignage de César & de Strabon, au passage de l'Italie dans la Gaule, & que néanmoins nous ne trouvons point dans les Itinéraires sur la route de Suze, encore que comme on vient de voir elle y soit assez circonstanciée. Car quoique la plûpart des modernes ayent placé *Ocelum* à Oulx, il est indubitable que c'est la Station *ad Martem*, connue sous ce nom dans l'Historien Ammien comme dans les Itinéraires, qui prend cet emplacement. D'ailleurs, quel rapport y a-t-il entre *Ulcium*, qui est le nom sous lequel le lieu d'Oulx se fait connoître dans des Actes d'environ sept siécles, & *Ocelum*? Mais, si l'on veut chercher quelque analogie dans la dénomination, il faut préalablement remarquer, qu'*Ocelum*, qui en appuyant sur les consonnes, comme a fait l'Anonyme de Ravenne, s'écrit *Occellum*, est un seul & même mot avec *Uxellum*. Cette derniére forme n'est pas même moins ancienne que l'autre, comme le nom d'*Uxello-Dunum*, qui se lit dans les Commentaires de César, le témoigne. Or, ce nom d'*Uxellum* est conservé purement & distinctement dans celui d'Uxeau,

Et le lieu d'Uxeau, dont la ſituation élevée répond à l'idée qu'on a de la ſignification propre du mot Celtique *Uxellum*, ſe rencontre préciſément au paſſage de la voie dont il eſt queſtion, par laquelle de Sézane, en franchiſſant le Col de Ceſtriéres, on deſcend le long du Cluſon juſques dans la Plaine de Turin. Le nom d'*Uxellum*, dont l'identité avec *Ocelum* ne ſouffre aucun doute, eſt rappellé dans un Acte d'environ 700 ans, publié par Guichenon. Par cet Acte, daté de l'an 1064, Adélaïde, femme d'Odon Comte de Suze, fondant l'Abbaye de Pignerol, lui donne entre autres biens Uxeau & Féneſtrelles, qui ſont lieux limitrophes.

Strabon & Pline font mention d'un autre lieu nommé *Scingomagus*, ſitué ſelon que le prémier de ces auteurs le fait entendre, entre *Brigantium* & *Ocelum*, à l'entrée même de l'Italie, en partant de *Brigantium* ou Briançon: & je ne vois point de poſition qui y convienne auſſi-bien que Sézane. La Doria ſéparant ce lieu en deux habitations particuliéres & très-diſtinctes, qui ont pû par la ſuite des temps être confondues ſous le nom de la principale, comme on en a beaucoup d'exemples, l'une peut ſe rapporter dans l'Antiquité au *Geſdao* ou *Gadao*, ſeul mentionné dans les Itinéraires, & l'autre convenir au *Scingomagus*. Car, de croire avec Bouche, Hiſtorien de Provence, & avec le P. Hardouin, que ce lieu ſoit le même que Suze, c'eſt ce que le nom de *Seguſio*, que Pline a bien connu, quoiqu'il parle auſſi de *Scingomagus*, ne ſemble point permettre; à moins que de vouloir ſuppoſer gratuitement, que Suze avoit en même tems deux noms différens en un même idiome, d'autant que ces noms paroiſſent Celtiques l'un comme l'autre.

Mais, pour revenir à notre objet principal, qui ſemble renfermé dans la diſcuſſion des eſpaces, & la fixation des points qui s'y rapportent; la Latitude de Turin dans quelques Tables Aſtronomiques eſt marquée à 44 degrés 50 minutes. Elle monte néanmoins aux 52 dans notre Carte, ce qui contribue à mettre plus d'espace de Longitude entre cette position & celle de Suze.

De Turin pour se porter au centre du Milanez, il faut prendre par Verceil. Si dans les distances combinées de Briançon à Turin, nous avons pris un espace notablement plus grand que dans les Cartes, il n'en sera pas de même à l'égard de la distance de Turin à Verceil. Je suis redevable de la connoissance que j'ai prise de ce que peut valoir cet espace, à un ami également zélé & intelligent, qui voyageant en Italie, a bien voulu à ma sollicitation combiner les distances dans l'intervalle dont il s'agit, & même jusqu'à Milan. Dans cet espace, le terrain est presque partout fort uni, ce qui facilite la mesure du chemin, quand elle ne se feroit que par estime. Il y a même des endroits où la voie est directe, comme entre San-Germano & Verceil, en suivant un canal qui s'étend de Verceil à Ivrée, & qui coupé en droiture dans cette partie fournit un terrain fort égal. Mais, quand la personne qui a bien voulu faire l'estimation de cette distance, n'auroit pas poussé la précision jusqu'à l'évaluer en Toises, autant qu'il lui étoit possible par les moyens qu'il y a employés; l'Arpentage du Milanez qui m'est venu depuis, & dont je parlerai dans la Section suivante, m'auroit mis à portée de faire cette évaluation avec quelque justesse. Car, par cet Arpentage & son Echelle bien vérifiée, connoissant au juste l'étenduë d'espace comprise entre Borgo-Vercelli à l'entrée du Milanez, & le point de Milan, la distance de Turin à Verceil se trouvoit évaluée à raison de celle de Verceil à Milan. Il est vrai même de dire, que par cette comparaison d'espaces, j'ai ajouté quelque chose à l'estimation qui m'étoit donnée par la personne dont je parle, entre Turin & Verceil.

Mais il est constant, qu'avec intention de donner plus que moins d'étenduë à cet espace, je n'y ai trouvé qu'environ 35000 Toises, qui ont été employées en droiture. On compte 33 Milles de chemin entre Turin & Verceil:

& selon l'estimation commune des Milles de Piémont (les plus grands qui soient en toute l'Italie) sur le pied d'environ 50 au Degré, l'espace en question ne va pas moins qu'à 31 en ligne-directe; nonobstant que la simple inspection d'une Carte du pays fasse connoître, que le chemin passant par Chivas, Ciano, & San-Germano, décrit un arc, indépendamment des détours & inégalités dans le détail. Il est à remarquer au surplus, que les Milles aux environs de Turin sont notablement au-dessous de cette estimation commune des Milles de Pié-mont, selon qu'il est ordinaire qu'aux environs des Capitales, où les habitations sont censées plus fréquentes que dans les contrées écartées du centre, la mesure des distances itinéraires est plus moderée. Pour preuve de ce que j'avance icy, c'est que les 26 Milles qui se comptent de Turin à San-Germano, ne s'évaluent sur le terrain qu'à environ 26000 Toises, & qu'un homme de pied, sans forcer sa marche, peut faire le chemin en moins de dix heures, ainsi qu'on l'a observé sur les lieux. Cette combinaison de distance est employée dans notre Carte comme prise de la sortie de Turin, & non du centre de la Ville; de maniére que de ce point du centre à la position de San-Germano, la mesure, même en ligne-directe, passe sensiblement les 26000 Toises sur notre Carte.

Si les Milles jusques-là paroissent modérés dans leur étenduë, en revanche les 7 Milles que l'on compte entre San-Germano & Verceil, prennent une grandeur démésurée dans notre combinaison, puisque l'ouverture du compas dans cet intervalle doit revenir à environ 9700 Toises. En définissant le Mille de Pié-mont sur les plus forts élémens, on sera encore au-dessous de cette somme. Dans le cas de donner à ce Mille la plus grande évaluation, on ne peut lui attribuer pour élément que le pied Luitprand (ou Liprand, comme on dit communément) dans sa plus forte mesure. Je m'exprime ainsi sur ce Pied, parce que je ne trouve pas que sa mesure soit la même par-tout également, & qu'elle me paroît inférieure ailleurs à ce qu'on peut l'employer dans le Mille de Pié-mont le plus étendu. J'ai parlé dans le Traité des Mesures-itinéraires des Anciens, mais seulement comme en passant, du Pied Luitprand, qui doit sa dénomination à un Roi Lombard, lequel mourut vers l'an 743, avec la réputation d'un prince qui aimoit la justice. Tristano-Calco, dans son Histoire de Milan, Liv. IV, dit de ce Prince : *Luitprandus, cùm fortè obequitans, quiddàm parùm ex fide mensurari animadvertisset, ad corrigendam mensuræ iniquitatem, pedem suum super lapidem circumscribi jussit, undè & Luitprandi Pedis appellatio, cujus mensura sesquipedalis est, & in stillicidiorum controversiis dirimendis usurpatur.* Une ancienne Chronique de la Novalese, citée par M. du Cange dans son Glossaire Latin, confirme ce qui est dit de la longueur du pied du Roi Luitprand : *Qui tantæ longitudinis fertur pedes habuisse, ut ad cubitum humanum metirentur.* Le P. Mabillon a remarqué dans son Voyage d'Italie, que la mesure du Pied Luitprand surpasse le Pied de Paris du tiers de sa longueur, c'est-à-dire, qu'il revient à 16 Pouces de mesure Françoise. Bernardo-Benvenuti, garde des Archives du grand-Duc Ferdinand, conclut de même sur un étalon de mesure tiré de Milan : *Hæc mensura*, dit-il, *Parisiensem Pedem regium continet, & insuper ipsius Pedis trientem, vel eò circiter.* Au-reste, on ne peut s'empêcher d'observer, qu'il n'y auroit point de vraisemblance à rapporter littéralement cette mesure à la longueur du pied du Roi Lombard. Il est évident que la dénomination de Pied est impropre à l'égard d'une pareille mesure. Et je remarque, qu'en la comparant au Pied Romain, elle donne assez exactement la mesure de la Coudée. Ce Pied s'évaluant 1306 dixiémes de Ligne du Pied de Paris, ou à peu prés, conséquemment la Coudée revient à 1959 au plus des mêmes parties, ou 16 Pouces 3 Lignes & 9 dixiémes de Ligne. Cette analyse doit, ce semble, fixer notre opinion sur le principe de la mesure dont il s'agit, nonobstant sa qualification de Pied Luitprand : nous trouverons même dans la définition du Mille de Milan, qui se fera dans la Section suivante, une mesure de Pied de Lombard, qu'il est bien plus naturel de rapporter au Roi Luitprand.

Quoiqu'il-en-soit, en calculant la longueur d'un Mille sur une mesure de Pied portée à 16 Pouces du Pied de Paris, les 51 & un tiers, ou peu de chose par-delà, rempliront l'étenduë d'un Degré, ce qui ne s'éloigne pas beaucoup de l'évaluation commune du Mille de Pié-mont. En établissant même cette longueur de Mille sur la Coudée qu'on vient de définir, il est évident que les 50 Milles deviennent le juste équivalent de 75 Milles Romains, qui font à un demi Mille près la mesure d'un Degré. Mais, il faut rappeller ce que j'ai dit ci-dessus, que la mesure du Pied Liprand n'est pas égale par-tout : & pour donner lieu à un Mille de Pié-mont plus étendu, selon qu'il est proposé au même endroit, il faut une mesure de Pied qui soit supérieure, & encore plus disproportionnée. Or, j'ai trouvé sur un Plan manuscrit de Casal, parmi les Cartes & Plans du Roi, une mesure précise & étalonnée du Pied Liprand en usage dans le Pié-mont, & qui est égale à 18 Pouces 8 lignes de notre Pied. Le Mille qui sera composé de 5000 Pieds de cette mesure, ira à 7777 Pieds François, ou 1296 Toises. Et pour revenir à la distance particuliére de San-Germano à Verceil, qui a occasionné cette recherche sur le Pied Liprand, & dans laquelle on compte 7 Milles, si on multiplie par ce nombre l'évaluation de ce dernier Mille, qui surpasse tout ce qu'on peut appeller proprement de ce nom, on trouve 9072 Toises. Donc, en mettant environ 9700 Toises dans cette distance, on court le risque de se tromper plutôt par excès d'étenduë que par racourcissement; & le demi-diametre de Verceil peut être censé surabonder à la mesure précise des 7 Milles.

Toute cette combinaison de la distance de Turin à Verceil, qui du centre de l'une de ces Villes à l'autre équivaut 36 à 37 minutes, ou au moins trois cinquiémes d'un

Degré de Latitude, quoique je la croye plutôt forte que foible, differe toutefois sensiblement de la Carte du Pié-mont de M. de l'Isle, dont la mesure donne à peu près 42. Mais j'observe en même tems, que le moins d'évaluation dans cette partie est plus que compensé dans la distance que nous avons prise de Briançon à Turin; & au total de Briançon à Verceil, la distance mesurée sur notre Carte demeure un peu plus forte que dans la Carte que je viens de citer.

Au-reste, ce qu'il y a d'excés dans la Carte de Pié-mont sur la distance de Turin à Verceil, se manifeste distinctement dans celle de Verceil à Ivrée, qui se renferme au même espace de Longitude. L'Itinéraire d'Antonin & la Table Théodosienne sont d'accord à XXXIII Milles pour cette derniére distance; & ce qui acheve de nous confirmer sur l'exactitude de ce compte, est la répétition qui s'en trouve en deux différens endroits de l'Itinéraire. Cependant, la Carte de Pié-mont prend dans cet intervalle à l'ouverture du compas ou en ligne-directe, l'équivalent de 27 à 28 minutes de la Graduation de Latitude, ce qui produit environ 35 Milles Romains; nonobstant qu'il y ait vrai-semblablement quelque chose à rabatre sur la mesure de la voie ou du chemin. Je remarque en outre, qu'il y a un Settimo (*Septimum milliare*) entre Ivrée & Verceil, qui dans cette Carte est écarté du centre d'Ivrée de la valeur d'environ 7 minutes & demie de la même Graduation, qui équivalent 9 & demi en Milles Romains. Or, que cette distance de Settimo soit apparemment le lieu de l'erreur, parce qu'elle est trop forte, c'est ce qui se peut prouver par plusieurs autres positions de Settimo, qui se rencontrent dans le même canton de pays. Un de ces Settimo est relatif à Ivrée même, & placé sur la route qui conduit dans la Val-d'Aouste par Bard & Verex, route marquée dans les anciens Itinéraires, & qui y fait la continuation de celle de Verceil à Ivrée. Le Settimo dont il s'agit, nommé autrement Sette-vitone, est distant d'Ivrée de moins de 5 Milles de Pié-mont, mesure prise sur une Carte particuliére & manuscrite que j'ai de le la Province de Biéla, qui fait partie de la Seigneurie de Verceil. Ces 5 Milles de Pié-mont, en les supposant complets, & selon l'évaluation sur le pied de 50 au Degré, ne feront que 7 Milles Romains & demi. Un autre Settimo, qui porte cette dénomination par rapport à Turin, & qui pour cette raison est surnommé Torinese, se rencontre sur la route tendante à Chivas & à Verceil; & par l'évaluation faite sur les lieux dans cet intervalle, sa distance prise du passage de la Doria à la sortie de Turin ne passe gueres 5000 Toises. Les 7 Milles Romains justes & précis donnent au calcul 5288. Et je remarque que ce lieu est placé en distance très-convenable rélativement au centre de Turin, dans la Carte de M. de l'Isle: car cette distance y équivaut 5 minutes & demie ou environ de la Graduation de Latitude, ce qui revient étroitement à 5230 Toises. On trouve un troisiéme Settimo sur la même Carte, dans une égale distance à l'égard du centre de la ville d'Asti. Ces exemples sont plus que suffisans pour justifier un pareil espace de Settimo. Et si on rapproche la position d'Ivrée du Settimo situé dans la direction de cette ville à Verceil, selon que la dénomination seule le prescrit, on ne mesurera sur les Cartes ainsi corrigées dans l'intervalle de Verceil à Ivrée, qu'une distance convenable au compte des Itinéraires. Je doute même que le nombre des Milles qui résulte de la mesure du chemin dans ces Itinéraires, doive être employé complet, & sans perte ou défalcation quelconque dans sa réduction à la ligne aërienne ou directe; par la raison que la position d'Ivrée seroit poussée presque jusqu'au Méridien de Turin, quoique dans toutes les Cartes elle en soit plus divergeante que dans la nôtre.

J'observerai avant que de terminer cette Section, que la position de Verceil en Latitude, peu différente de ce qu'elle se trouve dans la Carte de M. de l'Isle, est une suite ou dépendance de l'usage qui a été fait de l'Arpentage du Milanez, sur lequel la Section suivante roulera presque entiérement.

SECTION II.

Etendue & emplacement du Milanez, sa liaison avec le point de Gênes.

DANS l'Arpentage qui a été fait de l'Etat de Milan par ordre du feu Empereur, & depuis les cessions faites au Duc de Savoie par le Traité d'Utrecht, on a eu pour objet de connoître non-seulement la quantité ou l'étendue du terrain dans chaque district de Communauté ou Paroisse, mais encore la distribution des terres en différens usages ou nature de production. Ainsi on peut dire, que c'est un ouvrage du plus grand détail; & une personne de la Cour de Vienne m'a assuré, que les frais en avoient été considérables, & que deux Mathématiciens habiles, M. le Baron Hingelhard & M. Marinoni, en avoient eu successivement la direction. J'ai été assez heureux que d'obtenir la communication d'une Carte manuscrite & générale de cet Arpentage, qui quoique réduite en petit par comparaison aux Cartes particuliéres qui ont été faites de chaque district de Bourg ou Paroisse, ne laisse pas que d'être assez grande & détaillée, pour que selon l'évaluation de son Echelle, elle prenne plus de trois Pieds François pour l'étendue d'un Degré. Ce morceau qui occupe le centre de la Lombardie, m'a paru de la plus grande conséquence, & pouvant servir de base & de point d'appui pour tout ce qui l'environne, il influe considérablement sur la partie de l'Italie qui fait notre objet actuel.

J'avois déja rassemblé plusieurs Cartes du Milanez; & celle de Frattino, *dello Stato di Milano, e Provincie confinanti dalla parte Orientale*, donnée en 1703, me paroissoit la meilleure, quoiqu'assez réduite dans le détail. Elle s'est trouvée juste en plusieurs points (surtout dans ce qui ne sort point des bornes du Duché de Milan) étant comparée à la Carte même de l'Arpentage.

Mon prémier soin en examinant cet Arpentage, a été d'en connoître exactement la véritable Echelle, donnée en Milles de Milan. J'ai appris de plusieurs Ingénieurs du Roi, qui ont servi dans la derniére guerre d'Italie, & y ont levé diverses Cartes particuliéres, que la mesure élémentaire de ces Milles étoit le Trabuc de Milan; & un des principaux entre ces Ingénieurs, & fort habile pour lever sur le terrain, estimoit que trois de ces Milles revenoient assez juste à 2500 Toises, ou à 3000 Pas Géométriques sur la mesure du Pied François. C'est même sur cette estimation que la Carte de l'Arpentage a été employée dans une grande Carte de la Lombardie entiére, qui a été dressée pour le Roi.

Le P. Riccioli, dans sa Géographie réformée, p. 46. nous fournit la mesure du Trabuc de Milan: *Mediolanensis Trabuccus*, dit-il, *seu Calamus, mihi missus, 6. 7. 16.* Cette mesure est donnée en Pieds, sur celle du Pied que ce sçavant Jésuite nomme Pied Romain de Vespasien, puis en Pouces, & centiémes de Pouces. La mesure de ce Pied est déduite de l'usage que Villalpando & Riccioli ont fait du Conge de Farnese; & quoique suivant le Traité que j'ai donné des Mesures-itinéraires employées du tems des Romains, il paroisse que cette mesure du Pied Romain soit trop étenduë, cependant il suffit ici que Riccioli en ait fait son objet de comparaison pour la mesure du Trabuc de Milan. Le Pied Romain dont il est question revient à 1335 parties du Pied de Paris, divisé en 1440, ou à 133. lignes & demie. Ainsi, le Trabuc contient 880 Lignes de notre Pied, ou 6 Pieds 1 Pouce 4 Lignes. Il faut sçavoir que le Trabuc est censé composé de 6 Pieds, d'où vient qu'il est en même rapport avec le Pas Géométrique que la Toise. Donc, le nombre des Trabucs dans la composition du Mille est égal à celui des Toises, ou de 833 & un tiers; & c'est vraisemblablement cette parité de nombre, jointe à ce que la différence de longueur de la Toise au Trabuc n'est pas fort grande, qui a fait estimer que les trois Milles de Milan faisoient l'équivalent de 2500 Toises. Mais, vû l'excédent d'un Pouce 4 Lignes dans chaque Trabuc, selon la mesure précise qui nous en est donnée, il s'ensuit que les 833 Trabucs & un tiers montent à 848 Toises 4 Pieds 6 Pouces; de sorte que les trois Milles de cette mesure reviennent à 2546 Toises 1 Pied 6 Pouces. L'excédent de ce calcul sur l'estimation alléguée ci-dessus, étant répandu sur la distance de Verceil à Casal-maggiore, qui est le terme du Duché de Milan du côté du Mantouan, & cette distance allant à environ 90 Milles de Milan, il en résulte une somme de 1400 Toises, ou plus de 2 minutes de Longitude sur le parallele de 45 degrés, à la hauteur duquel cet espace se rencontre.

De ce que le Trabuc est réputé valoir 6 Pieds, il s'ensuit une mesure de Pied différente de celle dont il a été question dans la Section précédente, sous le nom de Pied Luitprand. Et comme la mesure de Pied donnée par la longueur du Trabuc est inférieure à l'autre, la dénomination de Pied lui convient davantage. Mais, on peut aller plus loin, & conclure, que s'il y a une mesure du Pied Lombard qui puisse être relative à la longueur de la plante du pied du Roi Luitprand, le Pied du Trabuc s'arroge la préférence. Les anciens monumens ne parlent d'excès dans cette longueur, que par disproportion eu égard à la longueur commune & naturelle, & non par l'effet d'une taille gigantesque & démesurée dans ce prince. La proportion naturelle de la longueur du pied à l'égard de la Stature humaine, est la septiéme partie de cette Stature, comme on le peut voir dans le Traité des Mesures-itinéraires, où la longueur du Pied-naturel est discutée. En supposant que la taille du Roi Lombard fut de 5 Pieds & demi du Trabuc, ce qui passe les 5 Pieds François de 7 Pouces 2 lignes & deux tiers, & fait une hauteur de taille fort au-dessus de la commune; en ce cas la longueur du ied de ce prince devient la cinq à sixiéme partie de sa tature, ce qui fournit en effet une telle disproportion, qu'il seroit absurde de supposer une plus grande étenduë dans cette longueur de pied. Concluons-donc, qu'il y a toute apparence que le Pied du Trabuc ou de la Toise Lombarde, conserve la vraie mesure du Pied Lombard ou de Luitprand.

L'évaluation ci-dessus faite du Mille de Milan, trouve sa vérification dans le Traité des Mesures. J'ai cité une Carte particuliére des environs de Milan, & même à plus grand point que la Carte générale du Milanez, & dans laquelle la précision des distances à l'entour de Milan faisoit l'objet essentiel, puisqu'il étoit question de sçavoir quels étoient les lieux que leur distance à l'égard de cette Ville assujétissoit à une fourniture ou contribution de vivres. Or, j'ai pris un grand nombre de mesures particuliéres de distance sur cette Carte, dont l'Echelle est donnée en *Bracchi-di-muro*, mesure propre aux Architectes de Milan, & différente du Trabuc. L'étalon du Bras-de-mur m'ayant été envoyé de Milan par le principal Architecte de cette Ville, je l'ai comparé scrupuleusement à la mesure de notre Pied. Enfin, il a résulté des distances d'environ une douzaine de lieux, dont la dénomination nous apprend ce que ces distances étoient autrefois en Milles Romains, que ce qui se montoit à 762 Toises & demie (avec quelque rédondance sur le Mille Romain) par la mesure de la Carte particuliére des environs de Milan, se rencontroit à 763 par la mesure de la Carte générale du Milanez. La convenance est telle, que non-seulement elle vérifie l'évaluation du Mille de Milan, qui fait l'Echelle de cette Carte générale, mais qu'elle nous assure encore de la juste proportion de la Verge ou mesure de cette Echelle dans la longueur qu'on lui a donnée sur la Carte, ce qui est d'une grande conséquence dans l'usage qu'on peut faire d'une Carte.

Après cette double vérification, on pouvoit avec assurance adapter à la Carte d'Italie les positions données par l'Arpentage du Milanez. Ainsi, tout ce qui est renfermé entre les points de Verceil, Domo-d'Ossola, Fort de Fuentes, Casal-maggiore, Bobbio, & Serravalle, se tire de l'Arpentage ou Topographie du Milanez, en y employant le plus de justesse & de précision qu'il a été possible. Une des principales positions comprises dans l'espece de cercle que celles que je viens de nommer décrivent, est Pavie; & je remarque que l'Itinéraire de Jérusalem nous indique la distance entre Milan & *Ticinum* (que l'on sçait avoir pris le nom de *Papia* sous les Lombards) sur le pied de 20 Milles, en plaçant intermédiairement, & à un nombre égal de distance, une mutation *ad Decimum*. Or, ce lieu subsiste encore sous le nom de Decimo, & sa distance dans l'Arpentage du Milanez est effectivement la même à très-peu de chose près, à l'égard d'un point pris vers le centre de Pavie, comme à l'égard du centre de Milan. Et quant à la valeur de cette distance, étant prise de Milan, dont le point du centre paroît plus décidé, & auquel même il est naturel de rapporter par préférence le compte de la distance & la dénomination *ad Decimum*, je l'ai trouvée de 9 Milles de Milan, moins environ un dixiéme de Mille. Cette mesure, par l'évaluation qui a été faite du Mille de Milan, revient à 7554 Toises, & c'est en effet le produit de 10 Milles Romains, selon leur définition à 755 Toises & demie.

Aux positions données par l'Arpentage du Milanez, en partant de celles de Serravalle & de Bobbio, j'ai joint tout de suite le point de Gênes, le déduisant de la Carte de de Frattino où il est compris, & de celle de l'Etat de Gênes en 6 feuilles. Ces deux Cartes se sont trouvées conformes; & les distances à l'égard de chacun des points ci-dessus, se déterminoient naturellement par analogie avec celle qui est entre les mêmes points, & qui est connue par l'Arpentage qui la renferme. La position de Gênes trouvée par ce moyen, se rencontre dans une distance à l'égard de

Tortone très-analogue aux 300 Stades que Strabon (liv. 5.) indique dans cet intervalle.

La comparaison que j'ai faite en plusieurs points, de la Carte de Frattino & de celle de l'Etat de Gênes, m'a donné lieu de reconnoître que ces deux Cartes étoient parfaitement d'accord entre elles dans l'étenduë des Milles ; & cependant j'ai mis en avant dans le Traité des Mesures-itinéraires, que quoique les Milles de la Carte de Gênes parussent de 60 au Degré à raison de la Graduation appliquée à cette Carte, cependant ils devoient être pris sur le pied de Milles Romains, dont il faut au moins 75 pour remplir l'espace d'un Degré. Or, la Carte du Milanez de Frattino en fournira la preuve. Car, après avoir ajouté de la maniére que je viens de dire la position de Gênes aux positions plus voisines comprises dans l'Arpentage, on trouve entre Milan & Gênes à l'ouverture du compas, environ 69 & demi en Milles de Milan, qui reviennent à 58988 Toises. La Carte de Frattino donne à peu près 78 Milles de son Echelle dans le même intervalle ; & par l'évaluation qui en est faite en Toises, chacun de ces Milles ne va gueres qu'à 756 Toises, & tombe en-effet dans la mesure du Mille Romain.

Cette Carte de Frattino m'a paru d'une assez exacte proportion dans les parties du Milanez, selon ce que j'ai dit ci-dessus. L'espace dont on vient de parler se mesure du Nord au Sud ; en voici un autre pris d'Occident en Orient, & dans une étenduë encore plus grande. On mesure sur cette Carte 101 Milles entre Verceil & Casal-maggiore. En conséquence de l'Arpentage, le même intervalle revient à 89 & demi des Milles de Milan, qui par leur évaluation précise fournissent 75963 Toises. Et en divisant cette somme en 101 parties, ou Milles selon l'Echelle de Frattino, ces Milles se trouvent évalués à 752 Toises & deux tiers de Pied, ce qui différe si peu de la juste valeur du Mille Romain, qu'une fraction de Mille de moins dans la Carte de Frattino mettroit la supputation rigidement au pair.

Je crois donc, que plusieurs grands espaces ainsi mesurés suffisent, pour nous indiquer l'espece particuliére de Mille qui est employée, non-seulement dans la Carte du Milanez de Frattino, mais encore dans celle de Gênes, puisque la distance des lieux qui sont compris & répétés dans ces deux Cartes, donne le même nombre de Milles sur l'Echelle de l'une comme sur l'Echelle de l'autre. Par-exemple, quoique Luna, qui est une Ville détruite ne soit point marquée sur la Carte de Frattino, cependant on peut bien l'ajouter dans une position convenable au-dessous de Sarzana, vers l'embouchure de la Magra; & on trouve entre Gênes & cette position 61 Milles & quelque chose de plus dans les deux Cartes également. Il étoit important d'analyser ainsi l'Echelle qui est commune entre ces Cartes, pour sçavoir en faire un usage convenable.

En ajoutant la position de Gênes à ce qui étoit donné par l'Arpentage du Milanez, elle s'est rencontrée à l'égard du Méridien de Milan prolongé vers le Sud, en même différence Occidentale qu'on la trouve dans la Carte de Frattino, en y supposant ce Méridien parallele aux deux côtés de la Carte. Cette différence ne passe gueres 6 minutes de Longitude. Quant à la différence de Latitude entre ces deux points, j'ai remarqué qu'elle surpassoit la valeur d'un Degré d'environ 2 minutes; & toutefois la Connoissance des Tems indique la Latitude de Milan à 45 Degré 25 minutes, comme celle de Gênes à 44. 25. Par-là il est évident, que l'Arpentage du Milanez, selon l'usage que nous en avons fait, occupe plus que moins d'espace dans notre Carte; & puisque cela ne souffre point de doute dans le sens de la Latitude, pourquoi n'en seroit-il pas de même dans le sens de la Longitude?

Au-reste, comme la détermination de la Latitude de Gênes peut dépendre des Observations de M. le Marquis Salvago, dont le lieu d'observation à la Carbonara est situé au dehors de cette Ville, & dans un quartier reculé vers le Nord; que même les Observations particuliéres faites à

Gênes par MM. Caſſini, ſont fixées à l'Annuntiata, qui tient à l'enceinte de la Ville; on peut penſer que la poſition de Gênes, en la prenant vers la marine, devient plus Sud d'environ une minute. De l'autre part, Milan ſe rencontre dans notre Carte à environ 26 minutes au-delà de 45 degrés. Le diametre de cette Ville, qui vaut près de deux Milles de Milan, eſt aſſez étendu, pour que la Latitude d'un quartier à l'autre puiſſe différer d'une minute & davantage.

Si l'on fait un réſumé du contenu de cette Section, & de la précédente, on remarquera qu'il n'y a rien de compliqué dans ce qui en fait la matiére. Tout s'y réduit à une analyſe d'eſpace, en procédant le plus généralement d'Occident en Orient. La plus grande partie ſe conclut d'opérations Trigonométriques, ou de meſures actuelles priſes ſur le terrain même: & s'il y a quelque partie qui paroiſſe moins décidée de cette même maniére, on s'y eſt évidemment comporté de façon à courir plutôt riſque d'abonder dans la meſure que de l'épargner.

SECTION III.

Retour de Gênes au Méridien de Paris, par la poſition de l'Iſle de Corſe & ſon rapport avec Antibes.

LA poſition de Gênes, & ſa diſtance du Méridien de Paris, dépendent juſqu'ici de ſa liaiſon avec le Milanez. Mais, nous avons une voie particuliére pour revenir ſur ce Méridien, & par laquelle ſa diſtance à l'égard de Gênes peut être connuë immédiatement.

Suivant un Mémoire de M. Maraldi (Année 1722 des Mém. de l'Académie Royale des Sciences, p. 348 & ſuiv.)

M. le Marquis Salvago avoit obſervé que la montagne d'Agirate (liſez Giralate) en l'Iſle de Corſe, décline de 44 minutes vers l'Eſt à l'égard de la Méridienne de Carbonara. Il avoit pareillement obſervé, qu'une autre montagne de Corſe, appellée Rivelata (ou Rilevata) décline de 42 minutes vers l'Oueſt. Par conſéquent la Méridienne de Carbonara, qui paſſe à peu près par le milieu de Gênes, paſſe auſſi entre ces deux montagnes de la Corſe, & preſque à égale diſtance de l'une & de l'autre.

Depuis que le Roi a envoyé des Troupes dans l'Iſle de Corſe, la Géographie de ce pays, juſques-là très-informe, a été perfectionnée. M. le Comte de Maurepas, toujours attentif à ce qui peut contribuer au progrès des Sciences, & au bien de la Navigation, a fait relever Géométriquement les côtes de l'Iſle en général, & en particulier les Ports principaux. Les Généraux François ont fait lever des Cartes Topographiques de l'intérieur; & en joignant ces Cartes avec celles de la Côte, on en a compoſé une générale, dont j'ai eu communication. Au moyen d'une pareille Carte, on eſt plus en état qu'auparavant de bien reconnoître les objets auxquels M. le Marquis Salvago a dirigé ſes obſervations; & de tirer de ces obſervations & de quelques autres dont nous ferons pareillement uſage, de juſtes conſéquences. La Rilevata di Calvi eſt une terre élevée, comme la dénomination le témoigne, qui vient finir en pointe à environ deux Milles au Nord-Oueſt de Calvi. Mais, à en juger par la Topographie du Pays, l'endroit dominant & aſſez élevé pour pouvoir être vû de Gênes, à une diſtance de près de 50 Lieuës, eſt au Sud même de Calvi, à quelques Milles de diſtance.

Giralata eſt le nom d'un petit lieu près de la Mer, & d'un port à environ 15 Milles au Sud de Calvi tirant vers l'Oueſt. Mais, vis-à-vis de ce lieu s'éleve une montagne d'une grande aſſiette, & dont la cime la plus haute paroît un peu plus orientale que la poſition de Calvi, comme en effet elle ſe trouve ainſi dans les Obſervations faites à Gênes. On ne peut donc douter, que ces objets ne ſoient véritablement ceux où tendoient ces Obſervations ; & le Méridien de Gêne paſſant dans un aſſez petit intervalle qui ſe trouve entre eux d'Occident en Orient, il n'en faut pas davantage pour connoître le rapport de Longitude qui eſt entre cette partie de la Corſe & le point de Gênes.

M. de la Hire ayant tiré d'Antibes vers la même partie de Corſe pluſieurs rayons, il faut pour qu'ils nous deviennent utiles, & qu'on en puiſſe conclure l'intervalle entre Antibes & la Corſe, que la Latitude ſoit connuë & fixée en Corſe comme à Antibes. Par les Obſervations de M. de Chazelles, la Latitude de Bonifacio à l'extrémité méridionale de cette Iſle eſt de 41 degrés 24 minutes 30 ſecondes, & celle d'Ajaccio de 54 minutes 20 ſecondes dans le même degré. Or, la différence de Latitude qui eſt entre ces lieux étant portée ſur la Carte dont je viens de parler, & cette Carte étant graduée en conſéquence, la poſition de Calvi ſe rencontre à 42 degrés & à peu près 31 minutes. Cet eſpace excédant ne ſurpaſſe que de 6 à 7 minutes le prémier dont il ſe déduit. Il eſt vrai que M. Maraldi, dans la combinaiſon qu'il a faite des Obſervations de MM. Salvago & de la Hire, a conclu 42 degrés 45 minutes pour la Latitude de Calvi : mais il n'eſt pas reſponſable du défaut de la Carte dont il fait uſage, dans un tems où l'on n'en connoiſſoit pas de meilleure. Par la grande Carte manuſcrite de Corſe, que la République de Gênes a envoyée au Roi, j'ai trouvé que ce point de Calvi tomberoit à environ 32 minutes & demie, ce qui ne s'écarte pas conſidérablement de ce qui réſulte de la Carte levée par les Ingénieurs & Pilotes François. Et ce qui s'enſuivroit d'une plus grande élévation de ce point, ſeroit de reſſerrer l'eſpace qu'il s'agit de reconnoître & de fixer entre la Corſe & Antibes. Notez cependant, qu'en joignant ainſi la Latitude en Corſe, au rapport de poſition en Longitude à l'égard du point de Gênes, l'emplacement de cette Iſle ſe trouve déterminé, indépendamment de toute autre convenance.

Trois montagnes de la Corse découvertes d'Antibes par M. de la Hire, ont fait l'objet de ses Observations. Il nomme celle de ces trois montagnes, dont le rayon tient le milieu entre elles, & qu'il remarque surpasser les autres en grandeur & élévation, *Capo-rosso*; & l'angle entre la Méridienne d'Antibes & l'endroit le plus apparent de cette montagne, se trouve de 50 degrés 27 minutes du Sud à l'Est. Entre la même Méridienne & une autre montagne qui paroît plus orientale, & qu'il ne nomme point, l'angle est de 53 degrés 21 minutes. Quant à la troisiéme montagne & plus occidentale, son angle de position ne nous est point donné.

Or, à quelques dix Milles au levant de Calvi on trouve *Isola y Cala Rossa*; & vis-à-vis de cet endroit, à environ la même distance dans les terres, s'éleve une montagne, la plus apparente & la plus escarpée qui soit en tout ce quartier de l'Isle de Corse: de maniére qu'il n'y a aucun lieu de douter, que cette montagne ne soit véritablement & par préférence l'objet découvert par M. de la Hire; & dont le nom de Capo Rosso, sous lequel elle lui a été indiquée par des gens à qui la côte de l'Isle est mieux connuë que l'intérieur, se rapporte à celui d'Isola & Cala Rossa, qui existent sur cette côte & dans le voisinage. La Carte levée de l'Isle de Corse nous apprend, que cette montagne & celles des environs sont appellées Monti di Tenda, & selon la Graduation qui s'applique à cette Carte, l'endroit de la même montagne le plus élevé se rencontre par 42 degrés 26 minutes de Latitude, & gît à l'égard d'Isola & Cala Rossa vers Sud-Sud-Est. Et il ne faut pas que la distance de dix ou douze Milles, qui est entre la côte & le sommet de la montagne, nous fasse hésiter à rapporter à cet endroit le rayon tiré d'Antibes. Car indépendamment de ce qu'un objet découvert à une distance de plus de 40 Lieuës, ne peut qu'être supposé fort élevé, & dominant sur d'autres lieux, nous avons vû ci-dessus, que quoique le lieu & port de Giralate soit notablement plus occidental que la position de Calvi, cependant le rayon tiré de Gênes sur la montagne qui prend le nom de Giralate est plus oriental que Calvi, & met ce point de Giralate dans un intervalle ou éloignement égal à celui qui se rencontre entre Isola Rossa & la montagne désignée par le nom de Capo Rosso. Nous trouvons à la droite de cette montagne, entre le Nord & l'Est, quelques autres montagnes moins élevées, & à la gauche la montagne appellée Rilevata, & qui est pareillement inférieure, ce qui est icy un point essentiel de convenance; puisque M. de la Hire nous dit précisément, que l'objet dénommé Capo-rosso, & qui prend le milieu entre les trois rayons qu'il a tirés, est plus élevé que les deux autres objets.

Il y a au midi du Port de Giralate une espece de Cap que l'on nomme Cavi-rossi; & ce nom par quelque ressemblance avec celui de Capo-rosso dont M. de la Hire s'est servi, pourroit induire à croire que les rayons tirés d'Antibes s'adressent en cet endroit & dans les environs. Mais, plusieurs circonstances sont incompatibles avec une pareille opinion, & pour la détruire il suffit de remarquer: 1°. Que si le lieu de Cavi-rossi avoit été l'objet intermédiaire de M. de la Hire, alors le sommet de Giralate devenoit son objet à la gauche, & ce sommet est trop écarté de Cavi rossi pour que la différence des angles entre ces deux objets ne fut que de deux à trois degrés, comme il résulte des points observés par M. de la Hire: 2°. Que l'objet de Cavi-rossi, beaucoup moins élevé que ne paroît la montagne de Giralate, ne sçauroit être le Capo-rosso, le plus éminent des trois objets, & qui domine spécialement sur celui qui se montre à la gauche au regard d'Antibes. D'ailleurs, en supposant que Cavi-rossi soit la montagne de Capo-rosso, il s'ensuivra que l'Isle de Corse seroit plus orientale d'environ quatre cinquiémes de degré, ce qui est hors de toute vrai-semblance, & démenti par les Cartes marines & par la route des bâtimens François, qui en quittant les côtes de Provence vont reconnoître l'Isle de Corſe. Et quand malgré les précautions que nous avons priſes pour ne point pécher par le rétreſſiſſement des eſpaces, les combinaiſons que nous avons faites juſqu'ici, ne ſeroient point exemptes de quelque erreur dans ce ſens-là; il n'y a point de préſomption à dire, qu'une pareille erreur ne ſçauroit être de plus de trente mille Toiſes, comme il s'enſuivroit de reculer l'Iſle de Corſe des quatre cinquiémes d'un degré de Longitude.

Mais, après avoir reconnu diſtinctement & fixé les objets obſervés d'Antibes par M. de la Hire, poſons Antibes ſur la Carte, tant par ſa Latitude obſervée de 43 degrés 34 minutes, 10 ſecondes, que par ſa diſtance du Méridien de Paris, que les Triangles de l'Académie indiquent de 198000 Toiſes pour le plus. Cette poſition ainſi donnée n'a juſques-là rien de commun avec l'emplacement que la Corſe occupe déja, & qu'elle a pris ſur des moyens & fondemens tout-à-fait étrangers à cette poſition. Traçons toutefois des rayons ſuivant les angles pris d'Antibes ſur la Corſe par M. de la Hire. Le rayon tiré ſur la montagne plus remarquable, qu'il a dénommée Capo-Roſſo, frappe exactement le lieu plus élevé ou plus apparent de la montagne qui domine ſur Iſola & Cala-Roſſa. Cependant, rappellons-nous comment & par quelles circonſtances le lieu de cette montagne nous eſt donné. 1°. L'emplacement de la montagne ſe tire de la Topographie exprimée dans la Carte levée de l'Iſle de Corſe. 2°. Cette Carte eſt préalablement aſſujettie à des hauteurs obſervées, qui déterminent la Latitude de lieu. 3°. La même Carte ſe range dans la Longitude dont le paſſage du Méridien de Gênes décide. Il n'y a aucune de ces circonſtances qui ne ſoit indépendante des autres; par conſéquent leur réunion ne peut être arbitraire. Ajoutons-au-ſurplus, que le rayon de la gauche à l'égard d'Antibes, adreſſé à un objet moins éminent & ſans dénomination, tombe en-effet ſur des lieux moins élevés, & dont la poſition priſe également de la même Carte ne paroît pas moins convenable. Enfin, quoique l'angle de position du troisiéme objet, situé sur la droite, ne soit point donné, il semble, vû la disposition naturelle des lieux, que cet objet n'est autre chose que la Rilevata au-dessus de Calvi.

Or, n'est-il pas naturel de conclure, qu'il n'appartient qu'au vrai de donner lieu à un accord, tel que celui qui se trouve entre cette combinaison particuliére de la distance de Gênes à l'égard du Méridien de Paris, & la précédente combinaison des espaces par le Dauphiné, le Pié-mont, & le Milanez ? Quelque favorable que cet accord puisse paroître, pour qu'il y eût moyen de le soupçonner d'être concerté, il ne faudroit pas qu'il resultât tant d'une part que de l'autre, de circonstances qui sont très-distinctes & indépendantes les unes des autres, & dont les conséquences ne peuvent souffrir d'altération ou de modification quelconque. Il s'ensuit même d'une pareille convenance entre deux voies différentes pour arriver au même point, que quand on supposeroit quelque erreur ou défaut de précision dans quelques membres ou parties de ces combinaisons, cette erreur ne peut être fort considérable, ou se trouve compensée dans le total. Ainsi, après que la distance du point de Milan, à partir du Méridien de Paris, a été fixée, en y procédant par Lion, Grenoble, Briançon, Turin, Verceil; & que le rapport du point de Gênes à celui de Milan a été reconnu; le passage du Méridien de Gênes sur la Corse, & les angles pris d'Antibes sur cette Isle, nous procurent un liaison immédiate du point de Gênes au Méridien de Paris. Ces deux combinaisons particuliéres dans l'intervalle de ce Méridien aux points de Milan & de Gênes, se rapportent parfaitement, & se prouvent l'une par l'autre.

Au-reste, comme de ce qui précéde, l'intervalle de Gênes à Antibes se conclut, on pourroit se passer d'entrer dans une discussion de points intermédiaires, qui ne tire pas à grande conséquence; puisqu'au pis-aller il n'y aura d'erreur qu'entre ces positions les unes à l'égard des autres, ſans que l'erreur influe au-delà des points qui renferment cet eſpace. Cependant, ce qui auroit pû reſter vuide dans une Analyſe telle que nous la donnons par écrit, a dû ſe remplir dans la Carte d'Italie, & voici en ſommaire ce qui s'eſt préſenté dans le détail de l'eſpace dont il eſt queſtion. La poſition d'Alexandrie de la Paille étant établie par ſa diſtance à l'égard de Tortone, ſelon la Carte de Frattino, & celle de l'État de Gênes, l'ouverture du compas entre cette poſition & celle de Turin ne differe que du plus au moins dans ce qui fait partie de l'étendue de ces Villes, en comparant notre Carte à celle du Pié-mont de M. de l'Iſle; & cela nonobſtant le rétreſſiſſement ſenſible que cette Carte doit ſouffrir dans l'intervalle de Turin à Verceil, qui répond en Longitude au même eſpace. De-plus, ayant fixé la poſition de Savone, tant par ſa diſtance à l'égard de Gênes, que par ſa Latitude obſervée par MM. Caſſini, la diſtance de ce point à l'égard de Turin ſe trouve la même préciſément dans notre Carte que dans celle du Pié-mont. D'un autre côté, ayant tiré de la Carte manuſcrite du Dauphiné la poſition d'Embrun, par le moyen de ſa diſtance à l'égard de Grenoble, & de Briançon; puis la poſition du Château-Dauphin, par les diſtances d'Embrun & de Briançon; le complément de diſtance de ce dernier point du Château-Dauphin à la poſition de Savone, a donné préciſément à l'ouverture du compas la même valeur d'étenduë que ſur la même Carte du Pié-mont, c'eſt-à-dire, la meſure de 55 minutes ſur un degré de Latitude. Et une autre diſtance priſe du Château-Dauphin à Turin, ne s'eſt un peu écartée de la même Carte qu'en prenant quelque choſe de plus. Le point d'Embrun mis en place par le moyen que je viens de dire, ſe rencontre à 44 degrés & environ 34 minutes; & en-effet il y a des Tables Aſtronomiques qui le fixent dans cette Latitude. Il n'y a donc rien qui ne quadre avec les Cartes qui ſont réputées les meilleures, dans l'étenduë que prennent les eſpaces conſéquemment aux combinaiſons Géométriques, qui

ont

ont été faites ci-dessus pour limiter l'intervalle du Méridien de Gênes à l'égard de celui de Paris.

SECTION IV.

Suite de la traversée de la Lombardie jusqu'à Ravenne.

NOUS pouvons maintenant poursuivre la traversée de la Lombardie, en partant de quelque point qui soit appuyé sur ce qui se trouve actuellement fixé ou mis en place. Une partie de l'enceinte de Plaisance, c'est-à-dire, celle qui est près du Pô, se trouve dans l'Arpentage ou Topographie du Milanez; ainsi c'est avoir la position de cette ville. Dans l'Itinéraire d'Antonin, la distance de Milan à Plaisance est désignée uniformement en deux différens endroits; sçavoir de Milan à *Laus-Pompeia*, aujourd'hui Lodi-vecchio, XVI, & delà à Plaisance XXIV. La premiére distance est la même dans la Table Théodosienne, & elle se conclut pareillement de l'Itinéraire de Jérusalem. Car de Plaisance à la mutation *ad Nonum* on y compte VII, & de cette mutation à Milan la distance est indiquée sans équivoque par la dénomination même *ad Nonum*, quoique par une erreur manifeste on lise VII. au lieu de IX. Ajoutant neuf à sept, le nombre seize se trouve égal & uniforme dans tous les Itinéraires.

Or, en ouvrant le compas sur la Carte Topographique du Milanez, on mesure du centre de la ville de Milan à la position du Lodi-vecchio en droite-ligne, 14 Milles de Milan, qui sur l'évaluation que nous en avons donnée reviennent à 11882 Toises. Les 16 Milles Romains, selon leur évaluation à 755 Toises & demie, fournissent 12088 Toises; & cette supputation, qui en résultant d'une meſure-itinéraire doit naturellement ſurpaſſer la prémiére, déduite d'une ligne-directe, ne s'en écarte néanmoins que d'environ 200 Toiſes, qui ne valent guères qu'une quatriéme partie du Mille Romain. Il eſt bien vrai que le pays auquel cette meſure ſe rapporte eſt des plus unis.

Il ne faut point confondre cette diſtance entre Milan & l'ancien Lodi ou *Laus-Pompeia* (qui éprouva ſa ruine de la part des habitans de Milan vers l'an 1111) avec celle dont il eſt mention dans un Itinéraire inſéré *Bibliothecæ novæ Labb.* p. 357; ſuivant lequel *civitas Mediolanenſis diſtat à civitate Laudenſi per XX. M.* C'eſt au nouveau Lodi que cette diſtance doit être appliquée, comme la vérification s'en fait ſur le local. La trace de la Voie qui conduit de Milan à la ville moderne de Lodi, en partant toujours du centre de Milan, conſume 17 Milles de Milan & deux tiers, c'eſt-à-dire, 15000 Toiſes de compte rond. Et 20 Milles Romains pris à la lettre & bien complets, ne ſurpaſſent ce montant que de 110 Toiſes.

Mais, pour paſſer de la prémiére des deux diſtances dont il eſt queſtion, à la ſeconde, ou à celle du Lodi-vecchio à Plaiſance; je remarque qu'en ſuivant exactement la Voie, qui eſt en grande partie la même que celle qui conduit de Plaiſance à la ville moderne de Lodi, on meſure 21 & demi des Milles de Milan, qui fourniſſent 18250 Toiſes ou environ. Les 24 Milles Romains, qui comme il a été dit, ſont indiqués pour cette diſtance en deux différens endroits de l'Itinéraire d'Antonin, ne donnent que 18132 Toiſes. C'eſt environ 118 Toiſes de moins, qui peuvent être reportées ſur la diſtance précédente, pour faire compenſation du fort & du foible entre les deux diſtances. Et ſi l'on forme un total de Milan à Plaiſance, la meſure actuelle par le Mille de Milan d'une part, revient à 30132 Toiſes; & de l'autre, le calcul de 40 Milles Romains dans le même intervalle donne 30220 Toiſes. Or, ce qu'il y a de différence entre ces deux ſommes ne mérite pas d'être relevé; & on ne peut exiger rien de plus convenable, non-seulement pour la vérification de l'ancienne mesure-itinéraire, mais encore pour justifier & appuyer l'évaluation d'un espace considérable dans ce que la Carte Topographique du Milanez embrasse d'étendue.

La position de Parme, qui s'écarte notablement des limites de l'Etat de Milan, ne se trouve point dans cette Carte comme celle de Plaisance. Mais toutes les Cartes de l'Etat de Parme, tant celle de Magini qu'une plus ancienne sans nom d'auteur, & la plus nouvelle donnée par un Ingénieur nommé Baratteri, & le Milanez de Frattino, nous font la position de Parme plus occidentale que Casal-maggiore, & la derniére de ces Cartes plus que les autres, & plus que notre Carte en particulier. La distance que notre position laisse entre Parme & Plaisance, revient à 39 Milles Romains, ou peu s'en faut, en ligne-directe; & surpasse celle que donne la Carte de Frattino, nonobstant la vérification qui a été faite de son Echelle. Les Itinéraires Romains montrent quelque variation dans cet intervalle, qui est pris sur la Voie Emilienne, laquelle fut conduite selon Tite-Live (liv. 39) par Emilius-Lépidus, depuis Plaisance jusqu'à Rimini, où la Voie Flaminienne venoit finir. Je remarque néanmoins, que l'Itinéraire d'Antonin dans un endroit s'accorde parfaitement avec la Table, non-seulement au total qui est de 40 Milles, mais encore dans les distances particuliéres; dans un autre endroit on n'y compte que 39. L'Itinéraire de Bourdeaux à Jérusalem ne fournit que 36; mais j'y soupçonne quelque omission dans l'intervalle de *Fidentia* au lieu nommé *Fonteclos;* la mansion *Florentia*, aujourd'hui Fiorenzuola, qui y tombe, & qui se trouve marquée dans les autres Itinéraires, ne paroît point dans celui-ci. Quand on préféreroit le compte de la distance à 40 plutôt qu'à 39, il est constant que la ligne-droite égalant le dernier de ces nombres, suffit au-moins au prémier comme mesure-itinéraire. Quoique le pays soit uni, toutefois il est coupé entre Parme

& Plaisance par quatorze ou quinze riviéres ou torrens; ce qui doit naturellement produire quelque inégalité, & même faire biaiser le chemin en quelques endroits. D'ailleurs, il ne faut pas imaginer, que la route soit en parfaite direction dans tout cet espace entre Parme & Plaisance : il paroît qu'elle s'en écarte assez sensiblement dans la direction particuliére de Parme au Borgo di San-Donino. Ce lieu dans le moyen-âge a quitté le nom de *Julia-Fidentia*, pour prendre celui de S. Domnin, *Sancti Domnini*, qui selon le Martyrologe Romain, souffrit la mort *apud Juliam, in territorio Parmensi.*

Il est à remarquer, que la Latitude de Parme dépendoit ici de la distance particuliére de Casal-maggiore à Parme, & notez que la position du prémier de ces lieux est prise dans Frattino comme dans l'Arpentage du Milanez, qui la fixe. Cette distance est analogue & proportionnelle à d'autres espaces, spécialement à la distance donnée entre Parme & Plaisance, en prenant cette analogie sur les Cartes plus particuliéres, & principalement sur celle de Baratteri. La distance dont il s'agit est même plus forte d'un bon cinquiéme dans l'emploi que nous en faisons, que celle qui se mesure sur la Carte de Frattino, selon laquelle le point de Parme moins écarté de Casal-maggiore, deviendroit par conséquent plus septentrional. Mais, si nous avions reculé ce point encore plus au Sud, & qu'il fût placé à 44 minutes 50 secondes dans le degré 45, selon l'Observation rapportée par le P. Riccioli (*Geogr. reform.* p. 299.) cette position de Parme, dont la distance à l'égard de Plaisance ne peut vrai-semblablement souffrir d'être prolongée, auroit été de 3 ou 4 minutes plus occidentale, ou moins en avant, qu'elle ne se trouve ici.

La distance qui succede, sçavoir de Parme à Modene, se vérifie de plus d'une maniére; & renfermant au moins 36 Milles Romains, elle ne peut être plus convenable aux Itinéraires. Celui d'Antonin marque dans un endroit XVIII entre Parme & Regio, *Regium-Lepidi*; & en-effet le compte eſt le même dans l'Itinéraire de Jéruſalem. Dans un autre endroit, la diſtance particuliére de Parme à *Tanetum*, lieu intermédiaire dans cet intervalle, & ſubſiſtant ſous le nom de Taneto, comme on le trouve dans la Carte de Baratteri, eſt de IX au-lieu de VIII que marque l'Itinéraire de Jéruſalem. La diſtance de *Tanetum* à *Regium* eſt également numérotée X dans l'un & l'autre de ces Itinéraires. Il ſemble que celui d'Antonin ſeroit à préférer, là où il s'accorde préciſément dans le total de la diſtance avec le compte de l'Itinéraire de Jéruſalem. Au pis-aller, un nombre de plus ne ſignifie vrai-ſemblablement qu'une portion de Mille au-delà du compte uniforme des deux Itinéraires.

De Regge à Modene on trouve avec même diverſité d'un endroit à l'autre & XVII ou XVIII dans l'Itinéraire d'Antonin; & la Table Théodoſienne eſt conforme au prémier ou plus foible de ces nombres. Il faut corriger l'Itinéraire de Jéruſalem dans cette partie, & ſubſtituer XIII à VIII dans la diſtance de Regge au *Ponte-Secies* ou paſſage de la Secchia; & au moyen du nombre V qui eſt marqué entre ce pont & Modene, la diſtance en queſtion ſe trouve égale à XVIII. Or, par l'addition des 17 ou 18 de ce dernier eſpace, aux 18 ou 19 du précédent, on compte au total de Parme à Modene 35 ou 37 : & dans l'emploi que nous faiſons de 36 en ligne parfaitement directe, on peut préſumer que la meſure-itinéraire dans le même intervalle peut aller à quelque choſe de plus, quoique le pays ſoit aſſez égal. Conſéquemment la plus forte indication de la diſtance eſt préférée à la plus foible.

Mais je trouve, qu'en appliquant un calcul d'évaluation à l'Echelle de la Carte particuliére de l'Etat de Modene par Magini, on ſe rencontre préciſément au pair de l'eſpace que nous employons. Dans cette Carte, l'ouverture du compas entre les poſitions de Modene & de Parme priſe dans leur centre, équivaut 33 Milles de ſon Echelle, & environ trois quarts autant qu'on en peu juger. Or, nous avons dans la Géographie réformée du P. Riccioli, la composition d'un Mille de Modene particulier sur le pied de 500 Perches, & la Perche de Modene y est évaluée à 10 Pieds 5 Pouces Romains & 16 centiémes de Pouce. Par l'application faite au Pied de Paris de la mesure attribuée au Pied Romain par le même auteur, cette mesure de Perche revient à 9 Pieds 8 Pouces & un cinquiéme de Ligne, ce qui multiplié par le nombre de Perches qui composent le Mille en question, fournit pour sa longueur 805 Toises 4 Pieds. Les 33 Milles & trois quarts reviennent ainsi à 27191 Toises; & vû que le calcul de 36 Milles Romains donne 27198 Toises, il seroit difficile d'imaginer une convenance plus parfaite.

Je remarque que la position de Regge est exactement convenable à d'autres distances. L'Itinéraire d'Antonin indique 30 Milles entre Crémone & *Brixellum* ou Bresello : & en-effet c'est la véritable distance que l'on trouve entre ces lieux, après avoir placé le dernier rélativement à Casal-maggiore, dont il ne s'écarte que d'une petite partie de cet intervalle, au-lieu que l'espace de Crémone à Casal-maggiore, qui en fait la plus considérable partie, est déterminé par l'Arpentage du Milanez. Quant à la distance de Regge à l'égard de Bresello, elle se rencontre à peu près égale à celle qui se mesure de Regge à Parme; & si dans l'Itinéraire on lit aujourd'hui le nombre XL dans la distance dont il s'agit, il est manifeste que c'est par une erreur grossiére, dont il n'est pas possible de ne se pas convaincre.

Le P. Riccioli (*Geogr. reform.* p. 296.) nous donne la Latitude de Modene par Observation, à 44 degrés 38 minutes 50 secondes, en la fixant à la tour de l'Eglise de S. Géminien; & quoique dans la Connoissance des Tems Modene soit marquée à 44 degrés 34 minutes, je crois néanmoins que la détermination du P. Riccioli demande la préférence, encore que la réfraction ne paroisse point déduite dans le détail de cette observation. On remarquera d'ailleurs, que comme d'une plus grand élévation en Latitude dans la position de Modene, il s'ensuit une moindre divergeance du parallele de Parme, conséquemment l'intervalle de cette position de Modene à l'égard de Parme occupe un plus grand espace de Longitude, ce qu'il semble que nous affections ici. Mais, trois distances prises Géométriquement, & qui forment un Triangle des positions de Modene, Bologne, & Ferrare; desquelles les deux derniéres ont leur Latitude déterminée, indépendamment de celle de Modene; nous donnent la Latitude conséquente de Modene telle, ou à peu près, que la détermination du P. Riccioli l'indique. Donc, cette détermination doit être réputée la plus convenable, & nous allons entrer dans le détail sur ce sujet.

La distance de la tour Asinelli de Bologne, à la tour de Modene, conclue sur des opérations Géométriques, par les PP. Riccioli & Grimaldi, est de 19666 Pas de Bologne; sur quoi voyez la Géographie réformée, p. 122. M. Cassini, dans son ouvrage de la Figure de la Terre, p. 151, a comparé cette mesure à 19143 Toises de Paris.

Le P. Riccioli a trouvé la distance entre la tour Asinelli de Bologne, & celle de l'Eglise principale de Ferrare, de 24137 Pas de Bologne, qui selon la proportion du Pas de Bologne avec la Toise reviennent à 23494 Toises ou environ.

Enfin, la distance de Ferrare à Modene est de 31895 Pas de Bologne, selon le même P. Riccioli, ou de 31046 Toises.

A ces mesures d'intervalle joignons les Latitudes de Bologne & de Ferrare. Celle de Bologne à S. Pétrone, *mihi exploratissima* dit M. Manfredi, dans sa Préface aux Observations de M. Bianchini, est de 44 degrés 29 minutes 35 secondes; & par la combinaison des Observations du P. Riccioli avec la détermination de M. Manfredi, la tour Asinelli ne differe que de 2 secondes vers le Nord, ou d'environ 31 Toises, de la Latitude de l'Eglise de S. Pétrone.

La Latitude de Ferrare, ſelon que M. Caſſini (Meſure de la Terre, p. 305) la conclut des Obſervations de M. Caſſini ſon pere, eſt de 44 degrés 50 minutes 13 ſecondes & demie. Selon la détermination que le P. Riccioli en a donnée, cette Latitude n'excéde 44 degrés que de 49 minutes 30 ſecondes.

Or, la diſtance entre Bologne & Ferrare étant combinée avec les Latitudes obſervées de ces deux points, le point donné par l'interſection des diſtances de Bologne & de Ferrare à Modene, tombe entre 39 & 40 minutes du même Degré; ce qui dépaſſe la détermination du P. Riccioli plutôt que d'être au-deſſous. Obſervez même, que ce point s'élévera encore plus au Nord, ſi l'on veut que la poſition de Ferrare ſe range dans la Latitude qu'en donne le P. Riccioli, plutôt que dans celle de M. Caſſini.

A ce Triangle en ſuccéde un autre pour nous conduire plus loin, & dont la diſtance de Bologne à Ferrare fait un côté. La diſtance de Ferrare à Sainte-Marie du Port de Ravenne, qui eſt dans la partie orientale de cette ville, ſe trouve encore toute meſurée dans Riccioli, pour la valeur de 33048 Pas de Bologne, qui équivalent 32168 Toiſes ou environ. J'ai vérifié cette diſtance par une Carte particuliére de la Légation de Ferrare, publiée à Rome par Roſſi en 1709, & qui a été levée & arpentée ſur les lieux pour la bonification des Poléſines ou terres marécageuſes qui occupent une grande partie du pays. Selon l'Echelle de cette Carte, on meſure 42 Milles au plus dans la diſtance dont il eſt queſtion; & ſelon l'évaluation du Mille Romain moderne, employé vrai-ſemblablement dans cette Echelle, & qui revient à 764 Toiſes, les 42 Milles reviennent à 32088 Toiſes. Ce calcul differe peu du précédent; & même ſi le prémier ſurpaſſe le ſecond, cela peut dépendre, du moins en partie, de la ſituation de l'Egliſe de Sainte-Marie du Port, qui fait le terme de la diſtance dans le prémier calcul, & qui eſt reculée du centre de Ravenne comme nous l'avons obſervé, & adhérante à la partie orientale de ſon enceinte.

En

En joignant à la diſtance qu'on vient d'établir, celle de Bologne à Ravenne, la poſition de Ravenne ſe trouvera fixée. M. Manfrédi, dans la même Préface dont il eſt parlé ci-deſſus, nous apprend que cette derniére diſtance a été priſe Géométriquement; & en ſuppoſant la Latitude de Ravenne, ſur les Obſervations de Nadi, de 44 degrés & environ 26 minutes (*præter-propter*, c'eſt l'expreſſion de M. Manfrédi) il évalue cette diſtance à 50 minutes 9 ſecondes de différence de Longitude; & dans cette évaluation il eſt hors de doute, que M. Manfrédi prend la meſure de la Longitude dans l'hypotheſe de la Terre ſphérique.

Par la combinaiſon des diſtances de Bologne & de Ferrare au point de Ravenne, il m'a paru que la Latitude de ce point n'alloit pas tout-à-fait à 26 minutes au-delà de 44 degrés, & qu'il s'en falloit au moins 20 ſecondes. Surquoi j'obſerve; que le P. Riccioli, en établiſſant la Latitude de S. Pétrone de Bologne à 44 degrés 30 minutes 20 ſecondes, concluoit la Latitude de Ravenne à 44 degrés 26 minutes 20 ſecondes, ſur l'angle de poſition de cette ville à l'égard du Mont-Paterne voiſin de Bologne. La différence du parallele eſt de 4 minutes. Mais, ſi l'on fait quelque déduction ſur la détermination de Bologne du P. Riccioli, par rapport à la réfraction qui n'a point été admiſe dans cette détermination, comme M. Caſſini l'a remarqué; & que l'on ſe fixe pour le point de Bologne à 44 degrés 29 minutes 35 ſecondes, ſelon M. Manfrédi; la Latitude conſéquente de Ravenne ſera effectivement moindre que les 26 minutes complettes, & à peu près telle qu'elle ſe conclut des diſtances qui ont ſervi à fixer la poſition de Ravenne. Je fais cette remarque, non pas tant pour la conſéquence d'un tiers de minute de plus ou de moins ſur la Latitude de Ravenne, que pour faire voir la préciſion des diſtances dont elle ſe conclut, & qui forment une chaîne depuis Modene juſqu'à Ravenne, dans un eſpace de plus de 52000 Toiſes. Les Cartes de Magini ſont exactes à peu de choſe près, dans la poſition reſpective de

Bologne & de Ravenne, quoiqu'il y ait erreur de 18 minutes dans la Latitude de Bologne, qui y eſt moindre d'autant. Mais, on ne voit point ce qui a pû engager M. de l'Iſle dans ſes deux Cartes d'Italie, à porter Ravenne plus au Nord que Bologne, & plus encore dans la ſeconde que dans la prémiére, & nonobſtant que le titre de cette prémiére annonce formellement que l'auteur y a employé entr'autres Obſervations celles du P. Riccioli. Quoique la Carte de l'ancienne Italie, donnée à Milan en 1723 par la Société Palatine, ſoit une copie de celle que M. de l'Iſle a publiée en 1715, toutefois on y a rangé la poſition de Ravenne plus au Midi que celle de Bologne.

Le point de Ravenne eſt notre terme dans cette Section. La poſition de Plaiſance, de laquelle nous ſommes partis pour y arriver, eſt en liaiſon immédiate avec Milan, par la vérification qui a été faite de la diſtance en comparant les anciens Itinéraires avec l'Arpentage du Milanez. L'intervalle de Plaiſance à Parme, quand il ne feroit pas analyſé par lui-même, ſe concluroit du rapport de la poſition de Parme avec celle de Caſal-maggiore, compriſe dans le même Arpentage. Ce qu'il y a de diſtance entre Parme & Modene eſt déterminé par deux moyens différens, qui ſe vérifient l'un par l'autre avec une préciſion ſinguliére. Enfin, tout ce que l'intervalle de Modene à Ravenne renferme, & ce qui fait preſque la moitié de l'eſpace entier depuis Plaiſance, roule ſur des meſures Géométriques & actuelles, combinées avec les déterminations Aſtronomiques les plus préciſes.

SECTION V.

Retour vers le Milanez par l'Etat de Venise.

LES points de Ferrare & de Ravenne, fixés dans la précédente Section par les plus solides moyens, nous donnent lieu de conclure la position d'Adria. Car cette position étant peu éloignée des limites de la Légation de Ferrare, se trouve comprise dans la Carte qui a été levée de cette Légation; & que cette Carte soit bien Géométrique, que la mesure de l'espace y soit reconnue, c'est ce que la vérification qui a été faite de l'intervalle entre Ferrare & Ravenne prouve d'une maniére incontestable.

La Carte Ferrarèse se lie avec une autre Carte particuliére de la Polésine de Rovigo, publiée à Venise en 1721 par Clarici; & pour connoître & définir l'Echelle de celle-ci, il suffiroit du rapport qu'elle a avec la prémiére. Nous sommes redevables au même Clarici d'une grande Carte mise au jour une année auparavant, & intitulée *Diocesi Padovana*, laquelle Carte s'étend au Levant jusqu'à Caurle, & monte au Nord jusqu'à Feltre. Par la liaison de cette Carte avec celle de la Polésine, & la correspondance de celle-ci avec la Légation de Ferrare, j'ai reconnu que l'Echelle de la Carte donnoit les Milles sur le pied du Mille commun d'Italie, ou à 60 pour un Degré. Et d'autant que l'étenduë de pays renfermée dans cette Carte fait précisément le centre de la terre-ferme de l'Etat de Venise, si l'on cherche à connoître quelle peut être la mesure spéciale du Mille Vénitien, on trouvera que ce Mille ne peut se rapporter plus juste qu'à l'estimation du Mille commun. J'ai consulté sur ce sujet plusieurs ouvrages de Topographie par des Géometres ou Ingénieurs Vénitiens,

Un des ouvrages de ce genre qui m'ait paru travaillé avec plus de soin, est une grande Carte du Golfe de la Valone, par Alberghetti. Or, les Milles de l'Echelle de cette Carte, qui sont définis de *mille Passi Veneti l'uno*, se trouvent égaux aux minutes de la graduation de Latitude appliquée à la Carte. Si même on veut recourir aux élémens, & composer le Mille de Vénise sur la mesure propre au Pied Vénitien, & conséquemment au nombre de Pieds qui forment les 1000 Pas Géométriques, on ne se trouve pas loin d'une pareille évaluation. Selon Hérigonius, les 84 Pieds de Venise équivalent 100 Pieds François, & dans cette proportion les 5000 Pieds Vénitiens en produisent 5952 des nôtres, qui font 992 Toises. Conséquemment l'étenduë du Degré revient à 57 & demi des Milles de cette espece. Et en consultant une autre mesure du Pied de Venise, laquelle se déduit de la comparaison que Snellius en a faite au pied du Rhin, elle devient plus courte d'un septantiéme, & alors il faut 58 & un tiers de ces Milles pour remplir la même étenduë. Je remarque au-surplus, qu'il ne paroît pas que cette évaluation Mathématique décide de l'estimation commune des distances dans le pays. Cette estimation raccourcit le Mille plutôt que de l'agrandir, puisque l'Echelle des Cartes particuliéres que Magini a données des provinces qui composent l'Etat de Venise, étant comparée à la Graduation de ces Cartes, on trouve presque par-tout également environ 66 pour un Degré. Et je ne sçai même, si une pareille estimation peut être regardée comme arbitraire, puisqu'il s'y rencontre une grande affinité avec celle qui est propre au vrai Mille Lombard, lequel par la composition du Mille de Milan sur des élémens donnés, devient la soixante & septiéme partie d'un Degré.

Quoiqu'il-en-soit, l'évaluation que nous faisons des Milles de la Carte Padouane se vérifie d'une maniére positive & indubitable, par la comparaison de plusieurs espaces pris sur cette Carte, avec les distances indiquées par les

Itinéraires Romains; & nous aurons occasion d'entrer dans quelque détail de la mesure de ces espaces, & des distances correspondantes. La position de Padoue a été la prémiére fixée par l'usage que j'ai fait de cette Carte, en partant du point de Cavarzere, le plus à portée de celui d'Adria, & qui se répète sur les Cartes limitrophes. Et ce qui prouve que l'emploi de la distance est plutôt fort que foible, la Latitude du point de Padoue, qui se trouve dans notre Carte de 23 minutes & environ un tiers au-delà de 45 degrés, passe la détermination que M. le Marquis Poleni en a donnée sur ses Observations à 22 minutes & demie.

De Padoue pour rejoindre quelque point pris dans le Milanez, je me suis porté sur Vicenze. Cette ville est plus septentrionale que Padoue, & l'intervalle de l'une à l'autre occupe en ligne-directe les 21 Milles Romains que l'on compte dans l'Itinéraire de Jérusalem:

Vincentia (lisez *Vicentia.*)
ad Finem XI.
Patavi X.

La Table Théodosienne donne XXII; & en effet sur la Carte de Clarici l'espace est de 17 Milles & demi de son Echelle, lesquels pris rigidement sur le pied de 60 au Degré, reviennent à 22 Milles Romains. Mais on peut estimer, que dans cette Carte la position de Vicenze est un peu reculée; puisqu'un lieu nommé Torre di Quarte sur la direction de la route de Padoue, & un autre lieu nommé Quinto sur la direction de l'ancienne Voie qui tendoit à *Opitergium* ou Oderzo, sont dans des distances à l'égard de Vicenze qui se rapportent à la mesure de l'Echelle de cette Carte, dont les Milles sont néanmoins évalués au-delà de l'espace qui convient à des distances indiquées en Milles Romains. Dans une Carte particuliére du Vicentin, par un Arpenteur nommé Angelo-Novello, le Quinto dont il s'agit est placé en distance d'un point pris au centre de Vicenze précisément, de 4 Milles justes de l'Echelle de cette Carte, dont le Mille par conſéquent eſt en même proportion avec le Mille Romain que celle qui s'applique à la Carte de Clarici. Et la dénomination de Quinto ſe rapportant indubitablement à la diſtance de 5 Milles Romains, il s'enſuit que les 5 Milles communs ne peuvent entrer dans cet eſpace comme la même Carte de Clarici le donne. Je remarque au-reſte, que les limites des Diocèſes de Padoue & de Vicenze, indiqués par la mutation *ad Finem*, ſe rencontrent poſitivement à 8 Milles communs de Padoue, qui font en-effet le juſte équivalent des 10 Milles Romains marqués dans l'Itinéraire.

On compte dans le même Itinéraire, en trois diſtances particuliéres, 31 Milles entre Vicenze & Vérone. L'Itinéraire d'Antonin & la Table en fourniſſent 33 en une ſomme. L'ouverture du compas ſur notre Carte prend les 31 & au-delà; & vû que cette meſure directe paroît abonder, & doit donner quelque excédent en meſure-itinéraire, nous ſommes en liberté de ſuppoſer pluſieurs fractions de Mille à ajouter dans le détail des diſtances du prémier Itinéraire, pour le rapprocher du total des deux autres. La poſition de Vérone a été combinée d'un autre côté par ſa diſtance à l'égard d'Oſtiglia. Cette poſition d'Oſtiglia s'établit conſéquemment à la Carte de la Légation de Ferrare, Carte levée & arpentée dans toute l'étenduë du diſtrict de cette Légation, dont le terme au lieu nommé Mellara, n'eſt diſtant d'Oſtiglia que d'environ 3 Milles, meſure priſe ſur une Carte fort ample & manuſcrite des environs d'Oſtiglia, qui eſt entre mes mains. Au-ſurplus, on a vû dans la Section précédente, comment la Carte Ferrarèze ſe fixe tant du côté de l'eſpace que de la poſition, par une ſuite de triangles & d'obſervations. La diſtance entre *Hoſtilia* & Vérone eſt marquée de XXX Milles dans l'Itinéraire d'Antonin, mais la Table en marque XXXIII. Entre pluſieurs Cartes du Véronèze, la plus récente, donnée en 1720 par un Eccléſiaſtique du pays, fournit à l'ouverture du compas, entre le bord du Pô à l'endroit d'Oſtiglia, & un point pris dans l'emplacement de Vérone, la valeur d'environ 24 minutes de la graduation de Latitude, qui produisent 30 Milles Romains. La mesure devient un peu plus forte dans notre Carte ; & à juger même de la mesure du chemin par les Cartes plus particuliéres, dans le nombre desquelles j'en puis citer de manuscrites dressées par des Ingénieurs François, les 33 Milles prescrits par la Table peuvent être consumés. Cependant je remarque, que le point de Vérone ne passant la Latitude de 45 degrés que de 22 minutes & demie ou environ, est notablement moins septentrional qu'il ne s'ensuit des Cartes précédentes ; & toutefois cette même Latitude passe encore de deux minutes la détermination qui résulte de quelques Observations de M. Bianchini à 20 minutes & demie. Mais, il a fallu apporter une réforme considérable dans les Cartes, en faisant le point de Mantoue bien moins divergeant du parallele de Casal-maggiore qu'il n'est marqué jusqu'à présent, pour ne pas s'écarter davantage de cette détermination.

Plusieurs Cartes du Mantouan levées par des Ingénieurs au service de France, & parmi lesquelles il s'en est trouvé qui avoient leur Echelle définie par Toises, m'ont mis en état de conclure une distance immédiate & précise entre Ostiglia & Casal-maggiore. Et cette distance s'est trouvée telle que ce que les combinaisons précédentes, qui à la suite de l'Arpentage du Milanez nous ont conduit jusqu'à la Carte du Ferrarez, laissoient d'intervalle entre ces points. Par ce moyen, un espace d'autant plus important à reconnoître & à déterminer qu'il a son étenduë dans le sens de la Longitude, se trouve fixé par deux voies différentes, mais paralleles entre elles, & qui se vérifient l'une par l'autre. Quoique l'intervalle en question de Casal-maggiore à Ostiglia, emporte 44 Milles Romains & plus, cependant la Carte de Frattino n'en donne que 39 de son Echelle, bien qu'il soit démontré par les espaces pris dans l'étenduë du Milanez, que cette Echelle n'ait de conformité qu'au Mille Romain. Mais, une Carte que le dernier Duc de Mantoue avoit fait lever, & qui s'étend depuis Casal-maggiore jusqu'à Governolo, c'est-à-dire, dans l'espace presque entier, m'a parue très-convenable au même intervalle, en prenant les Milles qui composent son Echelle sur le pied de 60 au Degré, ce qui en fait une forte évaluation. Peu s'en faut même que cette Carte, qui a été rendue publique, ne soit orientée conformément à la maniére dont les points de Casal-maggiore & d'Ostiglia sont posés dans notre Carte, encore que ce soit par des côtés différens qu'ils y prennent leur place. Car vous noterez, que l'un de ces points est une dépendance de l'Arpentage du Milanez, l'autre de la Carte de Ferrare. Il s'ensuivroit de la Carte du Mantouan dont je viens de parler, que la position de Mantoue divergeroit encore moins que dans la nôtre du parallele de Casal-maggiore; & toutefois, comme je l'ai dit ci-dessus, il y a beaucoup moins d'écart en Latitude entre Casal-maggiore & Mantoue dans notre Carte que dans les précédentes. Le Mantouan de Magini y prend plus de 16 minutes, la Carte de Frattino plus de 16 Milles de son Echelle. Mais je tiens, qu'on ne peut monter Mantoue plus au Nord que nous ne le plaçons, sans le faire trop voisin de Vérone, ou sans pousser cette position de Vérone, dont la détermination a déja souffert quelque violence, comme je l'ai remarqué. Et j'ai eu tout lieu de reconnoître en quoi consistoit l'erreur, étant instruit par une des Cartes manuscrites que je puis produire, que la distance du point de Modene jusqu'au confluent de la Secchia dans le Pô, distance qui selon Magini équivaudroit 30 Milles communs, ne va réellement qu'à 20. Il n'est pas étonnant après cela, qu'au-lieu de 39 minutes de différence entre Modene & Mantoue, comme on les trouve dans Magini, & même 40 dans M. de l'Isle, il n'y en ait que 29 à 30 dans la nôtre. Mais je suis bien aise de faire observer, que cette énorme réduction que souffre ici la Carte de Magini dans le sens de la Latitude, n'a point d'influence dans celui

lui de la Longitude. L'intervalle de Casal-maggiore à Ostiglia, équivalant 36 minutes de la graduation de Latitude dans Magini, ou autant de Milles communs, passe les 35 dans la nôtre. Pour démêler plus sensiblement l'enchaînement & les rapports de combinaison entre les points qu'on vient de discuter, il est bon de jetter les yeux sur les positions que donne le chassis de Carte qui est joint à cet écrit.

Les Cartes du Mantouan nous donnent la position de Goito; & de ce point jusqu'à Peschiera, sur le coin méridional du Lac de Garde, la distance n'est pas considérable. Mais, on peut reconnoître le point de Peschiera par une route contraire à celle que nous venons de suivre, & en partant du point de Milan revenir à Peschiera. Et premiérement, la distance de Milan à Bergamo est indiquée sur le pied de XXXIII Milles; & outre l'Itinéraire d'Antonin, vous le trouvez de même dans celui de Jérusalem, où cette distance est coupée en trois parties:

Argentia X.
Ponte-Aureoli X.
Vergamo XIII.

L'Arpentage du Milanez nous porte jusqu'à Trezzo, & aux confins du Bergamasc. A quelques Milles à la droite de Trezzo est Pontiruolo, lequel conserve assez bien la dénomination de *Pons-Aureoli*, qui vient de la défaite d'Auréole en ce lieu par l'Empereur Claude II. Il ne s'en faut pas un demi Mille, que les 20 marqués entre Milan & ce même lieu ne se retrouvent en droite-ligne sur la Carte; & la distance qui suit jusqu'à Bergame se mesure complette. Il est vrai, que le Pontiruolo n'étant pas dans une parfaite direction de Milan à Bergame, & s'en écartant sur la droite, l'ouverture du compas de Milan à Bergame ne donne point complets les 33 Milles du total. En même-tems que des mesures actuelles comme celles des Voies Romaines, nous assurent de la vraie distance d'un lieu à un autre, il est naturel que la disposition respective des lieux dépende du rapport des Cartes particuliéres. L'Itinéraire de Jérusalem donne ensuite un compte de 32 Milles entre Bergame & *Brixia* ou Brescia; & dans cet intervalle, sçavoir à XII de Bergame, & XX de Brescia, il indique un lieu de *Tollegata*, qui subsiste encore sous le nom de Talgato, dans une position également convenable à ces distances. Aux environs du même lieu nous rencontrons la Carte particuliére du Bressan, de Leone-Pallavicino, & qui occupe 6 feuilles. En se faisant une Echelle en Milles Romains sur cette Carte, par la distance des 20 Milles qui sont comptés entre Talgato & Brescia, on n'en mesure qu'environ 25 de Brescia à Peschiera; nonobstant quoi, l'intervalle qui reste sur notre Carte entre ces deux positions revient à près de 27 des mêmes Milles, d'où il suit naturellement que l'espace n'y est point épargné.

Les Itinéraires Romains qui nous conduisent de Brescia à Vérone, ne paroissent pas d'accord ni également corrects dans le détail des distances. L'Itinéraire d'Antonin accuse juste dans le nombre de XXII Milles entre *Brixia* & *Sirmione*, qui conserve son nom, & se fait réconnoître par sa situation, décrite & célébrée dans les vers de Catulle, & qui est remarquable par une pointe ou Peninsule avancée dans le Lac de Garde, autrefois nommé *Benacus*. Mais, la distance de là à Vérone est trop forte sur le pied de XXXII, & il y a tout lieu d'affirmer qu'il en faut effacer ou soustraire une dixaine. Au-moyen de cette correction, la mesure du chemin entre Brescia & Vérone, en touchant à Sermione, revient à 44 Milles, ce qui approche au plus près du compte de la Table à 45, en deux distances particuliéres. L'Itinéraire de Jérusalem ne fournit que 31 en trois mutations, mais je soupçonne qu'il en manque une quatriéme. Et en somme, l'intervalle qui résulte de notre Carte entre Brescia & Vérone, est d'environ 42 Milles Romains, mesure prise à l'ouverture du compas, indépendamment de quelque détour ou inégalité que ce soit dans la mesure rélative au chemin qui fait la communication entre ces villes, & auquel l'indication des diſtances ſe rapporte. Dans cet intervalle, ce qui eſt compris entre Peſchiera & Vérone ſe combine avec les Cartes, de même que ce qui eſt entre Breſcia & Peſchiera.

La manſion intermédiaire de Breſcia à Vérone dans la Table, eſt nommée *Ariolica*; & ſa diſtance à l'égard de Breſcia eſt marquée XXXII, & à l'égard de Vérone XIII. Sur ce pied-là il faut convenir en général, que cette manſion tombe aux environs de Peſchiera; mais en s'attachant ſcrupuleuſement aux deux diſtances indiquées, elle devoit pourtant en être écartée de quelques Milles, en tirant du côté de Vérone. Dans une Inſcription trouvée à Peſchiére, & rapportée en pluſieurs endroits, notamment dans Gruter, (Part. I, p. 449) il eſt fait mention *Naviculariorum Ardelicenſium.* D'où il réſulte, que le nom correct du lieu dont il s'agit eſt *Ardelica*, & que ſes habitans pratiquoient la navigation du Lac de Garde, & du Mincio qui en ſort à Peſchiére. Mais, malgré cette circonſtance, & quoique l'Inſcription ait été trouvée à Peſchiére, il ne s'enſuit pas abſolument que le lieu d'*Ardelica* n'en pût être écarté de quelques Milles : il ſuffit de penſer que l'emplacement de Peſchiére devoit en dépendre, & étoit le port de ce lieu. Le nombre de XXII Milles que donne l'Itinéraire d'Antonin entre Breſcia & Sermione, ſe trouvant juſte dans ſon application au local même; ce qui reſte d'eſpace entre Sermione & Peſchiera n'eſt pas aſſez conſidérable, pour que les XXXII Milles marqués par la Table de Breſcia à *Ardelica*, puiſſent prendre leur terme précis à Peſchiera. D'un autre côté, les XIII Milles d'*Ardelica* à Vérone ſont trop courts pour ce qu'il y a d'eſpace entre Vérone & le lieu de Peſchiére. Et toutefois, la ſomme des deux diſtances ſe montrant convenable à la meſure du chemin qui remplit l'intervalle de Breſcia à Vérone, il ſemble que la juſteſſe des nombres de la Table ſoit ſuffiſamment aſſurée par cette convenance. Au-reſte, quoique le nom que Peſchiére porte, *Peſcaria*, ſoit déja ancien, puiſque des

Actes attribués à des princes de la maison Carlovingienne, & rapportés par Ughel, en font mention; ce lieu n'est pourtant devenu de quelque considération que depuis que les Scaligers, Seigneurs de Vérone, en eurent fait une place sur la frontiére de leur Etat.

Nous avons donc dans cette Section, une chaîne de distances depuis Ravenne jusqu'à Milan, par Adria, Padoue, Vicence, Vérone, Brescia, & Bergame. De-plus, l'intervalle de Ferrare au point de Casal-maggiore fixé dans le Milanez, est vérifié par la traversée du Mantouan. Et dans la discussion de toutes ces distances, il ne se rencontre rien que d'analogue & de convenable à l'étenduë d'espace, qui résultoit de la premiére voie qui nous a conduits du Milanez jusqu'à Ravenne.

SECTION VI.

Discussion portée jusques dans les Alpes du côté du Nord, & jusqu'à Trieste du côté du Levant.

Aprés avoir reconnu dans la vérification de plusieurs points & distances, une grande correspondance avec la partie du Milanez qui se trouvoit plus à portée, nous pouvons nous étendre dans ce que la Lombardie a de plus reculé vers le Nord & l'Orient.

La position de Peschiére qui nous est donnée, fait une des extrémités du Lac de Garde; & la longueur de ce Lac de Peschiére à Riva, revient à environ 32 Milles Romains, selon l'Echelle de ces Milles qui se peut porter comme il a été dit dans la Section précédente, sur la Carte du Bressan de Leon-Pallavicin. La Carte du Véronèze fournit la valeur de 25 minutes de la graduation de Latitude, qui équivalent à peu près le même nombre de Milles. Par la

Graduation de la Carte du Territoire de Brescia, dans Magini, on en conclut environ 35; & en-effet, peu s'en faut que cette mesure n'entre dans notre Carte. La position de Trente étant ensuite mise en place rélativement à Riva, dont elle est à portée; la différence de Latitude qui se rencontre entre Vérone & Trente, à peu près sur le même Méridien, va à 37 minutes & demie, près de 38; & en ce point notre Carte prend notablement plus d'espace que les autres, & même en plus grande proportion que dans la longueur du Lac de Garde. Car, par une suite de ce que la position de Vérone est devenue plus méridionale, elle ne passe point, du moins sensiblement la hauteur de Peschiére, comme dans les autres Cartes, & surtout dans celle du Véronèze, où l'intervalle de Vérone à Trente s'en trouve raccourci d'autant; & n'occupe que 31 minutes de la Graduation de cette Carte. Cependant un plus grand espace devient nécessaire & même exigible, quand on considère que l'Itinéraire d'Antonin fournit un compte de 60 Milles entre Trente & Verone: & ce compte ne paroît même se remplir dans le plus grand espace que nous prenons, que parce que la Voie Romaine décrivoit en partant de Vérone le même contour que fait l'Adigé pour y arriver; ce qui nous est indiqué positivement par un lieu nommé Settimo, qui ne peut être relatif qu'à cette route, & qui se trouve situé sur le bord de la riviére entre Vérone & la Chiusa, dont la situation resserrée entre la montagne & la riviére, met une nécessité dans le passage de la voie par cet endroit.

Ce qu'il y a d'intervalle sur notre Carte entre Riva & Brescia, prend une entiére conformité à l'Echelle des Milles Romains appliquable à la Carte du Bressan; & cet intervalle ne pouvoit devenir plus grand, comme dans quelques autres espaces dont il a été question, sans pousser Riva plus à l'Est, ou sans trop approcher Brescia de l'Oglio & de Crémone. Il suffit au-reste, de remarquer succinctement, que la position de Lovere sur le Lac d'Iseo, convient aux distances combinées à l'égard de Brescia & de Bergame : que le point de Breno en remontant l'Oglio, gît à l'égard de Lovere conformément à l'emplacement ou position du Lac d'Iseo, dans lequel l'Oglio vient tomber, & que la distance est conclue par analogie d'espace : qu'ensuite le point d'Edolo se détermine de la même maniére à l'égard du précédent, & en continuant de remonter l'Oglio. Or, ce point d'Edolo est en rapport immédiat avec Tirano dans la Val-Telline. Et si on consulte la Carte du Bressan de Magini, on remarquera beaucoup de conformité avec ce que les combinaisons que je viens de déduire produisent dans notre Carte. Toutefois, Tirano doit se combiner d'un autre côté, & respectivement à l'égard du Fort de Fuentes, dont le point de position est une dépendance de l'Arpentage du Milanez. Et ce qu'il importe le plus d'observer est, que la distance entre ces lieux, mesurée par la graduation de Latitude, équivaut 28 à 29 minutes. La Carte du pays des Grisons, dressée sur les lieux par Cluvier, & la Suisse de deux feuilles publiée par Conrad-Gyger en 1657, donnent bien à peu près la même mesure : mais dans la Suisse de 4 feuilles par M. Scheukzer de Zurich, elle est plus foible, & dans la Suisse de M. de l'Isle elle ne vaut que 23 à 24 minutes. Ainsi, bien-loin que l'espace dont il s'agit, & qui nous sert de liaison avec un point fixé dans le Milanez, puisse être jugé trop foible, il est naturel d'en conclure le contraire. J'ai combiné la distance & la position de Bergamo, par le moyen de celle d'Olmo, avec un autre point pris dans la Val-Telline, qui est Trahona. On trouve en quelques Mémoires une détermination de la Latitude de ce lieu par M. Petit, à 46 degrés 10 minutes. Sans avoir cherché à nous ajuster avec cette détermination, nous n'en différons ici que d'environ 2 minutes.

Borms ou Bormio est, comme on sçait, le lieu le plus reculé dans la Val-Telline; & de-là aux sources qui forment l'Adda, & au sommet des montagnes, la distance est peu considérable. Mais, l'Itinéraire d'Antonin nous donne une communication entre le fond du Lac que les Anciens nommoient *Larius*, & la ville de Coire dans les Grisons. *A summo Lacu ad Murum* XX, selon cet Itinéraire; *ad Tinnetionem* XV, *Curiam* XX. On trouve sur la rive occidentale du Lac de Claven ou Chiavenne, que l'Adda joint au Lac de Come, un lieu qui dans la Carte de M. Scheukzer est nommé précisément Somolaco. Lucas-Holstenius, dans ses Annotations sur l'Italie de Cluvier, cite des Actes du martyre de S. Fidelis, où ce lieu est appellé *Vicus Summolacanus*. Dans la Carte des Grisons par Cluvier, & dans la Suisse de Gyger, le nom dont il s'agit est écrit Samolico; & on juge même que cette dépravation de nom n'est point récente, lorsque dans la Carte de l'Italie *Medii-ævi*, donnée par le P. Beretti & par la Société Palatine, on lit *Samolicum*. Le *Murus* subsiste encore dans un lieu nommé Mur ou Muro, sur le bord de la Maira audessus de Chiavenne : & en ouvrant le compas sur la Carte de M. Scheukzer, entre la position de Somolaco & celle de Muro, on trouve la valeur de 15 minutes de la graduation de Latitude, qui reviennent à environ 19 Milles Romains en ligne-directe. La mansion *ad Tinnetionem* se reconnoît également, & sur la même direction de route, dans un lieu qui selon l'idiome Italien se nomme Tenezone, & selon l'idiome Helvétique ou Allemand Tintzen. Si même on ouvre le compas sur la même Carte, entre la position de Chur ou Coire & celle de Tintzen, on trouvera une distance égale, ou même un peu plus forte, ensorte que la mesure des 20 Milles marqués dans l'Itinéraire pour cette derniére distance comme pour la prémiére, devienne encore plus complette. Mais, la convenance qui paroît dans ces deux distances entre la Carte & le compte de l'Itinéraire, n'est pas à beaucoup près la même dans la distance intermédiaire de Muro à Tenczone. L'ouverture du compas sur la même Carte y donne la valeur de 22 minutes & demie de la graduation de Latitude, qui équivalent 28 Milles Romains & plus; ſans compter qu'au paſſage de l'Alpe, qui ſe rencontre dans cet intervalle, la meſure du chemin doit naturellement ſurpaſſer la meſure priſe en droite-ligne. On a de la peine à ſe perſuader d'abord, que ce ſoit un défaut dans la Carte plutôt que dans l'ancien Itinéraire : voici néanmoins ce qui démontre que cet Itinéraire eſt plus ſûr que la Carte même. La poſition de Somolaco tombe en Latitude à 46 dégrés 8 minutes plus que moins; elle aura même quelques minutes de plus, ſi on s'attache préciſément à la détermination de Trahona rapportée ci-deſſus. Or, ſi vous ajoutez environ 46 minutes que la Carte que M. Scheukzer donne entre le parallele de la poſition de Somolaco & le parallele de Chur, vous aurez Chur à 46 degrés 54 minutes. Nous n'avons point, que je ſçache, de détermination de la Latitude de Chur; mais celle de Zurich à 47 dégrés 22 ou 23 minutes, à laquelle M. de l'Iſle s'eſt conformé dans ſa Carte de Suiſſe, ne ſouffre point que la poſition de Chur ſoit auſſi ſeptentrionale. Car, ſi aux 46 degrés 54 minutes, vous ajoutez encore environ 43 minutes que la même Carte de M. Scheukzer, & celle de Gyger, mettent entre les paralleles de Chur & de Zurich; cette derniére ville ſera portée à 47 degrés 37 minutes, c'eſt-à-dire, à 14 ou 15 minutes plus nord que les Obſervations. Dans notre Carte, où la diſtance de Muro à Tenezone eſt plus conforme au compte de l'Itinéraire (ſans être vrai-ſemblablement trop reſſerrée en cette partie) la poſition de Coire ſe rencontre à 46 degrés & environ 44 minutes. Et vous ne ſçauriez même y ajouter les 43 minutes que les Cartes mettent entre ce parallele & celui de Zurich, ſans outre-paſſer la détermination de Zurich de 4 ou 5 minutes; ce qui prouve non-ſeulement que l'uſage du compte de l'Itinéraire dans l'intervalle de Somolaco à Coire, ne nous jette point dans l'erreur, mais encore que la différence de Latitude que les Cartes donnent entre Coire & Zurich eſt trop forte comme la précédente. Au-reſte, il eſt naturel que les pays de de montagnes ſoient plus ſujets que d'autres à prendre un trop grand aggrandiſſement de diſtances dans les Cartes. Mais, celle de Suiſſe de M. Scheukzer fournit un exemple ſenſible de l'inconvénient dont j'ai parlé dans le Préliminaire, & qui n'eſt que trop fréquent dans les Cartes où l'auteur n'enviſageant qu'un ſeul pays en particulier, & n'étant pas aſſez ſcrupuleux ſur l'évaluation des eſpaces, s'étend aux dépens des pays limitrophes. Car, Zurich étant placé dans M. Scheukzer à 47 degrés & environ un quart, c'eſt-à-dire, 7 ou 8 minutes au-deſſous de la détermination donnée en Latitude, & par-deſſus cela l'intervalle entre ce point & la Val-Telline, étant notablement dilaté; il s'enſuit que le point de Trahona dans M. Scheukzer, au lieu de 46 degrés 8 ou 10 minutes de Latitude, rétrograde ou baiſſe juſqu'à 45 dégrés & trois quarts; ce qui ne peut ſe faire qu'en empiétant conſidérablement ſur ce qui appartient à la Lombardie, puiſque cette Latitude paſſe entre Lecco & Bergamo, & eſt à peu près égale à celle de Côme.

Les anciens Itinéraires nous prêteront encore leur ſecours pour la diſtance de Trente au paſſage des Alpes. L'Itinéraire d'Antonin, dans une route qui ſe prend d'*Auguſta Vindelicorum*, Augſbourg, & qui s'étend juſqu'à Trente; s'explique ainſi depuis *Veldidena*, que les Sçavans s'accordent à placer aux environs d'Inſpruk, près duquel un lieu nommé Vilten retrace l'ancien *Veldidena*:

Veldidena.
Vipitenum XXXVI.
Sublavionem XXXII.
Endidas XXIIII.
Tridentum XXIIII.

Dans la Table Théodoſienne on trouve:

Vetonina (liſez *Veldidena*) XVIII. *Matreio* XX. *Vepiteno* XXXV. *Sublavione* XIII. *Ponte-Druſi* XL. *Tridente.*

En partant de la poſition de Trente, nous prendrons

L

cette route dans le ſens contraire. Et d'abord, la manſion *Endidæ* tombe à Egna, dont le nom conſerve de l'analogie avec l'ancienne dénomination : & la diſtance de Trente juſqu'à ce lieu ſur la Carte du Trentin de Magini, donne à l'ouverture du compas la valeur de 19 minutes de la graduation de Latitude, qui reviennent en-effet aux 24 Milles Romains de l'Itinéraire. On peut même eſtimer que cette diſtance eſt trop complette en droite-ligne, pour convenir à la meſure d'un chemin qui ſe trouve reſſerré entre des montagnes & le cours de l'Adigé. Le *Sublavio* qui ſuit, me paroît tomber à Clauſen, ſitué au paſſage de la route, & immédiatement au-deſſous de Seben. Ce lieu de Seben étoit autrefois décoré d'un Siége-Epiſcopal, compris dans la Rhétie-ſeconde, & non dans la Vénétie, comme on le trouve dans la Géographie-ſacrée de Carolus à Sancto-Paulo. Ce Siége a été transféré à Briſſenone ou Brixen, ſitué à quelques Milles plus haut en remontant l'Ayſach qui afflue dans l'Adigé. Paul-Diacre, & quelques anciens monumens, qui font mention de l'Evêque Ingenuinus, nomment le lieu de ſa réſidence *Sabio* ou *Sabiona ;* d'où l'on doit inférer, qu'il convient de lire dans les Itinéraires *ſub-Savione*, au-lieu de *Sublavione*. Et ce que le paſſage de la voie au-deſſous même de Seben, & la ſituation de Clauſen, nous donnent lieu de conclure, eſt confirmé par un Diplome de l'Empereur Conrad-le-Salique (*in Metropoli Salisburgenſi*) donné en faveur de l'Egliſe de Brixen, & dans lequel on lit, *Clauſa ſub Savione*.

Au-reſte, les 53 Milles que l'on compte dans la Table entre *Sublavio* & *Tridentum*, conviennent peut-être mieux à la diſtance de Trente à Seben, en s'attachant à la meſure du chemin, que les 48 Milles marqués dans l'Itinéraire. De *Sublavio* à *Vipitenum* la Table donne 35, & l'Itinéraire 32 ſeulement. Cette diſtance, qui doit vraiſemblablement ſouffrir une réduction ſenſible dans les gorges des montagnes, nous porte au paſſage du Brenner.

Mais je remarque dans les Cartes, que l'intervalle qu'elles mettent entre Brixen & Inspruk ne paroît pas suffisant, eu égard aux distances marquées dans les Itinéraires, au-contraire de ce que nous avons reconnu dans l'espace discuté précédemment. Cependant, le *Matreium* que la Table place entre *Veldidena* & *Vipitenum*, se retrouve précisément dans un lieu nommé Matrei, entre Insprux & le passage du Brenner. Et s'il s'agissoit de discuter l'intervalle d'*Augusta-Vindelicorum* à *Veldidena*, nous verrions qu'à partir de notre point pour atteindre à la Latitude d'Augsbourg, il est nécessaire que la distance de Brixen à Insprük devienne plus considérable que les Cartes ne la font.

Les positions de Tirol & de Glurentz, admises dans notre Carte, ont été combinées sur plusieurs Cartes du Comté de Tirol; & quoique l'espace jusqu'à Glurentz n'ait point été ménagé, cependant cette position se trouve plus écartée de celle de Bormio, & beaucoup plus oblique qu'elle ne résulte des Cartes de la Suisse; ce qui donne lieu de conclure, que dans cette étenduë du Tirol, & sa communication avec le pays des Grisons, l'espace n'est point resserré. Au-reste, j'ai remarqué, que la Carte du Territorio Tridentino par Magini, étoit plus convenable que les Cartes Allemandes du Tirol, pour bien remplir l'espace dont il s'agit, par la maniére dont la partie supérieure de l'Adigé (ou Etsch, suivant la dénomination Allemande) s'y trouve répréséntée. La position de Non est déduite des distances de Trente & d'Egna, comme on les mesure sur la Carte du Trentin, sans y rien changer, & ce point de Non ainsi placé se rencontre également dans la même distance à l'égard de Riva qu'on la trouve sur la même Carte. Ce lieu de Non mérite quelque distinction, étant connu dans l'Antiquité, & mentionné dans Ptolémée sous le nom d'*Anonium*. Les peuples *Naunes*, compris entre les nations soumises par Auguste, & dénommées dans l'Inscription du Trophée des Alpes, peuvent même se rapporter à la Vallée qui prend encore le nom du lieu, & qui dans le langage Allemand s'appelle *Naunser-thal*.

Jusqu'ici, & en nous portant vers le Nord, nous avons cherché à remplir l'étenduë de notre sujet jusqu'au terme naturel que la chaîne des Alpes & leur sommet semblent prescrire; quoiqu'une partie de cette étenduë soit aujourd'hui réputée de l'Allemagne plutôt que de l'Italie, comme étant incorporée aux Etats qui composent le Corps-Germanique. Maintenant, pour nous avancer vers l'Orient, nous reprendrons le point de Padoue qui a été mis en place.

Sur la grande Carte de Clarici, on mesure du centre de cette ville jusqu'à un petit lieu nommé Altino, qui est un reste de l'ancien *Altinum*, près de 26 Milles de l'Echelle de cette Carte. Cette mesure, selon la définition qui a été faite des Milles de la Carte sur le pied de Milles communs, & à 60 pour un Degré, revient à 32 Milles Romains (plus que moins) & c'est en-effet ce que les Romains comptoient dans cette distance. L'Itinéraire de Jérusalem nous en instruit d'une maniére d'autant moins équivoque, que sur trois distances particuliéres qui remplissent cet intervalle, il y en a deux où la dénomination des mansions est tirée de la distance même:

Patavi.
ad Duodecimum XII.
ad Nonum XI.
Altino VIIII.

S'il y avoit ici quelque erreur, elle ne pourroit tomber que sur la distance du milieu. Mais, indépendamment de la combinaison de ces distances avec la Carte du pays, l'Itinéraire d'Antonin nous donne le même nombre de XXXII dans un endroit, & dans un autre XXXIII. La Table ne paroît pas si juste dans le nombre XXX.

La distance de Padoue à Venise se prend par analogie avec la précédente; & la distance de Venise à Cavarzère, dont nous ſommes partis pour fixer Padoue, concourt à déterminer la poſition de Veniſe. Ce point de Veniſe tombant à 28 minutes au-delà de 45 degrés, eſt plus voiſin de l'indication de ſa Latitude à 25 minutes, donnée dans la Connoiſſance des Temps, que de celle qui eſt marquée à 33 dans le P. Riccioli. Les Portulans de la Méditerranée qui la donnent à 22 ſont à rejetter, puiſque M. Poleni aſſure que la Latitude de Veniſe eſt plus grande que celle de Padoue. La diſtance de Veniſe à Altino a paru propre à fixer ce dernier point.

D'*Altinum* à *Concordia* on peut ſtatuer ſur 30 ou 31 Milles Romains au plus. Ce dernier nombre eſt répété en trois différens endroits de l'Itinéraire d'Antonin, que l'on préférera ſi l'on veut à la Table qui donne le prémier. Les Cartes de Magini ne fourniſſent dans cet intervalle que la valeur de 23 minutes d'un Degré de Latitude, qui ne reviennent en droiture qu'à environ 29 Milles Romains. Il en entre 30 bien complets dans notre Carte à l'ouverture du compas. L'Itinéraire de Jéruſalem eſt manifeſtement défectueux dans cette diſtance, où l'on n'y compte que 19 Milles, & l'erreur paroît conſiſter dans l'omiſſion d'une diſtance particuliére.

On compte également 30 Milles, pour la diſtance de Concordia à Aquilée, dans l'Itinéraire de Jéruſalem & dans la Table. L'Itinéraire d'Antonin donne un Mille de plus, ce qui eſt répété en deux endroits, & confirmé par la Chronique de Ferrare, inſérée dans le Tome VIII *Scriptorum Italiæ* (p. 474) *ab Aquilegiâ Concordiam M.P. XXXI*. La Carte du Frioul, *Patria del Friuli*, par Magini, prend plus que moins d'étenduë dans cet eſpace, où il équivaut 25 minutes d'un Degré de Latitude, & nous y avons effectivement fait entrer les 31 Milles ou environ.

Les points de Concordia & d'Aquilée ſont liés à d'autres par des diſtances & des poſitions reſpectives. L'Itinéraire d'Antonin donne une route, qui nous ramene du côté de Brixen. La prémiére manſion, *ad Triceſimum*, ſubſiſte ſous le nom de Trigeſimo, dans une diſtance que la Carte de Magini fournit plus forte que foible, ſur le pied de la précédente. On trouve de ſuite le même nombre de XXX juſqu'à *Julium-Carnicum*, ce qui en continuant ſur la même direction, & laiſſant le fleuve *Tilaventus* ou Tagliamento ſur la gauche, nous porte à peu près au pied des Alpes qui ſont encore appellées Giulié; & ſelon Holſtenius, & pluſieurs autres Sçavans, ce lieu conſerve avec quelques veſtiges, le nom de Zuglio ou Zulio. Mais, je ſuis obligé (par rapport aux conſéquences que le déplacement de ce lieu pourroit avoir dans l'uſage de l'Itinéraire, ſur-tout dans ce qui vient à la ſuite du *Julium-Carnicum*) de remarquer, que ſa vraie ſituation a été inconnue au ſçavant auteur de la Chorographie de l'Italie *Medii-ævi*. Car ſelon lui, c'eſt vers le haut de Fiume-Fella, qui a ſa ſource dans la Carinthie au-deſſus de Ponteba, qu'il faut chercher cette poſition; au-lieu qu'elle exiſte ſur la droite de Fiume-Buti ou Abute, qui tombe dans le Tagliamento au-deſſus de Fella. Quoique ce lieu ne paroiſſe point dans la Carte de Magini, on le trouve néanmoins dans d'autres plus anciennes, publiées par Mercator & par Ortelius; ce qui prouve qu'en fait de recherches, il faut tout raſſembler & tout conſulter.

Au-delà de *Julium-Carnicum*, la route dans laquelle nous ſommes engagés ſort de l'étenduë de notre ſujet, ce qui ſemble nous diſpenſer de la diſcuter dans tout le détail des manſions qui s'y rencontrent. Je dirai néanmoins, que traverſant les Alpes Carniques, elle tomboit ſur la Gheil dans la Carinthie, puis ſur la Drave pour ſe rendre dans l'Evêché de Brixen. Paul-Diacre parle de cette route quand il dit (liv. 2. ch. 13) *per Alpem Juliam, perque Aguntum caſtrum, Dravumque*. Le *Loncium* dont il eſt mention à la ſuite de *Julium*, ne ſçauroit convenir à Lienz ſur la Drave, ſelon l'opinion commune, ſi l'on en juge par l'indication de la diſtance ſur le pied de XXII milles, qui ſe terminent ſur la Gheil, aux environs de Luccau. La diſrance de XVIII qui vient après se rapportera à la position d'Innichen, vers la source de la Drave, & que l'on croit être l'ancien *Aguntum*, dont les Inscriptions trouvées sur le lieu font mention. Le *Sebatum*, qui précede immédiatement *Vipitenum*, où cette route se joint à celle qui a été suivie ci-dessus depuis Trente jusqu'au Brenner, me paroît tomber sur un lieu nommé Sabs, au bord de l'Aycha, & au-dessus de Brixen. Quelque respectable que soit l'autorité de Reinesius (*Var. lect. lib.* 2, *cap.* 16) je ne vois point de convenance & de fondement solide à confondre ce lieu avec le *Savio* de la précédente route.

Au-reste, je ne puis négliger d'observer, qu'après avoir établi les positions de Feltre, Bellune, & Pieve-di-Cadore, respectivement entre elles, & les avoir liées à Brixen & Trente d'un côté, à Aquilée par Concordia de l'autre, les distances entre ces lieux se sont trouvées fort analogues aux Cartes de Magini; & en somme, la distance de Trente à Aquilée la même précisément que celle que la Carte générale de l'Etat de Venise donne dans le même auteur. Si plusieurs des distances qui font la liaison de ces diverses positions, ne trouvent point ici leur vérification particuliére, il suffit qu'au total elles correspondent à des espaces suffisamment discutés. Je remarquerai à ce sujet, que nous apprenons de Paul-Diacre (*Hist. Langobard.* liv. 5, ch. 39) que d'un pont sur la Livenza, dont le lieu est connu, la distance au *Forum-Julii* étoit autrefois comptée sur le pied de 48 Milles : *Pontem Liquentiæ fluminis, quòd à Foro-Julii quadraginta-octo Millibus distat.* Holstenius & Cluvier ont également remarqué, que Motta près d'Oderzo est l'endroit de ce pont : & quoique cette distance n'ait point eu de part aux combinaisons Géographiques qui servent à déterminer l'étenduë des espaces dans ce quartier-là, si toutefois on ouvre le compas entre la position de Ciudal-di Friuli, & l'endroit dont il est question, on trouvera les 48 Milles justes, & peut-être trop complets en droite-ligne.

D'Aquilée nous pousserons jusqu'à Trieste, qui sera le terme de la discussion de ce côté-là. Dans l'Itinéraire d'Antonin, on compte XII Milles d'Aquilée au *Timavus*, ou Timao, petit fleuve formé de plusieurs fontaines; & de-là à Trieste pareil nombre de Milles. Ce nombre est même répété en deux endroits différens de l'Itinéraire, pour la prémiére distance. J'y ai fait entrer 13 Milles dans la Carte, m'étant laissé conduire par une Carte particuliére des environs d'Aquilée & d'une partie du Frioul, sur laquelle la position d'un lieu que sa distance à l'égard de cette ville a fait nommer Terzo, m'a servi d'Echelle. Du Timao à Trieste la distance est à peu près égale à la précédente. Mais, Strabon nous indique la distance d'Aquilée à Trieste d'une maniére apparemment plus directe, & sur le pied de 180 Stades, qui à raison de 8 Stades pour un Mille, reviennent à 22 Milles & demi. Or, cette distance dans notre Carte se trouve bien complette, même à l'ouverture du compas. Et l'évalution que nous faisons de la distance indiquée par Strabon, convient au plus près à ce que dit Pline : *Colonia Tergeste* XXIII M. P. *ab Aquileiâ*.

Le point de Trieste jusqu'où nous sommes parvenus, étant dans une situation qui tient à une partie de l'Allemagne des plus avancées vers l'Orient, de sorte même que par la liaison des diverses contrées qui composent le Cercle d'Autriche, ce point paroisse en correspondance avec la position de Vienne; il s'ensuit que notre travail actuel de l'Italie, fondé sur la discussion de la mesure absolue des espaces, influe sur presque toute l'étenduë de l'Allemagne d'Occident en Orient. Et cela me donne lieu d'observer, que quoique l'espace de Longitude que nous avons parcouru depuis le passage du Méridien de Paris, n'occupe que 11 degrés & moins d'un quart de la Graduation ordinaire de Longitude, à laquelle notre chassis de Carte est assujetti; toutefois dans la Carte d'Allemagne donnée par M. Eisenschmid, & qui est jusqu'à présent réputée la meilleure,

meilleure, le même point de Trieſte ſe rencontre à 12 degrés & un huitiéme de la même Longitude ; ce qui fait une différence d'environ 53 minutes, qui dans l'hypothèſe de la Terre-ſphérique, valent à la hauteur de Trieſte 35000 Toiſes pour le moins. Il faut même encore, que les parties du Cercle d'Autriche qui s'étendent juſqu'à ce point de Trieſte, ayent été dilatées conſidérablement dans le ſens de la Latitude, pour que ce point ſoit placé dans la même Carte d'Allemagne à 22 minutes au-deſſous de 46 degrés, ou 45 degrés 38 minutes. Car, bien qu'à 54 minutes du même degré nous n'ayons peut-être pas rencontré dans la plus grande préciſion la vraie Latitude du lieu dont il s'agit ; la grande différence qui paroît entre les paralleles de Veniſe & de Trieſte, ſuffit pour mettre en évidence que le point de Trieſte eſt notablement plus ſeptentrional que dans la Carte que je viens de citer. Il eſt conſtant que les Cartes de Magini y font entrer 22 ou 23 minutes de différence, ce qui eſt plus conforme à la poſition reſpective que les points de Veniſe & de Trieſte prennent ſur notre Carte. M. de l'Iſle dans ſa Carte d'Italie de 1715, a même pouſſé Trieſte juſqu'au parallele de 46 degrés. Et il ſemble que ce point dût monter encore plus haut dans cette Carte, par comparaiſon aux Latitudes où Veniſe & Padoue s'y rencontrent, dont la prémiére paſſe 45 degrés d'environ 44 minutes, & la ſeconde de 35.

SECTION VII.

Ce qui est resté en arriére à l'égard du Milanez, principalement la Savoie, se discute.

QUOIQUE dans cette prémiére Partie de la discussion de l'Italie, mon dessein soit de pousser jusqu'à Rimini, cependant comme en nous avançant dans la Lombardie, il est resté du terrain en arriére par rapport au Milanez, il convient de s'y porter avant que d'aller au terme prescrit. La Savoie, qu'une barriére naturelle formée par les Alpes sépare de l'Italie, n'étant point actuellement comprise dans l'étenduë du Royaume de France, ainsi qu'elle l'a été jusques sous la seconde race de nos Rois, est traitée comme partie d'Italie, à-cause de sa jonction avec les autres Etats de la Maison de Savoie.

Il faut revenir jusqu'à la Carte du Dauphiné, dont j'ai parlé dans la prémiére Section. Cette Carte qui a été levée nous conduit à Montmélian, & la distance de ce point à l'égard de Grenoble & de Vienne, a été le moyen de le fixer. La plus grande partie même de la distance à l'égard de Vienne, laquelle court précisément dans le sens de la Longitude, se vérifie par la mesure d'une Voie Romaine. On compte dans l'Itinéraire d'Antonin, entre Vienne & *Augustum*, en passant par *Bergusium*, 36 Milles; sçavoir XX de Vienne à *Bergusium*, & de-là à *Augustum* XVI. La Table Théodosienne, où la même Voie se trouve tracée, donne un Mille de plus dans la prémiére distance. *Augustum* subsiste sous le nom d'Aouste, & on y a même découvert plusieurs antiquités, & des Inscriptions où les habitans du lieu sont appellés *Vicani-Augustani*. Dans l'intervalle de Vienne à Aouste, sur la direction même, & précisément dans une distance correspondante aux nombres des Itinéraires, on rencontre Bourgoin, dont le nom conserve de l'analogie avec *Bergusium.* Or, par la mesure des distances de Vienne à Bourgoin, & de Bourgoin à Aouste, selon que la Carte de Dauphiné les fournit, on trouvera réellement près de 21 Milles Romains dans la prémiére, & environ 16 dans la seconde. L'ouverture du compas entre Vienne & Aouste donne 27500 Toises ou environ, & la supputation de 37 Milles Romains, qui se monte à 27950 & quelques Toises, ne surpasse presque point cette mesure quoique prise en droite-ligne. Ainsi, il n'est pas à craindre que la distance dans cet intervalle soit trop resserrée; & si celle d'Aouste à Montmelian n'éprouve point une semblable vérification, elle n'est pas assez considérable pour pouvoir renfermer quelque défaut bien sensible. Je dirai en passant, que dans l'intervalle de Vienne à Bourgoin, & sur la trace même de cette ancienne Voie, qui se retrouve dans les Itinéraires, on remarque un Septeme & un Diême (vulgò Diesmoz) & ces lieux dans les Actes & titres du moyen-âge, conservent la dénomination de *Septimum* & de *Decimum*, dénomination relative aux Colomnes-milliaires, qui par la mesure actuelle du chemin se rencontroient près de ces lieux, ou dans leur territoire.

Par la Graduation de la Carte des Etats de Savoie & Piémont de Borgomo, on compte 48 minutes & plus dans la différence en Latitude de Montmélian & de Genêve. Mais dans cette Carte, la mesure devient très-fautive par agrandissement; & la Latitude de Genêve, fixée par des Observations Astronomiques à 46 degrés 12 minutes, le manifeste ici. La position de Mont-mélian prenant la hauteur de 45 degrés & demi, il s'ensuit que la différence dont il s'agit ne va qu'à 42 minutes.

La position de Genêve est plus orientale que Montmélian dans la Carte de Borgomo, & plusieurs circonstances le demandent en-effet. Seissel est constamment divergeant vers l'Eſt du méridien d'Aouſte, & la poſition de Seiſſel à l'égard de Genêve ſe déduit de la Carte des environs de Genêve, inſérée dans l'Hiſtoire de cette ville ; à cela près néanmoins, que la diſtance de Seiſſel au fort de la Cluſe doit être corrigée, & tenue un peu plus courte. Car M. Fatio de Duillier, dans des remarques qui ſont à la ſuite de cette Hiſtoire, indique la diſtance de ce fort au village de Régonfle, voiſin de Seiſſel, ſur le pied de 8560 Toiſes, qui n'équivalent que 9 minutes de Degré, au-lieu que ſur cette Carte l'ouverture du compas en fournit près de 10.

L'intervalle du fort de la Cluſe à Genêve renferme la longueur du retranchement que Céſar fit élever ſur le bord du Rhône, à *Lacu Lemano.... ad Montem Juram* ; pour fermer aux Helvétiens, ou Suiſſes, le paſſage ſur les terres de la Province-Romaine. C'eſt contre toute raiſon qu'on a tracé ſur quelques Cartes, de prétendus veſtiges de ce retranchement, à une diſtance notable du Rhône, & ſur un terrain qui étoit occupé par les Helvétiens, & hors des limites de la Province. Outre qu'Appien (*in Fragmentis Urſini*) dit précifément, que la rive du Rhône fut fortifiée par Céſar d'un mur ou retranchement, διετείχισεν ὅσα περὶ Ῥοδανὸν ἐστὶ ποταμὸν : une des circonſtances rapportées dans les Commentaires, ſçavoir, que les Suiſſes qui eſſayérent de ſe faire jour en traverſant le Rhône, ne purent exécuter cette entrepriſe, *operis munitione, & militum concurſu & telis repulſi*, fait voir clairement que le retranchement bordoit le Rhône, & étoit élevé ſur ſa rive citérieure à l'égard du pays Romain. Ce qui nous donne lieu de parler de ce retranchement, & qui n'a point encore été vérifié (que je ſçache) eſt la meſure de ſon étenduë en longueur, que Céſar nous indique de 19 Milles ; & cette meſure eſt confirmée par Appien ſur le pied de 150 Stades de compte rond, auquel il ne manque que deux Stades pour faire le juſte équivalent des 19 Milles Romains. Or, il s'agit de meſurer ſur la Carte Génevoiſe (que nous employons ici) non une ligne-directe, qui ne convient point à la circonstance en question, mais le cours du Rhône précisément, depuis le Lac jusques vis-à-vis du fort de la Cluse. On sçait à l'égard de ce fort, qu'il ferme l'entrée d'une gorge, où la riviére se trouve pressée & presque couverte, du côté du Nord par le Credo, qui fait partie du Mont-Jura, & de l'autre par le Mont du Vuache, auquel le même nom de Jura se communique dans César. Cette mesure revient à la valeur de 15 minutes de la graduation de Latitude, plus que moins. Et à raison de 951 Toises par minute, les 15 fournissent 14265 Toises. Ce calcul ne differe que d'un Stade au plus, de la supputation rigide de 19 Milles Romains à 14354 Toises.

La Table Théodosienne nous donne une suite de route depuis Aouste jusqu'à Genêve, qui peut faire juger de la distance entre ces lieux. D'*Augustum* à *Etanna* XII Milles, de-là à *Condate* XXI, à Genêve XXX. *Etanna* est indubitablement Yenne sur le bord du Rhône; & M. l'Abbé de Longuerue qui remarque, que le vrai nom de ce lieu, ainsi qu'il résulte des anciens Actes, est *Eiauna*, opine qu'il faut corriger la Table en ce point. Quant à la distance, elle paroît convenable. Les 21 Milles qui suivent, nous font remonter le long de la rive du Rhône jusques vers Seissel, & à peu près au confluent de la Sier dans ce fleuve, ce qui convient parfaitement à la dénomination de *Condate*. Le résidu de distance jusqu'à Genêve étant pris en droiture, se trouve de 27 Milles Romains & demi; & si cette distance souffre quelque réduction, on remarquera que les deux autres sont peut-être employées trop complettes. Enfin, quoique cette route ait des variations dans sa direction, comme la position respective des lieux qu'elle traverse le démontre, cependant l'ouverture du compas entre Aouste & Genêve donnant 59 Milles Romains, cette mesure directe ne différe que de 4 Milles de la mesure du chemin indiquée à 63. Peut-être bien que sans la Latitude de Genêve qui nous contient, nous n'aurions pas osé ne pas employer cette mesure plus entiére.

La Carte des environs de Genêve & de son Lac a été assujettie à des opérations Trigonométriques. Et M. Fatio dans ses remarques, nous apprend, que d'une Station près du château de Duillier, & marquée sur cette Carte, Station éloignée du clocher de l'Eglise de S. Pierre, autrefois Cathedrale de Genêve, de 12046 Toises, l'angle formé par les rayons tirés sur cette Eglise d'un côté, & sur le plus haut sommet des Glaciéres, appellé montagne Maudite, de l'autre, est de 56 degrés 29 minutes 6 secondes. La distance de cette station à cette montagne est en même tems donnée sur le pied de 42054 Toises. La position de cette montagne conclue sur ces opérations, sort des bornes de la Carte dont je viens de parler du côté du Midi, & devient plus méridionale que la position de Chamouni, jusqu'où s'étend la Carte manuscrite de Savoie par M. Roussel Ingénieur du Roi, sur laquelle ces Glaciéres sont effectivement placées au Sud de Chamouni. Je remarque ensuite, que la distance qui se rencontre entre les points de Chamouni & de Suze, est en même analogie sur cette Carte & sur la nôtre, avec la distance de Suze à Briançon. On a vû dans la prémiére Section, que la distance de Briançon à Suze, vérifiée par la mesure Romaine du chemin, se réduit en droite-ligne à environ 27 Milles & demi. L'évaluation de cette espace étant comparée à l'Echelle que porte la Carte de M. Roussel, donne la mesure des Lieues en usage dans la Savoie, sur le pied de 4 Milles Romains précisément. Or, l'intervalle de Suze à Chamouni pris sur cette Carte, & mesuré en droite-ligne, fournit 16 Lieues & demie à peu près, & notre Carte en donne en-effet l'équivalent dans la mesure du même espace, sur le pied d'environ 65 Milles.

La position de Vévai, située au bord septentrional du Lac de Genêve, & vers sa partie orientale, est tirée de la Carte des environs de Genêve. Ce lieu est constamment le *Viviscus* de la Table Théodosienne, comme Guilliman l'a pensé. Et de-là nous pouvons suivre une route Romaine, qui entre en Italie en traversant les Alpes Pennines. La distance que la Table donne en plusieurs parties, de *Viviscus* à *Tarnaias* (lisez *Tarnatas*, ou comme dans l'Itinéraire d'Antonin *Tarnadas*) est de 23 Milles : on n'en compte que 22 dans l'Itinéraire ; & cette distance mesurée sur la Carte dont il s'agit, en faisant comme il convient le circuit de l'extrémité du Lac, tombe précisément sur S. Maurice à l'entrée du Walais, jusqu'où cette Carte paroît avoir été exactement levée. L'ancien lieu nommé *Agaunum*, où le Monastère de S. Maurice fut fondé ou renouvellé par Sigismond, Roi des Bourguignons, l'an 515, étoit contigu à un lieu plus considérable nommé *Tarnates* ou *Tarnadæ*, d'où vient que ce Monastere est aussi appellé *Tarnates*, & la regle particuliére qui y étoit observée, *regula Tarnatensis*. Ainsi, on peut dire que la distance en question convient au *Tarnadæ*, par la convenance même qu'elle a avec la position actuelle de S. Maurice. Au-reste, ce lieu doit avoir été renfermé dans le territoire des anciens *Nantuates*, puisqu'une Inscription en l'honneur d'Auguste, qui a été trouvée à S. Maurice, & rapportée par Guichenon, est au nom de ce peuple ; *Nantuates patrono*. Nous apprenons par-là, que cette nation, que l'on sçait en général avoir habité le Chablais, occupoit ce pays dans tout ce qu'il avoit d'étenduë, avant que les Wallésans eussent conquis sur les Ducs de Savoie, la partie qui tient au Rhône.

On a eu lieu de remarquer ci-dessus par rapport à la distance de Montmélian à Genêve, que la Carte de Borgomo péchoit par une trop grande évaluation de l'espace. Le même défaut se fait sentir, mais bien davantage par proportion, sur la longueur du Lac de Genêve. Dans la Carte Genevoise que nous venons de citer, la distance qui du point de Genêve à l'endroit où le Rhône entre dans le Lac, ne revient sur la mesure de la graduation de Latitude qu'à 31 minutes & demie, passe les 40 dans la Carte de Borgomo. La position du Lac devient même bien différente,

& d'une maniére qui contribue encore à lui faire prendre moins d'espace en Longitude. Car la mesure court sur le même parallele dans l'ouvrage de Borgomo, au-lieu qu'il y a plus de 11 minutes d'écart en Latitude d'un point à l'autre dans la Carte des environs de Genêve.

De *Tarnadæ* à *Octodurus*, l'Itinéraire & la Table marquent également XII Milles. Et si dans quelques Ecrivains Ecclésiastiques la distance d'*Agaunum* au même lieu est donnée *octo Milliariis*, il s'ensuit du rapport de l'ancienne Lieue-Gauloise avec le Mille-Romain, que ces différens nombres de distance reviennent à la même étenduë dans l'espace. Le terme même de Milliaire que ces Ecrivains ont employé, ne fait point ici de difficulté, comme je l'ai remarqué dans le Traité des Mesures-itinéraires, puisque la Lieue Gauloise est souvent désignée par cette dénomination de Milliaire, ainsi qu'il est suffisamment prouvé dans ce Traité. *Octodurus*, capitale des peuples *Veragri*, & le Siége-Episcopal de la Vallée Pennine ou du Walais, fut ruiné par les Lombards l'an 574, ce qui occasionna la translation de l'Evêché à Sitten ou Sion. Le Martinach ou Martigni d'aujourd'hui, est pris communément pour l'ancien *Octodurus*: cependant l'emplacement d'*Octodurus* en étoit séparé par la Drance, qui décend du grand S. Bernard; & M. Scheukzer dans une des Cartes de l'*Iter-Alpinum*, place *Octodurus* sur la gauche de ce torrent, au-lieu que Martigni est sur la droite.

D'*Octodurus* jusqu'au passage de l'Alpe Pennine, l'Itinéraire & la Table conviennent encore sur le nombre de XXV. Le Mont *Penninus* a pris le nom de S. Bernard, Prêtre de l'Eglise d'Aouste, & qui annonçant la Foi aux montagnards du pays, renversa l'idole de Jupiter *Pennin*, adoré jusqu'alors sur le sommet de cette montagne. C'est même à une semblable situation qu'il faut rapporter la dénomination de cette divinité. Car chez les anciennes nations Celtiques, le mot de *Penn* signifiant la même chose que *caput* ou *summitas*, il a été appliqué à la cime des lieux

lieux plus élevés & dominans. On le retrouve encore dans plusieurs noms propres de montagnes & de promontoires, chez les Gallois de la Grande-Bretagne, & dans la Bretagne Françoise. Le mot de *Pennun*, qui n'est pas d'un langage moins ancien, & que nous avons remplacé par celui de Banniére ou Etendart, est un dérivé de Penn. Il y a toute apparence que les Latins en ont tiré le mot de *Pinna.* Dans la Langue Espagnole, *Peña* signifie encore une roche qui s'éleve en hauteur. Il faut pourtant remarquer ici, que plusieurs Ecrivains de l'Antiquité ont été dans l'opinion, que la dénomination des Alpes Pennines venoit des *Pœni*, en attribuant à ce passage des Alpes l'entrée d'Annibal en Italie, de-même que l'on attribuoit à Hercule la dénomination d'*Alpis Graia*, que le Petit-S. Bernard portoit autrefois. Cette opinion est même favorisée par une Inscription du Recueil de Gruter, dans laquelle le Walais est appellé *Vallis Pœnin*, dont l'orthographe est conforme au nom Carthaginois. Mais, outre qu'il ne semble pas permis de douter, qu'Annibal n'ait passé les Alpes au Mont-Genêvre, selon qu'Holstenius & plusieurs autres grands Critiques l'ont pensé; Tite-Live nous dit formellement, que chez les habitans même du bas Walais, les *Veragri*, qui n'avoient aucune idée de ce prétendu passage des *Pœni* ou Carthaginois, on ne connoissoit point d'autre raison de la dénomination de cette montagne que le nom même du Dieu, qui étoit adoré au lieu de la montagne le plus élevé : *quem in summo sacratum vertice Penninum montani appellant.* Et quoique le surnom de Pennin donné à Jupiter, ne fut que relatif au lieu de son culte, il semble toutefois qu'étant regardé comme le chef des Dieux, le nom même de Penn lui soit devenu propre. L'Itinéraire & la Table marquent dans l'intervalle de *Tarnadæ* à *Viviscus*, entre S. Maurice & Vévai, un *Penni-lucos* ou *Penni-locos* (c'est ainsi qu'il est écrit) ce qui désigne un bois consacré au Dieu Penn. Il n'y a pas même long-tems que le Grand-S. Bernard a cessé de porter le nom de *Mons-Jovis*, puiſqu'il ſe lit dans un Acte de l'an 1294, compris dans les preuves de l'Hiſtoire de la Maiſon de Savoie par Guichenon. Je ſuis au-reſte très-perſuadé, que la dénomination du Mont-Apennin dérive également du mot de Penn : & j'alléguerai même en preuve, que dans la Table Théodoſienne le paſſage d'une branche de cette longue chaîne de montagnes, entre Gênes & Luna en quittant le bord de la Mer, eſt appellé *in Alpe-Pennino* (liſez *Penninâ.*) La même Table nous repréſente dans un autre endroit de l'Apennin, plus avancé dans le continent de l'Italie, la poſition d'un Temple, avec ces mots, *Jovis Penninus idē Agubio* (*id-eſt Iguvio.*) On ſçait que la ville de Gubbio ou Eugubio eſt aſſiſe au pied de l'Apennin, entre le Territoire de Pérouſe & la Marche d'Ancone. Et je remarque dans la Carte du Duché d'Urbin, de l'Abbé Titi, un lieu nommé S. Ubaldo, placé ſur la cime du mont qui commande cette ville, & dont la ſituation paroît fort convenable à cet ancien Temple de Jupiter Pennin, auquel le Chriſtianiſme aura ſubſtitué le culte d'un Saint.

La route ſur laquelle nous rencontrons l'Alpe Pennine, conduit à *Auguſta-Prætoria*, capitale des anciens *Salaſſi*, aujourd'hui Aoſta ou Aouſte. Mais, comme le paſſage d'une montagne telle que le Grand-S. Bernard, doit apporter une réduction conſidérable, & difficile à connoître & à évaluer, ſur la meſure du chemin ; il eſt à propos pour établir la poſition d'Aouſte, de la rechercher par le côté du Pié-mont, en partant de quelque point qui ait été fixé de ce côté-là, & à portée de cette poſition. La poſition d'Ivrée eſt plus propre qu'aucune autre pour ce deſſein. Sa diſtance à l'égard de Verceil a été diſcutée dans la prémiére Section ; & priſe à l'égard de Turin, elle ſe trouve peu différente de ce que M. de l'Iſle l'a marquée dans ſon Pié-mont, bien que par correſpondance avec des points qui ſe rencontrent dans l'intervalle de Turin à San-Germano, elle doive participer à la réduction que cette Carte peut y ſouffrir.

Dans l'Itinéraire d'Antonin on trouve la mesure du chemin entre Ivrée & Aouste sur le pied de 46 Milles; sçavoir d'*Eporedia* à *Vitricium* XXI, & de *Vitricium* à *Augusta-Prætoria* XXV, ce qui est même répété en trois endroits. La Table fournit le même nombre dans la première distance, mais on lit XXVIII dans la seconde, ce qui montre d'autant plus d'écart de la mesure d'espace que donnent les Cartes. Car, de Vérex, qui est constamment le *Vitricium*, on ne mesure guéres que l'équivalent d'environ 20 Milles Romains dans la Carte du Pié-mont de M. de l'Isle, & dans celle de Borgomo encore moins, quoique la briéveté des espaces ne soit pas le défaut de cette Carte. Mais je crois, qu'il faut lire dans la Table XXIIII au-lieu de XXVIII; & même indépendamment de cette correction, il est naturel que cette mesure souffre une déduction sensible, par comparaison à une ligne-droite tirée dans tout l'intervalle d'Ivrée à Aouste, puisque le chemin y circule en plusieurs endroits, par la difficulté que le cours de la Doria-Baltea & les montagnes qui la pressent y mettent. Tel est néanmoins l'usage que j'ai fait de la distance d'Ivrée à Aouste, qu'elle a quelque chose de plus que dans les Cartes que je viens de citer. On trouve sur le passage de la voie, en partant d'Aouste, un lieu dont le nom de Quart vient de sa distance à l'égard de cette ville; & dans un Acte donné par Guichenon, il est fait mention de l'Eglise *B. Eusebii de Quarto.*

La position d'Aouste, ainsi qu'elle se trouve placée, est dans un intervalle de 36 Milles au moins & en droite-ligne, à l'égard de Martigni. La mesure du chemin emporte 50 Milles, selon l'Itinéraire d'Antonin; & le passage du *Summus-Penninus*, ou Grand-S. Bernard, est marqué à une égale distance de XXV Milles, d'*Augusta-Prætoria* & d'*Octodurus.* Si l'on compare la réduction qui se fait ici sur la mesure-itinéraire, à celle que le passage du Mont-Genêvre a donnée, on remarquera d'autant plus de convenance dans la proportion, que comme il est notoire que l'Alpe-Pennine surpasse l'Alpe-Cottienne en hauteur, il est naturel aussi qu'elle fasse perdre quelque chose de plus que l'autre. Cette remarque devient un exemple, par rapport à l'observation qui a été faite dans le Préliminaire, sur une estime de réduction des distances itinéraires aux directes, relativement à la nature du terrain.

La même position d'Aouste se combine avec des points pris dans la Savoie. Et pour que l'on connoisse, par quel enchaînement ces points sont liés les uns aux autres, il est bon de sçavoir; que la position de S. Jean-de Morienne, déduite des distances de Montmélian & de Grenoble, prises sur la Carte du Dauphiné, a sa correspondance avec celle de Monstier-en Tarentaise, & celle-ci avec l'Hôpital de Conflans, où tombe la mansion *ad Publicanos*, mentionnée dans les Itinéraires, & placée à 16 Milles, mesure de chemin, à l'égard de *Darentasia* ou Monstier. Cette position de l'Hôpital de Conflans se déduit d'ailleurs des distances de Mont-mélian & d'Anneci, prises sur la Carte de Savoie de M. Roussel. Anneci est fixé lui-même par correspondance avec Seissel, & par proportion de distance à l'égard de Mont-mélian & de Genêve. L'intervalle de Monstier à l'*Alpis-Graia*, ou Petit-S. Bernard, valant 24 à 25 Milles Romains en ligne-directe, peut suffire, vû la nature du pays, aux 31 Milles qui résultent de la mesure du chemin, tant dans l'Itinéraire que dans la Table; & j'observe même qu'elle est plus forte que dans la Carte de M. Roussel, par proportion à d'autres distances reconnues, notamment avec l'intervalle de la Montagne-Maudite & de Chamouni à la position de Suze. Si ce détail de distances & de positions, sur lequel nous-nous expliquons le plus briévement qu'il est possible, paroît compliqué à la simple lecture, l'inspection de la Carte en dévelope les rapports. Enfin, la distance en droiture d'Aouste à Monstier devient égale à la Carte même de Borgomo, quoique cette Carte péche en général par un notable agrandissement dans la valeur des distances, &

ſpécialement dans un eſpace preſque correſpondant en Longitude, qui eſt l'étenduë du Lac de Genêve.

Il ne nous reſte pour terminer ce qui fait l'objet de cette Section, que de porter quelques points juſques dans les montagnes qui nous ſervent de bornes. Et prémiérement, de Domo-d'Oſſola en remontant le long de la riviére de Toſa ou Toce, juſqu'à Formaza, qui eſt au pied des montagnes, entre le haut Walais & les Vallées du Milanez acquiſes par les Suiſſes, la diſtance eſt combinée, tant ſur une Carte manuſcrite particuliére qui ſe lie avec l'Arpentage du Milanez, que ſur une Carte de l'Etat de Milan donnée par Bonacina. En ſecond lieu, la poſition de Bellinzone eſt appuyée ſur deux points, Canobio & Gravedona, tirés du même Arpentage, & dont le dernier eſt peu éloigné du Fort de Fuentes. En conſéquence des diſtances & poſitions reſpectives entre ces lieux, la poſition de Bellinzone devient beaucoup plus oblique ou divergeante à l'égard de Canobio qu'elle ne paroît dans la plûpart des Cartes. Mais on obſervera, que Bellinzone ne peut être placé autrement en ce point, ſans devenir plus ſeptentrional, & conſéquemment ſans pouſſer plus avant les ſources du Téſin, qui par ce moyen ſeront trop enfoncées dans la Suiſſe : & je remarque, qu'avec la conformité que nous avons ici dans la diſtance de Bellinzone aux ſources du Téſin, avec la Carte de Suiſſe de M. de l'Iſle, il s'y rencontre encore un autre point de convenance, en ce que le Mont-S. Gothard, d'où ſort le Téſin, occupe la même Latitude.

SECTION VIII.

De Bologne & de Ravenne on s'avance à Rimini ; & le passage du Méridien de Rome près de Rimini, donne lieu de discuter la différence de Longitude entre les Méridiens de Paris & de Rome.

AYANT achevé de parcourir les parties de la Lombardie les plus écartées, je reprends les points de Bologne & de Ravenne, pour arriver à celui de Rimini.

L'Itinéraire d'Antonin nous apprend, que la distance en droiture entre Rimini & Ravenne, *ab Arimino recto itinere Ravennam*, est de XXXIII Milles. Dans la Carte de la Romagne par Magini, la mesure de cet espace, en prenant le centre de la position de ces villes, revient à près de 26 minutes d'un Degré de Latitude, qui équivalent 32 Milles & demi; & cette mesure, plus directe encore que le chemin, paroît bien suffire à l'indication de l'Itinéraire. Il est vrai que dans la Table on compte 36 Milles: mais la distance particuliére du *Sabis*, ou Fiume Sabio, au Rubicon, nommé aujourd'hui Fiumicino, laquelle fait environ le tiers de l'intervalle, ne peut être réputée juste sur le pied de 14 Milles, comme on les compte dans la Table, & les Cartes n'en donnent que 11 à 12.

Avec la distance de Ravenne, le point de Rimini se trouve fixé par sa Latitude, qui sur la Carte que nous produisons est de 44 degrés & 5 à 6 minutes. M. Manfredi soupçonne néanmoins qu'il entre quelque chose de trop dans la détermination de cette Latitude à 44 degrés 5 minutes 44 secondes, comme M. Bianchini l'a donnée dans sa Chorographie d'Urbin, *nonnihil in excessum peccare suspicor*. Et en-effet M. Bianchini lui-même s'accordoit parfaitement avec Nadi, en plaçant par ses propres Observations, à 44 degrés 1 ou 2 minutes pour le plus, un lieu qui n'est distant de Rimini vers le Sud que d'un Mille, ou à peine de deux. D'où il seroit naturel de conclure, que la Latitude de Rimini ne surpasse 44 degrés que de 3 ou 4 minutes au plus. Cependant, si l'on ne veut point forcer la distance de Ravenne à Rimini, on ne peut ranger Rimini plus au Sud, sans le ramener vers l'Ouest, & diminuer l'espace de Longitude entre ces villes.

Il nous reste à vérifier la position de Rimini par sa distance à l'égard de Bologne. Les trois Itinéraires Romains qui nous restent, sçavoir l'Itinéraire d'Antonin, la Table Théodosienne, & l'Itinéraire particulier de Bourdeaux à Jérusalem, concourent à nous donner la mesure de cet espace.

De Bologne à *Claterna*, dont on retrouve des vestiges sous le nom de Quaderna, qui lui est commun avec une riviére qui passe auprès, les trois Itinéraires s'accordent à marquer X Milles. On en compte aujourd'hui 8, selon le rapport du Mille commun d'Italie au Mille Romain.

L'Itinéraire d'Antonin & celui de Jérusalem, mettent également XIII Milles de *Claterna* au *Forum-Cornelii*. On en compte 14 dans la Table, en deux parties de VII Milles chacune. Il est hors de doute, que le *Forum-Cornelii*, qui selon Prudence devoit son nom au Dictateur L. Cornelius Sylla, est l'Imola d'aujourd'hui; & outre que la distance nous y fixe, Paul-Diacre (*Hist. Langobard.* liv. 2.) faisant mention de cette ville parmi les plus distinguées de la province Emilienne, ajoute formellement, *cujus castrum Imolas adpellatur*. La distance est actuellement estimée 11 Milles, & la comparaison de ces Milles avec les anciens fait l'équivalent de 13 & demi, ce qui prend le milieu de la diversité dans l'indication, qui ne paroît ainsi dépendre que d'une fraction en plus ou en moins.

Du *Forum-Cornelii* à *Faventia*, ou Faenza, X Milles selon les Itinéraires. Dans la Table on n'en compte que

IX; & si dans la distance précédente elle donne un Mille de plus, il se trouve déduit sur celle-ci. Donc, entre *Claterna* & *Fidentia*, le compte est égal par-tout sur le pied de 23 Milles.

L'Itinéraire & la Table nous indiquent la distance de *Faventia* au *Forum-Livii*, Forli, de X Milles. Il faut ici corriger l'Itinéraire de Jérusalem, & d'un V en faire un X.

Du *Forum-Livii* à *Cesena*, on compte XIII Milles dans l'Itinéraire d'Antonin. La Table en deux distances donne 14, & l'Itinéraire de Jérusalem 12 seulement. Cet Itinéraire s'accorde avec la Table à marquer intermédiairement le *Forum-Popilii*, aujourd'hui Forlinpopoli; mais il y a un Mille de différence dans l'indication des distances. Le prémier Itinéraire qui prend un milieu, doit nous décider : c'est suppléer de quelque fraction à l'Itinéraire de Jérusalem, & réformer la Table dans le sens contraire.

L'Itinéraire d'Antonin & la Table donnent XX Milles entre Césene & Rimini. On n'en compte que XVIII dans l'Itinéraire de Jérusalem, par une voie apparemment plus directe; & ce qui me donne lieu de le croire est, que la Table faisant mention d'un lieu nommé *ad Confluentes*, il faut en-effet se détourner assez considérablement sur la gauche pour rencontrer sur cette route le confluent de trois petites riviéres, qui forment le Fiumicino ou Rubicon, dont l'embouchure dans la mer est même peu éloignée de-là.

Je n'ai pû trancher plus court sur le détail de cette route de Bologne à Rimini. En récapitulant, on compte de Bologne à *Claterna* 10 Milles, de-là à *Faventia* 23, au *Forum-Livii* 10, à *Cesena* 13, à *Ariminum* 18. Total, 74 Milles. Ouvrons le compas sur notre Carte entre Bologne & Rimini, nous en trouverons 72 de bonne mesure en droite-ligne. Il faut supposer une direction de Voie bien soutenue, & un terrain égal & presque par-tout fort uni, pour que la différence d'une ligne-droite à la mesure d'un chemin

chemin ſoit auſſi peu conſidérable. Quant à la direction, lorſqu'on jette les yeux ſur les Cartes de la Romagne de Magini & de l'Abbé Titi, on ne la rencontre pas parfaite; & je ne ſerois point ſurpris que la poſition de Rimini dût être tenue un peu moins écartée de Bologne, ce qui l'abaiſſeroit vrai-ſemblablement vers le Sud; d'autant que ſa diſtance à l'égard de Ravenne ne paroît pas devoir être prolongée davantage : conſéquemment, cette poſition de Rimini tomberoit dans une Latitude, qui par les raiſons déduites ci-deſſus ſembleroit plus convenable que celle que nous avons priſe. Mais, on s'eſt propoſé ici d'uſurper plus que moins d'eſpace & de terrain, ſur-tout dans le ſens de la Longitude, qui prend beaucoup plus de part que la Latitude dans la diſtance de Bologne à Rimini.

En nous avançant ainſi juſqu'à Rimini, non-ſeulement l'étenduë dans laquelle ſe renferme la prémiére Partie de notre diſcuſſion eſt remplie, mais nous trouvons encore un avantage particulier à être parvenus au Méridien de Rome. Les opérations de M. Bianchini, pour déterminer le paſſage de ce Méridien, depuis la Mer Tyrrhene juſqu'à la Mer Adriatique, nous apprennent, qu'il laiſſe Rimini vers l'Eſt à une petite diſtance, & qui revient à environ 5 minutes de différence. Et ſans prétendre rien ajouter à l'autorité d'une pareille détermination, mais uniquement pour faire voir juſqu'où la préciſion des ſimples combinaiſons Géographiques ſe porte quelquefois; je remarquerai ici, que la prémiére Carte d'Italie publiée dans l'Hiſtoire Romaine de M. Rollin, donne la poſition de Rimini à peu de choſe près en même rapport avec le Méridien dont il s'agit. Les opérations de M. Bianchini ne m'étoient point encore connues quand cette prémiére Carte a été dreſſée; & la différence de quelques minutes ſur la Latitude même de Rimini, ſur celle d'Urbin & de pluſieurs autres points, le témoigne aſſez. Ce n'eſt qu'en dreſſant une ſeconde Carte, inſérée dans la même Hiſtoire, que j'ai profité pour la prémiére fois des Obſervations de M.

Bianchini. Ce célébre Aſtronome a rapporté le Méridien de Rome au Gnomon, élevé en 1702 par ordre de Clément XI, aux Thermes de Dioclétien, ou à Sainte-Marie des Anges, dont l'emplacement eſt peu écarté de l'enceinte orientale de la ville de Rome.

Or, ſuivant l'analyſe des diſtances depuis le Méridien de Paris, & par le chaſſis de Carte qui a été aſſujetti à la graduation de Longitude dans l'hypothèſe ordinaire, où la Terre eſt ſuppoſée ſphérique; le Méridien de Rome paſſant auprès de Rimini, ſe rencontre à 9 degrés 52 minutes de Longitude comptée du Méridien de Paris. Il n'y a point ici de riſque à convenir, que dans ce qui compoſe le détail de cette diſcuſſion Géographique, & en tout ce qu'elle embraſſe, la fixation des points, l'évaluation des diſtances, ne ſont pas ſoutenues par-tout dans le même degré de certitude, ou avec une égale préciſion : on n'a pas toujours les moyens d'être auſſi exact qu'on le peut déſirer. Mais, il faut faire une diſtinction particuliére de ce qui conſtitue principalement la traverſée de l'eſpace que prend cette Longitude, & qui fait la matiére des quatre prémiéres Sections : nous y avons été guidés & fixés par des opérations poſitives. C'eſt ſur de pareils moyens que ce qui eſt compris dans l'étenduë de la France, juſqu'au pied des Alpes, ſe trouve déterminé. En traverſant de ſuite la Lombardie juſqu'au point d'arriver à Rimini, il y a peu d'eſpaces qui n'ayent été arrêtés de la même maniére. La poſition de Gênes, fixée par ſa liaiſon avec le Milanez, trouve ſa vérification dans une combinaiſon particuliére & immédiate de ſa diſtance à l'égard du Méridien dont nous ſommes partis, diſtance qui remplit environ les deux tiers de l'intervalle de ce Méridien à celui de Rome. Mais, outre que l'étenduë entiére du Milanez, depuis Verceil juſques vis-à-vis de Parme & au de-là, eſt un terrain levé Géométriquement & arpenté; ce qu'il y a de Modene à Ravenne eſt donné par des opérations bien vérifiées. Enfin, il eſt démontré, qu'en pluſieurs eſpaces,

& ſpécialement dans la traverſée du Pié-mont, & dans la diſtance de Bologne à Rimini, c'eſt dans le ſens le plus étendu que nous avons fait uſage des meilleurs moyens qui nous ayent été fournis. Donc, il n'y a nulle apparence de ſuppoſer ici des erreurs conſidérables, ſur-tout dans un ſens contraire ou de rétréciſſement.

Il eſt aiſé de s'appercevoir, qu'il n'y a que les grands eſpaces de Longitude, ſur leſquels on puiſſe tirer un avantage notable & marqué des déterminations Aſtronomiques, dont ſe conclut la différence de Graduation entre le Méridien d'un lieu & celui d'un autre. Quelqu'habiles & exacts que ſoient les Obſervateurs correſpondans, il ne paroît pas qu'on puiſſe répondre de quelques minutes de dégré ſur une détermination de Longitude. Pour en être convaincu, il ne faut que conſidérer les différences qui ſe rencontrent d'ordinaire dans la détermination d'un même lieu, non-ſeulement ſur les Eclipſes Lunaires, mais encore en faiſant comparaiſon d'Obſervations qui auront été faites également par les Satellites de Jupiter.

Cet inconvénient, qui ſans donner aucune atteinte à la théorie des Obſervations, ſemble difficile à ſurmonter dans la pratique, devient très-conſidérable dans un petit eſpace de Longitude, de deux ou trois degrés plus ou moins. Mais, comme le défaut de préciſion ne ſe multiplie pas à proportion de l'eſpace de Longitude compris entre les points de correſpondance, & qu'il ne ſera pas plus grand entre Paris & Pé-kim ou Lima, qu'entre Paris & Lion; ſi trois ou quatre minutes font un objet ſenſible ſur une petite quantité de Graduation, il n'en eſt pas de-même ſur une plus grande. L'erreur qui peut s'y rencontrer étant répandue ſur un grand eſpace, ſe réduit preſque à rien par comparaiſon à l'étenduë de cet eſpace.

Et ſi avec une quantité de Graduation aſſez conſidérable, on trouve, non pas une ſeule Obſervation de Longitude, mais un grand nombre, & qu'elles ayent été réitérées par des perſonnes également habiles & verſées dans la pratique; alors en prenant une moyenne proportionnelle entre les déterminations qui sont & plus fréquentes & plus rapprochées, on peut statuer sur un point de Longitude avec quelque précision.

Ces divers avantages pour connoître la Longitude, ou la différence de Graduation entre deux Méridiens, sont ici rassemblés. 1°. La différence entre les Méridiens de Paris & de Rome occupe environ 10 degrés, qui fournissent un notable espace. 2°. Il y a un grand nombre d'Observations correspondantes par les Astronomes de la plus haute réputation.

M. Manfredi estime (& c'est apparemment sur l'opinion de M. Bianchini, dont il a publié un Recueil posthume d'Observations) que la différence de Longitude entre Rome & le Méridien de l'Observatoire de Paris, est d'environ (*præter-propter*) 40 minutes d'heure & 30 secondes, qui font 10 degrés 7 minutes & demie. Mais, M. Bianchini n'a pû conclure que sur des Observations respectives; & c'est sur ces mêmes Observations, comme M. de Mairan l'a judicieusement remarqué dans le Journal des Sçavans, que cette différence de Longitude a été fixée dans la Connoissance des Tems, à 41 minutes 20 secondes de tems, ou 10 degrés 20 minutes. MM. Cassini, pere & fils, l'ont même ainsi conclue dans leur Voyage de 1694, d'autant qu'entre plusieurs Observations correspondantes par les Satellites, il s'en trouve une qui donne la différence à 41 minutes 18 secondes; ces illustres Astronomes ayant remarqué que cette différence étoit la plus conforme au résultat des Observations précédentes, & de plusieurs autres qui ont été faites depuis.

Quand on voudroit préférer la fixation de M. Bianchini, à celle qui a été admise dans la Connoissance des Tems, il restera toujours un écart sensible, & de 15 à 16 minutes, sur la distance vraie & absolue qui est entre le Méridien de Paris & celui de Rome, en s'assujettissant à la mesure des degrés de Longitude que donne l'hypothèſe de la Terre-ſphérique; puiſque nous ne comptons au plus dans cette diſtance que 9 degrés 52 minutes, au lieu de 10 degrés 7 minutes & demie. Mais, il eſt bon de conſulter les Obſervations mêmes.

Par l'Eclipſe de Lune du 3 Janvier 1703, obſervée à Paris par M. Caſſini le pere, à Rome par MM. Bianchini & Maraldi, la différence des Méridiens priſes des phaſes principales, roule depuis 40 minutes 5 ſecondes juſqu'à 41 minutes 55 ſecondes. Il eſt à remarquer, que cette derniére différence qui ſe trouve la plus forte, eſt néanmoins donnée par l'ombre dans Ariſtarchus, qui au jugement des Aſtronomes étant la mieux terminée des taches de la Lune, eſt plus propre à donner un inſtant précis & certain. Si pourtant on veut préférer la moyenne proportionnelle entre les différences que donnent les phaſes de cette Eclipſe, on aura 41 minutes juſtes, ou 10 degrés 15 minutes.

Par la comparaiſon que M. Caſſini a faite des Obſervations de l'Eclipſe-Lunaire du 16 Avril 1707, dont la correſpondante à Rome eſt de M. Bianchini, la différence des Méridiens eſt concluë de 41 minutes 3 ſecondes; & cet excédent de 3 ſecondes eſt le ſeul écart qu'il y ait entre cette différence & la précédente.

Dans l'Année 1703 des Mémoires de l'Académie des Sciences, on trouve cinq déterminations du même eſpace de Longitude, par des Obſervations immédiates des Satellites de Jupiter; dont la moindre donne 40 minutes 11 ſecondes, & la plus forte 41 minutes 47 ſecondes; le milieu étant par conſéquent 40 minutes 59 ſecondes, ce qui ne différe que d'une ſeconde du réſultat de l'Eclipſe obſervée la même année.

J'ai trouvé dans le Recueil poſthume des Obſervations de M. Bianchini, trois autres déterminations de la même Longitude. La prémiére, ſur une Obſervation faite à Rome par MM. Caſſini le pere & Bianchini ſéparément, qui donne juſqu'à 42 minutes 7 ſecondes: la ſeconde, qui ne donne que 40 minutes 17 ſecondes: la troiſiéme, qui en défalquant les différences particuliéres de Thuri & d'Albano, des Méridiens de Paris & de Rome, donne 41 minutes 4 secondes. La moyenne proportionnelle entre ces Observations est 41 minutes 12 secondes. Elle ne différe que de 8 secondes de la troisiéme de ces déterminations (qui paroît préférable aux deux autres) & tient le milieu entre elle & la fixation reçue dans la Connoissance des Tems.

Il est à remarquer, que la plus foible de ces déterminations, je veux dire celle qui donne la plus petite différence, se montre encore trop forte, & surpasse de plus de 9 minutes de degré la fixation du Méridien de Rome par la Graduation de la Terre-sphérique. Cette détermination est celle de 40 minutes 5 secondes; & comme elle dépend d'un point extrême des phases de l'Eclipse-Lunaire de 1703, il n'y a pas d'apparence qu'on veuille la préférer à un grand nombre d'autres déterminations, dont la moyenne proportionnelle s'en écarte d'environ une minute de tems.

Ce que la Longitude de Rome nous donne lieu de remarquer ici, se manifeste également dans celle de Bologne, qui ne se rapprochant guéres que d'un degré du Méridien de Paris, n'est pas en différence beaucoup moins considérable que Rome. De plus, la position de Bologne se trouve enclavée & comprise elle-même dans l'enchaînement des distances qui ont été discutées. On sçait que cette ville de Bologne a été favorisée particuliérement du côté de l'Astronomie, ayant eu en différens tems des Astronomes du prémier rang.

Par deux Observations de MM. Cassini, faites à Bologne dans le Voyage de 1694 & années suivantes, la différence entre Paris & Bologne se conclut de 36 minutes 29 secondes, & de 35 minutes 55 secondes. Ces Observations ont été comparées au calcul corrigé pour Paris; mais par deux autres Observations de M. Guillelmini, qui ont eu leurs correspondantes, la différence est plus forte, &

ra à 37 minutes 8 secondes, & à 37 minutes 41 secondes.

L'Eclipse de 1707, dont il a été parlé ci-dessus, observée à Bologne par MM. Manfredi & Stancari, donne la différence à 36 minutes 43 secondes, ce qui se rapproche du résultat des Observations de MM. Cassini. Et même par une Observation de Mercure sur le disque apparent du Soleil, faite à Paris par M. Maraldi, & dont la correspondance à Bologne est dûe à M. Manfredi, la différence se conclut de 35 minutes 57 secondes, c'est à-dire à 2 secondes de l'une des deux Observations dont il s'agit. L'Observation de Mercure est rapportée dans les Mémoires de l'Académie des Sciences, Année 1723.

Enfin, par diverses Observations assez récentes, envoyées par M. Manfredi, & insérées dans les Mémoires de 1735, la différence de Longitude dont il est question se trouve de 36 minutes 10 secondes, 36 minutes 19 secondes, 36 minutes 22 secondes pour le moins; & cette derniére, qui résulte d'une immersion du prémier Satellite de Jupiter, observée à Bologne avec une Lunette de Campani de 22 pieds, fournit la différence de 9 degrés 5 minutes & demie. Cette détermination peut passer pour très-mitigée, par comparaison avec celle qui est marquée dans la Connoissance des Tems à 37 minutes 8 secondes, ou 9 degrés 17 minutes.

Cependant, voyons la Longitude où tombe le point de Bologne, dans notre chassis de Carte gradué à l'ordinaire; 8 degrés 45 minutes, qui n'équivaudroient que 35 minutes de tems. Si l'on y fait attention, l'écart se montre aussi grand pour le moins par proportion que sur la Longitude de Rome.

On a vû dans le détail de l'analyse des distances, que la position de Modene est liée à celle de Bologne immédiatement par des opérations positives. Or, nous avons à Modene trois Observations par MM. Cassini, de l'émersion du prémier Satellite, dont deux ont leurs Observations de correspondance. La différence entre Paris & Modene se déduit ſur le pied de 35 minutes 31 ſecondes, 35 minutes 33 ſecondes, 35 minutes 30 ſecondes, qui donnent au-moins 8 degrés 52 minutes & demie. Dans la Carte on ne peut compter plus de 20 minutes au de-là de 8 degrés.

A toutes ces déterminations de Longitude, rélatives à différens lieux, nous ajouterons encore celle de Padoue, ſelon qu'elle réſulte des Obſervations de M. Poleni. Ce grand Mathématicien en conclut la différence à l'égard de Paris de 38 minutes 22 ſecondes, ce qui exige 9 degrés 35 minutes & demie. On peut conſulter ſur ce ſujet le Tome IV. des Obſervations-Littéraires, publiées par M. le Marquis Maffei. Cependant, ſi la meſure terreſtre de l'eſpace n'équivaut que 9 degrés & environ 16 minutes de la Longitude ordinaire, comme notre chaſſis de Carte le fait voir, la conſéquence qui s'en tire eſt à peu près la même que ſur la Longitude de Rome. On ne peut, ce ſemble, conclure d'une maniére plus uniforme ſur des Obſervations en plus grand nombre, & qui ſoient dûes à des perſonnes d'une habileté mieux reconnue. Toutes ces Obſervations ne different que du plus au moins dans ce qui en réſulte.

Or, il pourroit nous ſuffire de faire ſentir, que la Graduation ordinaire de Longitude appliquée à la meſure d'un grand eſpace, s'écarte notablement des déterminations Aſtronomiques, encore qu'il ſoit réſervé à ces déterminations d'indiquer & de preſcrire la vraie quantité ou différence de Graduation. C'eſt bien aſſez de mettre en évidence, que la Graduation ordinaire ne répond point à la différence Aſtronomique, & que le défaut de cette Graduation ordinaire eſt de prendre trop de place; puiſque là où il entre manifeſtement plus de dix degrés de Longitude par les plus ſûres Obſervations, on n'en meſure pas dix complets ſelon l'eſpace que prennent les degrés de Longitude dans l'hypothèſe de la Terre-Sphérique. On peut ne point douter du fond de la circonſtance, ſans être tenu de fixer préciſément une quantité, dans la diverſité qui ſe e remarque entre la vraie Graduation & la supposée.

Cependant, comme il semble indispensable à notre égard de convenir & de statuer sur quelque point de Longitude ; & qu'il est naturel de conclure la différence du Méridien de Rome à celui de Paris, sur ce qui se rapproche davantage & plus fréquemment dans les Observations qui sont données ; il est constant que le lieu mitoyen des diverses déterminations se rencontre à 41 minutes de tems, sans écart bien sensible en plus ou en moins, & qui font 10 degrés & un quart juste. Cette fixation, en surpassant, comme il convient, celle qui est attribuée à M. Bianchini, apporte quelque adoucissement ou modération à celle de la Connoissance des Tems. J'ai calculé de plus, qu'en fixant ainsi la Longitude de Rome, la position de Bologne, suivant l'emplacement qu'elle prend dans la Carte, doit se rencontrer à 9 degrés & environ 4 minutes de Longitude, ce qui revient à 36 minutes & 16 secondes de tems ; & on remarquera que cette détermination roule précisément entre les Observations rapportées dans l'Année 1735 des Mémoires de l'Académie, n'étant qu'à 6 secondes également des deux points extrêmes de ces Observations, & à 3 secondes de celle qui prend un lieu intermédiaire. La position de Padoue, si la Carte est assujettie à une graduation conforme à la détermination de Rome arrêtée ci-dessus, se trouvera placée sur cette Carte à 9 degrés 37 à 38 minutes, ce qui ne diffère que de 2 minutes du lieu Astronomique conclu par M. Poléni. Or je demande, si un accord aussi marqué entre plusieurs positions locales, & les déterminations célestes qui y répondent, peut être produit par une autre cause que celle qui résulte d'une harmonie naturelle, & de la juste correspondance qu'il y a entre les unes & les autres ?

Mais, puisque 10 degrés 15 minutes de Longitude vraie & reconnue entre les Méridiens de Paris & de Rome, se renferment dans un espace qui ne vaut que 9 degrés 52 minutes de la Graduation commune & supposée ; donc chacun de ces vrais degrés de Longitude est notablement plus étroit, & perd un vingt-septiéme ou environ sur ce qui est attribué à cette Graduation. La vingt-septiéme partie d'un Degré sur le Parallele de 44 degrés, que le Méridien de Rome coupe auprès de Rimini, va à plus de 1500 Toises; puisqu'en supposant la Terre-sphérique, & le Degré de l'Equateur de 57060 Toises, le Degré du 44me Parallele est évalué 41045 Toises. Les 23 minutes qui restent de 9 degrés 52 minutes à 10 degrés 15 minutes, valent dans cette hypothèse 15700 Toises pour le moins. La supputation du Degré de grand-cercle sur le pied de 57100 Toises, selon que les PP. le-Seur & Jacquier l'ont donnée, auroit produit environ 16000 Toises de compte rond. Or, quand l'étenduë réelle & absolue de l'espace terrestre a été discutée de la maniére qu'on la fait dans ce qui précéde, il n'est pas à craindre qu'on puisse raisonnablement y soupçonner une erreur de cette conséquence : d'autant moins même, que les opérations Trigonométriques faites en France décidant d'une bonne partie de cet espace, il faudroit que l'erreur se renfermât toute entiére dans le résidu, lequel à prendre du point d'Antibes ne paroît consister qu'en 210000 Toises. Si l'on divise environ 16000 Toises en trois ou quatre parties, quels sont les endroits dans la traversée de la Lombardie où il y ait apparence que des supplémens de quatre ou cinq mille Toises trouveront leur place? La somme augmentera même sensiblement, & de plusieurs milliers de Toises, si les degrés de l'Equateur, & de la Longitude en général, sont supposés plus grands que dans l'hypothèse de la Terre-sphérique.

En pareille circonstance, quel parti prendra un Géographe qui veut travailler avec exactitude? D'une part, rejettera-t-il les déterminations Astronomiques les plus constantes, & qui se trouvent pour ainsi dire accumulées; qui dans les intervalles d'un lieu observé à un autre sont en proportion avec les espaces terrestres correspondans? De l'autre part, abandonnera-t-il la mesure de ces espaces, qui eſt poſitive & Géométrique, qui n'offre rien que de convenable aux Obſervations dans le ſens de la Latitude ? Sacrifiera-t-il, ou les Meſures, ou les Obſervations, par déférence pour des hypothèſes ? La maniére de procéder en fait de Géographie ne peut certainement conſiſter qu'en deux points : le prémier, qui en eſt proprement le devoir & la partie intime, gît à ſe conformer pour l'étenduë des eſpaces à la meſure vraie & abſoluë qui s'y rencontre ; le ſecond, à prendre la déciſion Aſtronomique ſur la correſpondance de ces eſpaces avec le Ciel, pour en fixer la proportion & l'emplacement ſur le Globe. Dans la combinaiſon de ces deux chefs, ce qui s'enſuit n'eſt-il pas du genre des faits, auxquels des hypothèſes ne peuvent donner atteinte ? N'eſt-ce pas la nature qui ſe montre par l'endroit préciſément dont ſon état doit dépendre, ou dont on en doit juger ? La diverſité entre le fait & l'hypothèſe ne conſiſte point ici en quelque choſe de peu conſidérable, qui ſoit léger & difficile à ſaiſir : elle embraſſe une quantité très-ſenſible, & qui ne peut être jugée indifférente. D'ailleurs, eſt-il bien décidé qu'on ne puiſſe inſiſter ſur un tel fait, ſans attaquer directement des meſures priſes dans le ſens de la Latitude, ou ſur le Méridien ? N'y a-t-il point de diſtinction à faire entre les meſures, & les conſéquences qu'on en tire ? Et ſommes-nous ſuffiſamment informés de tout ce qui peut concourir à l'organiſation de notre Monde, pour qu'il ſoit permis d'affirmer ſur les conſéquences comme ſur le fait des meſures ? S'il ſe rencontre des faits contraires à ces conſéquences, y a-t-il d'autre parti à prendre que de chercher à concilier, autant qu'il dépend de nous, un fait avec un autre ?

SECONDE PARTIE.

L'ITALIE CITÉRIEURE.

SECTION I.

Le point de Rome fixé en Longitude & Latitude, ses environs orientés. Route vers la Toscane, suivie jusqu'à Civita-vecchia.

DANS cette seconde Partie, nous ne prendrons point notre sujet par l'endroit où la discussion de la Lombardie a été terminée. La position de Rome sera le point duquel nous partirons ici; & de ce point nous chercherons à rejoindre ceux qui ont été portés en avant dans la prémiére Partie.

Il ne nous conviendroit point de chercher d'autre moyen de fixer la position de Rome dans le sens de la Longitude, que par le rapport de son Méridien à la position de Rimini, tel que M. Bianchini l'a conclu de ses Opérations. Et comme on peut souhaiter de sçavoir, quel est le rapport de ce Méridien au compte ordinaire de la Longitude, il faut se rappeller ce qu'on a vû ci-dessus; que quoique ce Méridien ne s'écarte de celui de Paris que de 9 degrés 52 minutes, suivant la valeur attribuée aux degrés de Longitude dans l'hypothèse de la Terre-sphérique, toutefois il est réellement établi à 10 degrés & environ 15 minutes de différence par les Obſervations Aſtronomiques : à quoi, ſi vous ajoutez 19 degrés & environ 52 minutes, pour la différence de Paris à l'égard du Méridien de l'Iſle de Fer, ou Prémier-Méridien, ſelon les Obſervations du P. Feuillée, vous aurez la Longitude de Rome, comptée du Prémier-Méridien à 30 degrés & environ 7 minutes.

La Latitude de Rome, par les Obſervations de M. Bianchini, faites aux Thermes de Dioclétien, ou à Sainte-Marie des Anges, qui eſt le lieu où le Gnomon Clémentin a été élevé, eſt de 41 degrés 54 minutes 27 ſecondes. Ce célèbre Aſtronome avoit obſervé, que l'angle de poſition de l'Egliſe de S. Pierre décline de 88 degrés par le Sud du Méridien des Thermes : d'où je ſuis obligé de conclure, que le Plan de Rome publié ſous le Pontificat d'Innocent XII par Roſſi, & dont je me ſuis ſervi pour le Plan de l'ancienne-Rome inſéré dans l'Hiſtoire Romaine de M. Rollin, n'eſt pas orienté dans la plus grande exactitude par la Bouſſole placée ſur ce Plan ; car la déclinaiſon dont il s'agit ne ſeroit en conſéquence que de 84 degrés au plus. En réduiſant l'Echelle de ce Plan en Toiſes, ſuivant l'évaluation du Mille Romain moderne, le Dome de Saint-Pierre eſt d'environ 1600 Toiſes plus occidental que le point pris à Sainte-Marie des Anges, & de cette diſtance combinée avec l'angle de poſition, il ſuit que le milieu du Dome eſt plus méridional de près de 4 ſecondes.

Mais, la fixation de la Latitude de Rome aux Thermes de Dioclétien, s'écarte notablement du centre de l'emplacement de Rome ; & de-là vient apparemment que dans la Connoiſſance des Tems, la Latitude de Rome eſt marquée à 41 degrés 54 minutes ſans rien de plus. Ayant orienté correctement, & gradué le Plan de l'ancienne Rome dont je viens de parler ; la poſition du *Milliarium-aureum*, placé dans un angle du *Forum Romanum*, au pied du Capitole, en tirant vers le Midi, ſe trouve d'environ 42 ſecondes plus méridionale que le point des Thermes de Dioclétien ; c'eſt-à-dire, que ſa Latitude au de-là de 41 degrés, est ſeulement de 53 minutes 45 ſecondes.

Si la Latitude des Thermes eſt dans l'éloignement à l'égard du centre de Rome, il en eſt de même dans le ſens de la Longitude, puiſque ces Thermes ſont peu éloignées de l'enceinte orientale de la ville. Le Méridien de Rome rapporté au Milliaire-doré, eſt plus occidental que le point des Thermes d'environ 430 Toiſes, qui reviennent à environ 36 ſecondes dans l'hypothèſe de la Terre-ſpérique. Ce Méridien paſſe au Nord par la Colomne Trajane, & raſe d'aſſez près l'angle occidental du jardin de Monte-Cavallo, où étoit la Porte Salutaire dans l'ancienne enceinte de Servius-Tullius : il va traverſer l'enceinte d'Aurélien (qui eſt la même que la moderne, comme Nardini l'a prouvé) entre la Porte Pinciane & la Flaminienne ou del Popolo, plus près de la prémiére que de la ſeconde. Du côté du Midi, le même Méridien paſſe par le bout du grand-Cirque, du côté de ſon entrée, ou de ce qu'on appelloit *Carceres*, & va ſortir près de la Porte d'Oſtie & du monument de Ceſtius.

On obſervera, que ce Méridien eſt très-convenable pour couper la ville de Rome par le milieu. Car du *Milliarium-aureum*, placé à une des extrémités du *Forum*, & dans ſon angle du Sud-Oueſt, je ſuppute que juſqu'à l'ancienne Porte du Janicule ou de S. Pancrace, la diſtance vers le Couchant eſt de près de 800 Toiſes en droite-ligne. Il y a environ 900 Toiſes vers le Levant, juſqu'à la Porte Préneſtine ou Maggiore. Par conſéquent, le milieu du *Forum Romanum*, qui ſe rapproche de ce dernier point en s'écartant du prémier, ſera cenſé dans une égale diſtance de ces deux points extrêmes. Je remarque de plus, qu'il en ſera à peu près de même à l'égard des deux autres points, tant du Nord que du Midi, où le Méridien du lieu coupera l'enceinte de Rome; & que la diſtance à l'égard de chacun de ces points, ſera à peu près la même que dans les deux prémiéres, quoiqu'un peu plus forte. Cette diſcuſſion particuliére a bien ſes conſéquences : elle prouve parfaitement que dans l'emplacement du Milliaire doré, l'intention a été de le fixer au centre, comme au lieu le plus convenable pour servir de point commun aux distances prises à l'entour de Rome. Il n'y a point d'objection à faire, sur ce que du tems d'Auguste, où lorsque le Milliaire fut élevé, l'enceinte de Servius-Tullius qui existoit, étoit très-différente de celle d'Aurélien que nous avons alléguée. Car, pour la justesse de ce que nous concluons, il suffit que les *Regiones* ou Quartiers de Rome, selon leur établissement par Auguste même, débordassent la prémiére de ces enceintes autant pour le moins qu'elle a été débordée par la seconde. Or, il s'ensuit de la vérification du centre de Rome vers le lieu du Milliaire-doré & du *Forum*, qu'on ne peut établir plus convenablement que dans les environs, & si l'on veut au *Campidoglio*, le point de Rome, tant en Longitude qu'en Latitude.

Après avoir fixé ce point, on peut s'étendre dans les environs de Rome. Nous avons un Arpentage de l'Agro-Romano, par Cingolani, publié en 6 feuilles par Rossi. Cette Carte s'étend le long de la Mer, depuis Civitavecchia jusqu'à Astura au de-là de Nettuno : son étenduë dans les terres n'est pas aussi considérable, & conduit à-peine jusqu'à Tivoli. Il y a bien une autre Carte en huit feuilles, par Améti, qui embrasse une plus grande étenduë de pays : mais j'avoue, qu'elle ne m'a pas parue bien proportionnée par-tout, ni Géométrique; & si l'on en fait quelque usage au-delà des bornes de celle de Cingolani, il est bon de l'assujettir à quelques positions données Géométriquement, ou à des mesures de distances connues.

M. Bianchini ayant observé, que l'angle de position d'Albano à l'égard de Sainte-Marie des Anges étoit de 32 degrés & demi du Sud à l'Est, les environs de Rome sont ici orientés en conformité, quoique par les Rhumbs-de vent de la Boussole placée sur la Carte de Cingolani, il m'ait paru que le même angle alloit à environ 35 degrés. Mais, en conséquence de ce moyen d'orienter l'Arpentage de Cingolani, j'ai reconnu, que conformément à une autre circonstance des opérations de M. Bianchini, exposées par M. Manfredi, le Méridien passant par Castel-Gandolfe, ou plutôt qui le rase du côté de l'Occident, passe aussi sur Villa-Costaguta, située entre Nettuno & les vestiges d'*Antium*, à quelque distance de la Mer. Il est fort avantageux pour l'Arpentage dont il s'agit, que ce dernier point se suive ainsi du précédent : si cet Arpentage ne se trouve pas orienté dans la plus grande justesse, on ne peut disconvenir qu'il n'y ait un rapport exact dans ses parties.

J'ai eu occasion dans le Traité des Mesures-itinéraires, de faire quelques remarques sur l'Echelle appliquée à la Carte de l'Arpentage ; & finalement je déclare ici, que je me suis servi de cette Echelle de la maniére la plus propre à donner aux espaces renfermés dans cette Carte la plus grande étenduë possible. La preuve s'en présentera plus d'une fois dans le détail des environs de Rome. Mais, quoique j'aye pû faire, la distance d'Albano à l'égard de l'Eglise de S. Pierre, que M. Bianchini établissoit d'environ 17300 Pas Romains, atteint au plus les 17000 : & ce que le calcul de cet illustre Astronome prend en surabondance, pourroit bien procéder de ce qu'il y avoit fait entrer des mesures actuelles de la Voie Appienne, *ex Viæ Appiæ dimensionibus*, dit M. Manfredi ; lesquelles mesusures étant relatives à un terrain qui a quelques inégalités, ont dû fournir plus que moins. Ayant même combiné la distance de 17300 Pas Romains actuels, depuis l'Eglise de S. Pierre jusqu'à Albano, avec le Rhumb d'Albano à l'égard du point des Thermes ou de Sainte-Marie des Anges, d'autant que le rapport de l'Eglise à ce point est aussi établi ; j'ai trouvé en conséquence, que le point d'Albano devient plus Sud que la Latitude décidée par M. Bianchini lui-même (au rapport de M. Manfredi) à 43 minutes 43 secondes, au-delà de 41 degrés ; & qu'au-lieu de 43 secondes ce point rétrograde à 35 ou environ. Il est vrai, que la même distance sur le pied de 17 Milles Romains anciens,

lens, fait monter le même point à environ 50 secondes. Quoiqu'il en soit, si nous prenons un peu moins dans cet espace que la supputation de M. Bianchini ne fournit, nous avons usurpé plus considérablement par proportion à l'égard de l'Echelle de la Carte de Cingolani.

La position d'Albano, respectivement à un point pris dans l'étenduë de Rome, n'est alléguée pour le présent, que parce qu'elle nous fixe sur la maniére d'orienter les environs de Rome. Car dans cette Section il s'agit de prendre une route opposée, notre vûe étant de rejoindre d'abord la Lombardie, par le pays situé sur la Mer Tyrrhene ou Inférieure. Les environs de Rome dans l'Arpentage de Cingolani, nous portent de ce côté-là jusqu'à Civita-vecchia, selon ce qui a été dit ci-dessus. Or, il s'ensuit d'orienter cet Arpentage par l'angle de position d'Albano à l'égard de Sainte-Marie des Anges, donné par M. Bianchini, que le point de Civita-vecchia monte plus au Nord que par la Boussole qui est placée sur cet Arpentage : nonobstant quoi je remarque, que la Latitude de Civita-vecchia ne surpassant 42 degrés que de 3 à 4 minutes, ne va pas à 7 ou environ, comme il se conclut de la différence de 13 minutes que M. de Chazelles estimoit entre la hauteur de Rome & celle dont il est question. Il n'y a qu'une obliquité encore plus grande dans le gîsement de la côte jusqu'à Civita-vecchia, ou un prolongement de distance à l'égard de Rome, qui puisse porter ce point jusqu'au terme précis de cette hauteur de 42 degrés 7 minutes. Quant à la distance à l'égard de Rome, outre qu'il est aisé de vérifier, que j'ai plutôt forcé sur cet article l'Arpentage de Cingolani, que de me tenir en arriére ; j'ai reconnu que cette distance convenoit au détail de celles que l'Antiquité nous fournit dans cet intervalle, selon qu'elles se vérifient par leur application au local même. En voici la preuve circonstanciée.

La Voie Aurélienne, autant qu'elle se peut mesurer par la Carte de Cingolani, c'est-à-dire, sans les inégalités du ſol, & pêut-être avec des détours moins ſenſibles en quelques endroits que ſur le terrain, m'a paru fournir environ 17 Milles & demi juſqu'aux veſtiges de l'ancien *Alſium*. Dans cet intervalle, les Romains comptoient juſqu'à *Lorium* XII Milles: outre que l'Itinéraire & la Table ſont d'accord ſur ce point, le témoignage de pluſieurs Hiſtoriens, qui parlent de la mort d'Antonin-Pie arrivée en ce lieu, s'y trouve conforme. Reſte donc à environ VI Milles juſqu'à *Alſium*, & en-effet on les trouve marqués ſur la Table à la ſuite d'*Alſium* en tendant vers *Lorium*: & pour être convaincu que cette diſtance remplit l'intervalle de ces lieux, ſans que le nom de *Bebiana*, de la maniére qu'il ſe trouve placé dans la Table, y ſoit un obſtacle, il ſuffit de faire attention au rapport qui eſt entre les deux diſtances combinées, & la meſure même du chemin.

En allant plus loin, les X Milles marqués par la Table entre *Alſium* & *Pyrgos*, tombent ſur Santa-Severa. Il ſeroit peut-être plus naturel d'appliquer le *Pyrgos*, vû ce que la dénomination déſigne, à une tour qui eſt un peu en deçà, ſur une pointe avancée dans la Mer, & en ſituation très-convenable à un Fanal. Les VI Milles que la Table indique enſuite entre *Pyrgos* & *Punicum*, conviennent fort juſte à la diſtance qui eſt entre cette tour & Santa-Marinella. Ce dernier lieu, ſitué ſur un petit cap, eſt recouvert à deux Milles plus loin par un cap plus ſaillant à la Mer, & ſur lequel eſt une tour nommée la Chiaruccia. L'opinion commune veut que ce ſoit l'emplacement du *Caſtrum-novum*, que l'Itinéraire d'Antonin met à VIII Milles de *Pyrgos*. Et de fait, les diſtances ſont conformes, puiſque la Torre-Chiaruccia eſt à deux Milles plus loin que Santa-Marinella, dont la diſtance de la Torre de Santa-Severa vaut ſix Milles de chemin. Le *Caſtrum-novum* n'eſt point omis dans la Table, mais bien ſa diſtance particuliére à l'égard de *Punicum*: car le nombre VIIII qui eſt marqué à la ſuite de *Caſtro-novo*, tombe ſur *Aquæ-Apollinares*, appellées aujourd'hui Bagni de Stigliano, & qui ſont écartées dans les terres à une diſtance tout-à-fait convenable à ce nombre.

Du *Caſtrum-novum* à *Centum-Cellæ* la diſtance ſe lit diverſement dans l'Itinéraire, VIII dans un endroit & V dans un autre. Il eſt plus que probable, que le prémier nombre doit être corrigé IIII : car, outre la conformité qu'il aura avec la Table, où ce nombre eſt donné, l'intervalle de la Chiaruccia à Civita-vecchia y répond préciſément dans la Carte de Cingolani, & celle d'Ameti même ne s'en éloigne pas ſenſiblement. La différence de IIII à V dans l'Itinéraire, ne ſignifie autre choſe que la rédondance d'une portion de Mille ſur le prémier nombre. Il eſt hors de doute, que Civita-vecchia & *Centum - Cellæ* ſont le même lieu, qui a auſſi porté le nom de *Portus-Trajani*, que l'on trouve dans Ptolémée. La ville ayant été détruite par les Sarazins, le Pape Leon III vers la fin du huitiéme ſiécle, en transféra les habitans à ſix Milles dans les terres, & en lieu moins expoſé. Et quoique ce lieu ait été abandonné, le nom de Cincelle, dérivé de l'ancienne dénomination de *Centum-Cellæ*, qui eut part à la tranſmigration, s'y eſt conſervé. Le même peuple étant rétourné peu de tems après à ſon ancienne demeure, c'eſt probablement delà, & par comparaiſon avec la nouvelle, comme Holſtenius l'a remarqué, qu'eſt venu le nom actuel de Civita-vecchia, la Vieille-ville. Au-reſte, en faiſant récapitulation des diſtances ci-deſſus diſcutées, on trouve que ces diſtances itinéraires reviennent à 40 Milles Romains, dans l'intervalle du point de Rome à Civita-vecchia ; & je laiſſe à vérifier, ſi en y employant comme j'ai fait au moins 35 en ligne-directe, ce n'eſt pas uſurper plus d'eſpace que l'Echelle de l'Arpentage de Cingolani ne ſemble permettre. Ainſi, il n'y a pas d'apparence qu'il fut convenable d'y faire entrer plus de 45 Milles à l'ouverture du compas (comme cela ſe voit ſur quelques Cartes) ſans peut-être d'autre fondement que celui de porter le point de Civita-vecchia à quelques minutes plus au Nord.

On trouve dans Procope (*Gothic.* liv. 2. ch. 7.) la distance de Rome à *Centum-cellæ* indiquée de 280 Stades. A huit Stades pour un Mille, il en résulte précisément 35 Milles, comme ils se mesurent en droite-ligne. Mais, vû le défaut de vrai-semblance, que dans l'indication de Procope la mesure-itinéraire soit réduite à la distance aërienne & Géométrique, ce n'est pas sur ce pied qu'il convient de prendre cette indication pour en reconnoître la justesse. Il y a plusieurs endroits dans cet auteur, par lesquels il est manifeste, qu'il employe entre le Mille & le Stade la proportion qui étoit propre à ces mesures dans l'Empire Romains Oriental, où il écrivoit. Les Grecs des bas-tems avoient réduit communément la mesure du Mille à sept Stades. Et ce rapport étoit l'effet d'un raccourcissement du Mille dans l'Orient, & non d'un agrandissement du Stade. J'en ai apporté quelques preuves dans le Traité des Mesures-itinéraires, & un ouvrage plus ample sur cette matiére donneroit lieu d'en produire davantage. Or, cette compensation du Mille par sept Stades, Procope la porte jusques dans les pays où le Mille n'avoit point souffert la déduction d'un Stade : c'est-à-dire, que sans prendre garde à la valeur intrinseque du Mille établi ou conservé dans ces pays, il suit ce qui étoit propre au sien. De maniére que voyant que l'on comptoit 40 Milles de Rome à *Centum-cellæ*; en multipliant ce nombre par 7, il en a conclu 280 Stades, bien que ces 40 Milles prissent l'espace de 320. Ce qui s'observe à l'égard de cette distance trouve sa vérification dans plusieurs autres. Et sans sortir des environs de Rome, nous avons dans le même auteur (liv. 1, ch. 17) la distance de Rome à Narni marquée de 350 Stades, qui a raison du décompte de 7 Stades par chaque Mille, tiennent lieu de 50 Milles de compte rond, ce qui approche au plus près du nombre de 51 donné par le détail de la Voie Flaminienne, comme on verra dans une des Sections suivantes. Les 20 Milles marqués dans les Itinéraires entre Rome & Tivoli, sont compensés dans Procope (liv. 2, ch. 4) par 140 Stades.

SECTION II.

De Civita-vecchia on s'étend par plusieurs routes jusqu'à Vada, qui se lie avec la Corse.

POUR aller en avant, nous continuerons de suivre la Voie Aurélienne, par laquelle on s'est rendu à Civita-vecchia. L'Itinéraire d'Antonin fournit un compte de 24 Milles entre *Centum-Cellæ* & *Forum-Aurelii.* La distance & la Voie même portent à Montalto, auquel Améti dans sa Carte a mal-à-propos appliqué le nom de *Graviscæ.* Car, cette ancienne ville paroît avoir eu sa situation près de la Mer & entre des marais, en lieu bas & mal-sain, d'où l'on a prétendu que lui venoit son nom de *Graviscæ,* & qui lui a fait appliquer par Virgile l'épitèthe d'*intempestæ.* D'ailleurs, la position de *Graviscæ* est assujettie à la distance que Strabon nous donne entre elle & *Pyrgos* ou *Pyrgi*, de 180 Stades pour le plus; & soit qu'on employe ces Stades sur le pied de 10 au Mille, soit qu'on les prenne sur le pied ordinaire, cette position tombera dans l'intervalle des riviéres de *Minio*, ou Mignone, & de *Marta;* & si on consulte la Table Théodosienne, on trouvera qu'elle y est formelle. Or, le Mont-alto est notablement reculé au-delà du fleuve Marta, qui n'a point changé de nom. Je ne négligerai point d'observer, que la distance depuis *Centum-Cellæ* jusqu'à *Forum-Aurelii* étant coupée en deux parties dans l'Itinéraire, dont la prémiére au fleuve Marta est marquée X, & la seconde XIIII, il paroît transposition dans ces nombres, quand on les combine avec les Cartes; de sorte qu'au prémier intervalle convienne le second ou plus fort des nombres, & au second intervalle le nombre prémier. Dans la Carte d'Améti, on mesure entre Civita-vecchia

& le paſſage du fleuve Marta, à peu près 12 Milles, qui étant pris ſur le pied de Milles communs, reviennent à 15 Milles Romains; & du fleuve Marta au ſommet du Mont-alto, 7 Milles & près de demi, ou 9 Milles Romains plus que moins. Mais il nous ſuffit dans cette combinaiſon, que la diſtance ſoit auſſi convenable dans ſon total.

Améti nous indique une poſition de *Torre Aurelii diruta* au pied du Mont-alto, ce qui mérite d'être obſervé par rapport à l'emplacement que le *Forum-Aurelii* prend en-effet; & cette poſition eſt même rapprochée aſſez ſenſiblement du fleuve Marta. En partant de ce point, ſi la diſtance de *Coſa* ou *Coſſa*, dont les veſtiges exiſtent près de Porto-Ercole, ſe meſure ſur la Carte du même auteur, elle ſe trouve en droite-ligne de 18 Milles, qui ſeront jugés l'équivalent de près de 23 Milles Romains. Or, cet intervalle peut répondre à la meſure-itinéraire ſur le pied de XXV, que l'Itinéraire d'Antonin marque dans cette diſtance. Il faut bien que la meſure du chemin ſurpaſſe communément ce que l'ouverture du compas donne entre deux points.

J'obſerve que la Latitude où tombe *Coſa* dans notre Carte, eſt une ſuite du gîſement de la Côte prolongée au de-là de Civita-vecchia. Mais cette détermination accidentelle eſt confirmée par une Obſervation faite à la hauteur du Monte-Argentaro, par des Navigateurs François, & qui donne 27 ou 28 minutes au-delà de 42 degrés. On ſçait que cette montagne occupe une preſqu'Iſle, formée par la Mer & par le lac d'Orbitelle; & ce qui reſte de l'ancienne Coſa ſe voit entre ce lac & la Mer.

La poſition de Coſa nous met à portée du territoire de Sienne, & la meilleure Carte que je connoiſſe de ce territoire eſt celle d'Arnoldo-Arnoldi. La différence de Latitude qui ſe rencontroit entre Coſa & la hauteur de Sienne, fixée par Obſervation, a déterminé l'étenduë des eſpaces & leur évaluation dans cette Carte: & il y paroît d'autant plus de certitude, qu'en étendant la même proportion dans l'intervalle de Sienne à Florence, dont la position est comprise dans la même Carte, on rencontre en-effet la Latitude de ce dernier point déterminée de la même manière. De-sorte, que la portion de Latitude comprise entre les hauteurs de Sienne & de Florence, auroit produit sur la Carte du Siennois, ce que l'intervalle que donnoit notre Carte entre Cosa & Sienne y produisoit. En comparant ensuite l'Echelle de la Carte avec cette évaluation des espaces, j'ai trouvé qu'il entroit environ 67 des Milles qui composent cette Echelle dans l'étenduë d'un Degré ; & cette évaluation de Milles a l'avantage d'être conforme à celle qui se déduit d'une autre Carte du territoire de Florence, comme on verra dans la Section suivante.

L'Echelle de la Carte du Siennois paroissant connue, la distance de Cosa à Chiusi, ou *Clusium*, est prise en conséquence. Cette position de *Clusium* est arrêtée d'un autre côté par un résultat de distance à l'égard de Rome, en suivant la Voie Cassienne qui y conduit. Et pour ne rien avancer sans preuve dans cette Analyse, il convient d'entrer dans le détail, sur ce qui remplit l'intervalle de Rome à Chiugi.

La Voie Cassienne est commune avec la Flaminienne à la sortie de Rome, jusqu'au Ponte-Molle, auquel Holstenius est persuadé que les Romains comptoient autrefois le troisiéme Mille. Et de fait, on trouve à peine deux Milles de plus sur l'ancienne trace de la Voie Flaminienne, jusqu'à un endroit qui se nomme encore Torre di Quinto. A environ trois Milles au-delà de Ponte-Molle, il sort de la Voie Cassienne sur la droite, une Voie particuliére tendante à Veies, en faisant néanmoins un coude sensible & marqué. La Voie Cassienne dans sa continuation, circule de même assez considérablement jusqu'à l'Osteria del Sasso, où elle passe à une petite distance de l'emplacement de Veies, dont Holstenius a reconnu les vestiges sur une colline escarpée, qui paroît dans les Cartes ceinte de deux torrens, & vis-à-vis d'Isola. La distance de Rome à Veies étoit comptée ſur le pied de XII Milles, comme on les trouve dans la Table Théodoſienne; & Denys-d'Halicarnaſſe mettant 100 Stades dans cette diſtance, nous donne lieu d'en conclure à peu près le même compte. Cependant, en prenant la ligne-droite du centre de Rome à l'emplacement de Veies ſur l'Arpentage de Cingolani, je ne trouve guéres que 8 Milles & demi; & en ſuivant la trace de la Voie, je compte à la vérité au moins 11 Milles par la Caſſienne, mais peu au-delà de 10 par la Veïentane. Sur quoi il eſt naturel d'obſerver, que ces meſures doivent être plus foibles ſur la Carte que ſur le terrain même.

De Veies à une manſion dont le nom eſt omis dans la Table, on trouve VIIII Milles, qui joints aux XII précédents, font juſtement les XXI que l'Itinéraire d'Antonin compte en une ſeule diſtance entre *Baccanæ* & Rome. Cette diſtance particuliére de Veies à Baccano (car ce nom ſubſiſte ainſi) paroît foible dans la Carte de Cingolani, mais la diſtance qui ſuit de *Baccanæ* à *Sutrium* ou Sutri, marquée XII dans l'Itinéraire & dans la Table également, peut paſſer pour complette dans la même Carte. Quoiqu'il en ſoit, la Voie qui nous conduit à ce point de Sutri circule notablement ſur un terrain inégal en divers endroits: & bien qu'à-peine on meſure en droite-ligne, du centre de Rome juſques-là, 25 Milles de l'Echelle de Cingolani, nous allons à environ 27 & demi de la meſure préciſe du Mille ancien, dans la conſtruction de notre Carte, où nous prenons à tâche d'éviter le raccourciſſement. Cette abondance de meſure dans l'intervalle de Rome à Sutri, laquelle ſe répand en proportion ſur tout ce que cet intervalle comprend, paroît bien ſuffiſante pour nous ſauver du riſque de trop reſſerrer l'eſpace. Car il devient manifeſte, que la meſure de la Voie Caſſienne juſqu'à Veies, emportera les 12 Milles à bonne-meſure, & que la Veïentane ira pour le moins à 11, indépendamment de ce que les inégalités du terrain ſur lequel ces Voies

Voies sont couchées, peuvent consumer. La mesure-itinéraire continuée de Veies à Sutri, passera 20 Milles, & ira même vrai-semblablement sur le terrain aux 21 qui nous sont indiqués. Le point de Sutri est d'ailleurs fixé en prolongeant de ce côté-là le rayon tiré entre Rome & Albano, duquel ce point décline sur l'Arpentage de Cingolani dans la quantité que l'on voit sur notre Carte d'Italie.

De Sutri à *Vulsinium* ou Bolsena, on compte dans l'Itinéraire d'Antonin en deux distances particuliéres 39 Milles. La Voie se trouve tracée sur la Carte d'Améti; & de fait on y mesure, en suivant cette trace, environ 30 Milles de son Echelle, lesquels pris sur le pied de Milles communs à 60 au Degré, & dans la même proportion qu'ils ont été employés ci-devant, équivalent 37 à 38 Milles Romains anciens. Et la convenance, toute grande qu'elle est déja, le devient encore davantage quand on observe, que l'inégalité dans le terrain, sur-tout au passage de Monte-fiascone, doit ajouter à la mesure. La ligne-droite de Sutri à Bolsena ne va pas tout-à-fait à 27 Milles communs sur la Carte d'Ameti, & néanmoins dans la nôtre, où l'espace n'est point ménagé, elle peut aller à 27 & demi, d'où il suit que la Voie sera censée si l'on veut plus directement tracée qu'elle ne paroît dans Améti. Ce qui nous reste d'intervalle de Bolsena à Chiusi, apporte peu de déduction sur la distance de XXX Milles, marquée dans l'Itinéraire; & il est bien vrai que l'analyse qui a été faite de l'espace dans la Carte du Siennois d'Arnolde, rend celui-ci plus court que dans la nôtre. Nous y employons la valeur de 23 minutes à peu près de la graduation de Latitude, & la Carte du Siennois n'en fourniroit pas 22. L'intervalle ou la route entiére de Rome à *Clusium*, a son indication dans Strabon (liv. 5.) sur le pied de 800 Stades, qui font 100 Milles de compte rond. Les distances que nous y avons employées dans le détail se montent à 102.

Chiusi étant fixé, & sa distance à l'égard de Sienne se croiſant avec l'intervalle reconnu entre Coſa & Sienne, le point de Sienne ſe trouve en place. De ce point on peut ſe porter ſur Vada, par la proportion d'eſpace qui eſt donnée dans l'étenduë du Siennois; & au moyen de la diſtance de Coſa à Vada, nous avons la poſition de Vada. Pour ce dernier intervalle entre Coſa & Vada, on peut emprunter le ſecours des anciens Itinéraires : & je conviens que par l'uſage que j'en ai fait, joint à une Carte manuſcrite des environs de Piombino, laquelle remplit plus de la moitié de cet eſpace, il devient un peu plus court que par la Carte d'Arnolde; ce qui au-reſte ne m'étonne point, & ne tire pas même à conſéquence. Car cet eſpace prenant plus ſur la Latitude que ſur la Longitude, nous trouvons en avançant plus loin les points de Livourne & de Piſe, qui ſont fixés par Obſervation.

La Table Théodoſienne eſt fort circonſtanciée ſur la route qui remplit l'eſpace dont il s'agit. Voici ce que donne cette Table, en l'expoſant dans l'ordre conforme à la marche que nous tenons :

Coſa VIIII. *Albinia fl.* IIII.

Telamone VIII. *Haſta* IX. *Umbro fl.* XII. *Saleborna.*

Il convient de s'arrêter ici, & de remarquer, que dans l'Itinéraire cette longue ſuite de route n'eſt partagée qu'en deux diſtances :

Coſſam.
ad Lacum Aprilem XXII.
Salebronem XII.

Comme ces deux anciens monumens s'accordent ſur la derniére diſtance, il y a apparence que le *Lacus Aprilis* de l'Itinéraire répond au *Fluvius Umbro* de la Table. Ce n'eſt pas qu'on puiſſe douter, que le Lac *Prilis*, ou comme ce nom eſt écrit dans Ciceron, *Prelius*, ne doive être pris pour celui de Caſtiglione, qui eſt au-delà de l'Ombrone : & ce qui le décide eſt la mention que Pline fait d'une riviére de *Prille* (ou *Prile*) entre *Populonium* & le fleuve *Umbro*, de laquelle vrai-ſemblablement le Lac tiroit ſon nom ; & on remarque en-effet que celle qu'il reçoit dans son enfoncement vient d'un lieu nommé Perolla, nom qui paroît dérivé de l'ancien *Prillis* ou *Prelis*. Mais, il est d'autant moins convenable de rapporter la mansion de l'Itinéraire au Lac de Castiglione, que la position de Buriano, qui est celle de *Salebro* ou *Salebrona*, étant située sur le bord même du Lac, il n'y auroit point de distance à marquer dans l'intervalle, & même l'étenduë du Lac d'une de ses extrémités à l'autre ne pourroit emporter la distance marquée. La riviére de *Prilis* porte aujourd'hui le nom de Burne, qui paroît emprunté de celui de *Salebrona*, ou *Saleborna*, comme on lit dans la Table.

Pour ce qui est de l'intervalle de Cosa au fleuve Ombrone, les distances particuliéres de la Table forment un total de XXX Milles, au-lieu de XXII qu'on lit dans l'Itinéraire ; & pour que cet Itinéraire soit conforme à la Table, il suffit de penser que les deux unités qui suivent les deux dixaines, tiennent la place d'une troisiéme dixaine. En tout cas, nous donnons ici la préférence à la plus forte indication de distance. Et selon le principe d'évaluation dans l'espace, que nous avons appliqué à la Carte d'Arnolde, je remarque que les 42 Milles qui se comptent entre Cosa & Buriano, se retrouvent en-effet, mais en ligne-directe. Cependant, la route à laquelle cette mesure-itinéraire appartient, n'étant pas sans coudes ni détours, puisqu'elle est presque généralement attachée au rivage de la Mer, est-il naturel que la ligne-directe & aërienne d'un terme à l'autre n'apporte aucune réduction à une pareille mesure ?

Pour continuer de cheminer vers Vada, si on consulte l'Itinéraire & la Table, on les trouve d'accord sur la distance de VIIII Milles entre *Salebro* & *Manliana*, & sur celle de XII entre *Manliana* & *Populonium*. La Carte manuscrite de la Principauté de Piombino m'a fait connoître, que la position de *Manliana*, dont Ptolémée fait aussi mention, se rencontre vers le fond du Golfe qui est entre Piombino & Castiglione; & par une circonstance que les Cartes qui ont été publiées ne donnent point, ce lieu se renferme entre des canaux dérivés de deux petites riviéres, Picora & Ronna, lesquelles viennent des environs de Massa. Selon cette Carte, la distance en droiture de Buriano aux vestiges de *Populonium*, combinée avec les distances particuliéres marquées ci-dessus, vaut à-peine 19 Milles; & le *Populonium* devient plus nord que Buriano, comme il est vrai que cela se suit de la grande réforme que la Carte du Siennois doit éprouver sur la maniére dont elle est orientée.

Entre *Populonium* & *Vada-Volaterrana*, les Itinéraires ne sont point d'accord. Mais, l'Itinéraire d'Antonin en indiquant XXV paroît très-convenable. La Carte d'Arnolde fournit à l'ouverture du compas la valeur de 19 Milles de son Echelle (& plus que moins) qui équivalent 22 Milles Romains; & vû que la côte décrit un arc rentrant dans cet intervalle, il faut de nécessité supposer quelques Milles au de-là dans la mesure-itinéraire. La Table n'est pas aussi correcte sur cet article; & on pourroit même la négliger par cette raison, si dans ce qu'elle expose l'emplacement d'une des plus illustres villes de l'ancienne Etrurie, sçavoir *Vetulonia* ou *Vetulonii*, ne paroissoit intéressé. Cet emplacement est fort indécis, même chez des Sçavans qu'une pareille connoissance regardoit plus particuliérement. Thomas-Dempster (*Etruriæ regalis lib.* 4. *cap.* 13.) avoue ingénuement, *nec de situ quidquam constituere possum, in tantâ vetustatis caligine.* Que cette ville dans les tems reculés fut d'une dignité à mériter des recherches sur sa position, c'est ce qui résulte de ce que Silius-Italicus (*Punicorum lib.* 8) la qualifie non-seulement de *Mæoniæ gentis decus;* mais de ce qu'il prétend, que *fasces*, *secures*, *prætexta*, *cella-curulis*, c'est-à-dire tout l'appareil de la magistrature, & de plus *tuba ænea*, la trompette guerriére, n'ont été mis en usage chez les Romains que par imitation d'après Vétulonie. M. Fontanini a poussé l'opinion sur cette ville, jusqu'au point de lui attribuer la prérogative de capitale de toute l'ancienne Tuscie. Et dans les tems postérieurs, où elle avoit perdu son prémier lustre, elle se soutenoit encore, selon le témoignage de Denys-d'Halicarnasse, dans le nombre des douze Cités Etrusques.

Pour en venir à ce qui se trouve dans la Table Théodosienne, deux positions figurées de la maniére qu'elle employe pour les lieux distingués & considérables, suivent selon notre marche le lieu de *Populonium*. Le prémier & immédiat à l'égard de ce lieu est inscrit *Vadis Volateris*, le second *Velinis*. Et la distance entre ces lieux est marquée X également dans les deux intervalles. On remarque d'abord, que l'un de ces deux intervalles ne peut en particulier convenir à l'intervalle entier de *Populonium* à Vada, puisque rassemblés ils n'y suffisent même pas. Mais, quoique la mesure ne devienne pas complette par ce moyen, je ne puis douter qu'il n'y ait transposition dans les noms des lieux, & que *Velinis* (qui est évidemment une dépravation ou abbréviation de *Vetulinis* ou *Vetuloniis*) ne doive prendre la place intermédiaire de *Populonium* à *Vadis*. Et ce qui le démontre est, que le nombre XIII marqué dans la Table entre *Velinis* & une mansion *ad Fines*, qui succede dans l'ordre que nous suivons, se rapporte exactement à ce qu'il y a de distance entre Vada (*Vadis*) & une riviére nommée encore aujourd'hui la Fina, sans que le X qui dans la même Table paroît entre *Vadis* & *Velinis*, puisse y trouver place. Il y a une conformité entiére dans la Table à l'égard de la situation des deux positions sur le bord de la Mer : d'où il résulteroit, que Vétulonie devoit être maritime, comme nous voyons que Vada l'est encore. Or, à environ 12 Milles Romains en droiture du point de *Populonium*, ce qui peut en valoir à peu près 15 par le chemin, vû la disposition du rivage, la Carte manuscrite des environs de Piombino marque des vestiges d'une ville qui auroit été submergée. Et si l'on fait attention, que ce qu'il reste de distance depuis ce lieu jusqu'à Vada doit être de 10 Milles, qui est le nombre même que donne la Table, dont l'erreur ne consiste vrai-semblablement que dans la répétition de ce nombre; on ne peut disconvenir que la position de Vétulonie ne se fixe ainsi sur la route de *Populonium* à Vada. En-vain objecteroit-on, que cette position est obscurcie par quelques méprises dans la Table : ces méprises se reconnoissent, & ne détruisent point le fond de la chose.

Je ne prétends pas néanmoins dissimuler, que la situation maritime de Vétulonie ne s'accorde point avec Ptolémée : & que Strabon est dans l'opinion, que de toutes les anciennes villes Etrusques, *Populonium* est la seule qui ait été placée sur la Mer; à quoi se rapportent ces paroles de Pline, *Populonium Etruscorum quondam hoc tantùm in littore*. Il faut laisser aux Critiques la décision entre les argumens pour & contre. Mais il est bon d'être informé au surplus, que dans Leandre-Alberti on trouve la description d'anciens vestiges, situés à peu près à la hauteur de Populonie, en distance de trois Milles du bord de la Mer; lesquels vestiges il dit être nommés par les gens du pays *Vetulia*, & le bois qui les environne *Selva di Vetletta*. On voit bien que ces noms ont quelque analogie à l'ancienne dénomination; & toutefois le lieu des vestiges ne peut être jugé convenable à l'emplacement qui résulte de la Table. Mais je pense, que ce lieu pourroit se référer aux *Aquæ-calidæ Vetuloniæ*, dont parle Pline, lesquelles étoient selon lui *non procul à mari*; & peut-être que l'inspection des lieux contribueroit, aussi-bien que le nom de *Caldane* que porte une Lagune voisine, à fortifier cette conjecture.

Au-reste, quand il resteroit beaucoup d'incertitude sur la position de Vétulonie, remarquons qu'elle n'influe en rien sur la maniére de fixer le point de Vada; puisque comme on a vû ci-dessus, la distance à l'égard de *Populonium* indiquée dans l'Itinéraire d'Antonin, se concilie exactement avec l'eſpace qui reſulte de la Carte faite dans le pays. Ce point de Vada, que nous-nous ſommes propoſé pour borne dans cette Section, & auquel plus d'une route, comme on doit l'obſerver, nous a conduits, devient ici très-important, par la circonſtance qu'il procure une prémiére communication ou liaiſon avec ce qui eſt arrêté ou mis en place dans la prémiére Partie de la diſcuſſion. Pline nous indique la diſtance de *Vada-Volaterrana* juſqu'en Corſe ſur le pied de LXII Milles : & en-effet en portant cette diſtance à l'ouverture du compas ſur notre Carte d'Italie, elle tombe aux environs de Capo-Corſo, & préciſément ſur la Giraglia, écueil & tour au-devant de ce Cap. Et remarquez, que cet endroit de la Corſe eſt celui qui s'avance le plus vers le côté même où cette meſure ſe prend, c'eſt-à-dire, que tout autre endroit s'en trouve à plus grande diſtance. Mais par ce moyen, une ſuite immédiate & preſque directe de combinaiſons, s'établit entre le point de Rome & le paſſage du Méridien de Paris, indépendamment des combinaiſons correſpondantes par la Lombardie, juſqu'à Rimini. Car la Côte d'Etrurie ſe trouve ainſi liée avec l'Iſle de Corſe, laquelle comme on l'a vû, a ſon rapport marqué avec Gênes & Antibes; & quant à ce dernier point, on ſçait qu'il eſt fixé dans ſa diſtance à l'égard du Méridien de Paris, par les triangles de l'Académie Royale des Sciences.

SECTION III.

Ce qui reste sur la côte & dans l'intérieur de la Toscane se combine avec la partie limitrophe de Lombardie.

UNE Carte du Dominio Fiorentino, ou de la Seigneurie de Florence, par Etienne, Moine du Mont-Olivet, devient notre prémier objet d'examen dans cette Section. Je dirai à l'égard de cette Carte comme de celle du territoire de Sienne, que pour apprécier l'étenduë naturelle des espaces, je me suis servi de la différence des Latitudes observées. Mais, en faisant usage de celles de Sienne & de Florence (dont les positions ne s'écartent pas beaucoup du même Méridien) ce sera d'une maniére à ne point courir le risque de pécher par raccourcissement dans la mesure d'espace qui peut en résulter. Et comme le Dominio Fiorentino fait la plus grande partie de la Toscane, en agir ainsi dans cette partie tire à grande conséquence en ce qui regarde cette contrée de l'Italie.

MM. Cassini, dans leur Voyage de 1694 & années suivantes, concluent la Latitude de Sienne, sur les Observations du P. Fulginati Jésuite, à 43 degrés 22 minutes. Les Observations de Pyrrho-Gabrielli donnent cette Latitude à 2 minutes au-dessous, selon M. Manfrédi, dans la Préface aux Observations de M. Bianchini; *Senarum Latitudo satis explorata*, c'est ainsi qu'il s'explique. Et comme cette détermination fournit plus que moins d'intervalle entre Sienne & Florence, & que cette proportion se répandra sur la Carte du territoire de Florence, nous ne faisons point difficulté de la préférer.

La hauteur du Pole à Florence, près de l'Eglise Métropolitaine,

politaine, qui eſt au Nord de l'Arno, & aſſez préciſément au centre de la ville, roule de 46 minutes 16 ſecondes à 47. 13, au-delà de 43 degrés, dans trois Obſervations de MM. Caſſini. Le point mitoyen eſt 46 minutes & trois quarts. Les Obſervateurs même ont conclu dans un autre endroit à 46. Le point de notre poſition revient à 46 & demi.

En conſéquence de cette différence de Latitude entre les paralleles de Sienne & de Florence, ſçavoir 26 minutes & plus; j'ai remarqué, que l'Echelle de la Carte du Moine Etienne fournit les Milles ſur le pied de 67 plus que moins, pour l'étenduë d'un Degré. Cette évaluation de Mille prend une conformité remarquable avec celle qui nous a été donnée dans la précédente Section, par la Carte du territoire de Sienne. Mais, il nous eſt encore eſſentiel d'obſerver, que cette conformité ſe répete avec le Mille de Milan, qu'on a défini par les élémens qui lui ſont propres, lorſqu'il a été queſtion de l'Arpentage du Milanez. Quoiqu'il paroiſſe un intervalle entre la Toſcane & le Milanez, cependant la conformité dans la meſure du Mille porte ſur un fondement réel & ſolide. La définition du Mille de Milan nous a donné lieu de conclure, que le Pied dont il eſt compoſé doit être celui du Roi Luitprand, & qu'il y auroit de l'abſurdité à le ſuppoſer plus grand. Or, Benvenuti, garde des Archives du Grand-Duc, nous eſt garant, que dans la Toſcane on n'employoit point autrefois d'autre meſure que celle du Pied de ce prince, pour l'arpentage des terres : *in pleriſque Inſtrumentis publicis emptionum, ſive venditionum agrorum celebratorum in Thuſciâ, à ſæculo VIII uſque ad XIII, ubi agitur de menſurâ eorumdem agrorum, expreſſum ſemper apparet ad menſuram Pedis Luitprandi regis*. Pluſieurs Sçavans de l'Italie, & particuliérement l'auteur d'une Lettre inſérée dans le Tome X de la *Raccolta d'Opuſcoli*, rapportent au Pied Luitprand le *Pede de Porta*, ainſi appellé de ce que ſa meſure étoit gravée ſur une pierre près de l'ancienne porte de S. Pancrace à Florence ; & duquel divers Actes du douziéme siécle font mention, pour le même cas précisément où Benvenuti nous dit que le Pied Luitprand se trouve cité. Par la mesure du Pied Luitprand, qui se fait reconnoître dans le Mille de Milan, le Mille devient la 67me partie de l'étenduë d'un Degré, avec quelque excédent qui ne va pas tout-à-fait à un quart de Mille. Et sans rechercher d'autre moyen pour parvenir à l'évaluation du Mille dans la Toscane, que de l'appliquer à des espaces de Latitude déterminés par Observation, cette évaluation se rencontre la même, & avec concours entre les divers morceaux de Géographie qu'on peut faire servir à cet objet. Or, bien-loin qu'une aussi exacte correspondance soit l'effet du hazard, il faut la juger convenable & toute naturelle, puisque l'usage du Pied Luitprand dans la Toscane est une circonstance bien attestée.

Après avoir reconnu & vérifié l'Echelle de la Carte du Moine Etienne, on peut déduire de cette Carte la distance de Florence à Pise, & l'employer par analogie avec la distance de Florence à Sienne. La position de Pise se fixe d'ailleurs en Latitude, sur les Observations de MM. Cassini, à 43 degrés & à peu près 42 minutes. Vous noterez au préalable, que la position respective entre Florence & Sienne, est une suite de la liaison du Florentin avec le Siennois, & de la disposition que cette partie de la Toscane prend en général.

D'un autre côté il est à remarquer, que le Grand-Duché s'étend dans la Romagne par une pointe avancée, jusques & compris Citta-del Sole, petite place à quelques Milles de Forli, vers le Couchant d'hyver. Il faut ici se rappeller, que le lieu ou la position de Forli dans notre Carte, dépend de la combinaison qui a été faite des distances dans l'intervalle de Bologne à Rimini : & quant à la position de Citta-del Sole, elle est établie rélativement à celle de Forli, selon une Carte fort particuliére du territoire de Forli, publiée par le P. Coronelli. Or, par l'analogie des distances prises sur la Carte du Moine du Mont-Olivet, la distance de Florence à Citta-del Sole revient à 35 minutes de la graduation de Latitude; & c'est en-effet l'espace qui résulte de notre Carte, & même à bonne-mesure. De-plus, en tirant une corde en droiture de Pise à Citta-del Sole, le passage de cette corde vis-à-vis du point de Florence, prend la même proportion d'éloignement à l'égard de ce point sur notre Carte que sur l'autre, & la distance immédiate de Pise à Citta-del Sole devient égale. Cette convenance, qui par la nature des circonstances qui la procurent ne peut être étudiée (puisque les combinaisons faites dans la Lombardie sont très-indépendantes de celles qui se font actuellement) est d'autant plus avantageuse, qu'elle fournit une mesure du col qui joint l'Italie proprement dite à l'ancienne Gaule cis-Alpine ou Lombardie. Je n'ai au-surplus qu'une remarque essentielle à faire sur la Carte du Moine Etienne, sçavoir, qu'elle demande à être orientée un peu différemment que par le quarré qui la renferme, puisque la différence de hauteur entre Pise & Citta-del Sole n'y donne guéres que 25 minutes, toujours par même analogie; au-lieu que par la Latitude observée à Pise, & par une suite de celle de Ravenne, qui influe sur la position de Forli & de Citta-del Sole, nous comptons près d'un demi-degré. Magini, qui a copié la Carte dont il est question, en la dérangeant sur ce point, a donné dans un excès contraire, pour avoir trop incliné vers l'Ouest l'Etat-Ecclésiastique & la Toscane.

La distance en droiture de Pise à Vada, où la précédente Section se termine, fournit la valeur de 25 minutes plus que moins de la graduation de Latitude, dans la Carte du Dominio Fiorentino, & elle y est très-conforme dans notre Carte; ce qui prouve que nous n'avons point dû pousser plus loin à l'égard de Cosa cette position de Vada. Et j'ai remarqué que les distances de la Table Théodosienne, entre Pise & la position qui doit être prise pour Vada dans cette Table, s'appliquoient exactement à la Carte que nous employons. La mansion *ad Fines* marquée intermédiairement, à 24 Milles de Pise, & 13 de Vada, tombe au passage d'une petite riviére appellée *la Fina*. La distance de 12 Milles dans l'Itinéraire d'Antonin, entre Pise & la mansion *ad Herculem*, est analogue autant qu'elle peut l'être sans fraction, à la différence de 9 minutes que les Observations donnent entre Livourne & Pise. Le nom de Livourne vient d'un surnom, de même qu'on sçait que Monaco vient d'*Hercules-Monæcus*. Cicéron (*ad Quintum fr.*) fait mention du port *Labro* dans le voisinage de Pise. Zozime (liv. 5, ch. 20) parle du port *Liburnus*. La différence des tems a pû apporter cette variation. Mais, quoique le surnom ait prévalu à Livourne comme à Monaco, sur le nom d'Hercule, toutefois ce nom paroît encore dans les bas-tems. Car, l'Acte d'investiture de l'Etat de Pise aux Pisans, inséré dans le *Codex Diplomaticus Italiæ*, & qui est de l'Empereur Frédéric Barbe-rousse, en date de l'an 1161, porte dans la circonscription des limites de ce petit Etat; *sicut trahit marina ad Portum-Herculis*, ce qui ne peut s'entendre que du port de Livourne. La combinaison de ces circonstances leve le doute, que quelques Sçavans ont formé sur la mansion *ad Herculem* rapportée à Livourne.

La Table offre la trace d'une route de Pise à Florence, mais l'omission d'une distance nous met hors d'état d'en faire usage. Cependant, cet intervalle peut être vérifié au moyen d'une autre voie qui circule par Pistoye & par Luque. La distance de Florence à Luque par Pistoye, est marquée deux fois dans l'Itinéraire d'Antonin sur le pied de 50 Milles, en deux distances de XXV chacune. La distance particuliére de Luque à Pistoye est coupée dans la Table; *Luca* XII *ad Martis* VIII *Pistoris*; & il y aura égalité avec l'Itinéraire, en faisant du V un X dans le dernier nombre. La même Table fournit un compte de 24 Milles entre Pistoye & Florence; *Pistoris* VI. *Hellana* VIIII. *ad*

Solaria VIIII. *Florentia Tuscorum* La prémiére de ces mansions particuliéres subsiste à la droite du chemin qui conduit à Florence par Prato, & se fait reconnoître sous le nom d'Aglana, dans une distance convenable, comme je le remarque sur une Carte particuliére du Pistoïése publiée en 1727. Or, les 24 Milles sont employés en droite-ligne sur notre Carte dans l'intervalle de Florence à Pistoye; & la position de Pistoye est dans un alignement à l'égard de Florence, qui donne la même ouverture d'angle avec l'alignement qui tend à Pise, que dans la Carte du Dominio Fiorentino. Les 25 Milles de Pistoye à Luque sont presque entiers en droiture sur notre Carte. Reste de Luque à Pise une distance, qui équivaut les XII Milles que l'Itinéraire d'Antonin prescrit.

On observera, qu'il y a des lignes tirées de Florence à Arezzo, de Sienne à Cortone, relativement à la combinaison des distances de ces lieux. La distance de Chiusi à Cortone est déduite d'une Carte particuliére du territoire de Pérouse, celle de Cortone à Arezzo est conforme à la Carte Florentine. On compte dans l'Itinéraire entre *Arretium* & *Clusium* 37 Milles, & il ne s'en faut presque rien que l'ouverture du compas ne les donne complets sur notre Carte. Cet intervalle de *Clusium* à *Arretium* est une continuation de la Voie Cassienne, qui comme on a vû dans la Section précédente, nous conduit à *Clusium*: & c'est par erreur, que dans l'Itinéraire d'Antonin la même route à commencer depuis Luque, est appellée *Via Clodia.* Or, nous apprenons d'une Inscription rapportée par Gruter (p. 156) que l'Empereur Adrien fit réparer cette Voie, *Viam Cassiam*, depuis le territoire de *Clusium* jusqu'à Florence, dans un espace de 81 Milles, *Millia passuum* XXCI. Si sur ce nombre nous défalquons les 37 indiqués par l'Itinéraire entre *Clusium* & *Arretium*, reste 44. Or, la distance que nous prenons entre Arezzo & Florence, conséquemment à l'usage de la Carte du Moine Etienne, va à près de 42 Milles en ligne directe, ce qui ne doit paroître que trop égal à la mesure-itinéraire. L'Itinéraire d'Antonin place entre Florence & Arezzo, un lieu nommé *Fines sive Casæ Cæsarianæ*, à distance égale de l'une & de l'autre de ces villes. Mais, le nombre XXV qu'elle marque pour cette distance, doit être corrigé & lû XXII, sur le témoignage de l'Inscription. Et Holstenius a remarqué (*ad Cluverii pag.* 570) que cette mansion tombe à San-Giovanni, qui est près de l'Arno, & où le Diocèse d'Arezzo finit encore aujourd'hui. Selon la Carte du Florentin, la position de San-Giovanni ne s'écarte guéres plus de Florence que d'Arezzo. Mais, je ne dissimulerai point, que la Carte des Voies-Romaines de l'Italie, insérée dans l'Histoire Romaine de M. Rollin, péche dans la position de ce lieu de *Fines*, faute de ma part d'avoir tiré de l'Inscription alléguée ci-dessus la conséquence que j'en tire aujourd'hui, & qui met une réforme dans les nombres de l'Itinéraire, par laquelle ils sont un peu modérés. Car étant marqués plus forts, il falloit supposer quelque coude sensible dans la Voie, & se porter à écarter le lieu de *Fines* de la direction.

Après avoir vérifié la distance de Chiusi à Arezzo par l'ancien Itinéraire, j'ajouterai que si on prend une espece de complement de distance sur la même ligne, d'Arezzo à Citta-del Sole, cette distance se trouve précisément égale à celle que fournit la Carte du territoire de Florence. Qu'il me soit même permis de dire, que cette convenance prouve un fond de justesse dans la Carte Florentine, vû la confiance qu'on peut prendre dans la maniére dont la position de Chiusi d'une part, & celle de Citta-del Sole de l'autre, nous sont données. Enfin, en plaçant le Borgo-di San-Sepolcro relativement à Arezzo, j'ai reconnu que l'intervalle qui restoit de cette position à Urbin & à Rimini, n'avoit rien que de convenable aux combinaisons à faire dans l'étenduë du Duché d'Urbin, comme on verra par la suite; ce qui est d'autant plus avantageux, que ces deux points de Rimini & d'Urbin ont leur fixation particuliére, relative au paſſage du Méridien de Rome.

Entre les poſitions miſes en place dans l'étendue de la Toſcane que nous parcourons, j'ai cru devoir comprendre celle de San-Quirico, par la raiſon qu'une Obſervation de M. Bianchini s'y rapporte. Cette poſition ſe déduit naturellement d'une proportion de diſtances entre Sienne & Chiuſi. Or, dans le Recueil d'Obſervations de M. Bianchini, publié par M. Manfredi, celle qui eſt marquée faite en ce lieu de San-Quirico, la nuit du 26 au 27 Septembre 1726, a ſa correſpondante à Paris par feu M. Maraldi; dont il réſulte une différence de tems de 37 minutes 52 ſecondes, ou de 9 degrés 28 minutes. Cependant, la Longitude ordinaire, à laquelle l'eſpace eſt aſſujetti dans notre chaſſis de Carte, ne prend que 9 degrés & environ 4 minutes. Et bien que cette Obſervation ſoit unique à citer ici, il ſuffit pour qu'elle ſoit réputée de conſéquence, que la détermination qui en réſulte convienne à pluſieurs autres points, ſur leſquels un grand nombre d'Obſervations ſe raſſemblent. La même raiſon qui fait, que toutes ces déterminations s'accordent à différer uniformément & dans le même ſens, de la Graduation ordinaire de Longitude, fait auſſi de toute néceſſité, que pluſieurs autres déterminations qui ſe renferment dans l'étendue de la Toſcane que l'on vient de diſcuter, s'en écartent pareillement. Dans les Tables Aſtronomiques de M. Caſſini, Piſe eſt marquée à 32 minutes 4 ſecondes, ou 8 degrés 1 minute du Méridien de Paris; Livourne à 32. 8; Florence à 35. 58, ou environ 9 degrés; Sienne à peu près de même. La Longitude de Florence ſe conclut d'une Obſervation de MM. Caſſini pere & fils, rapportée dans leur Voyage de 1694. Toutes ces indications de Longitude conſidérées entre elles, ne ſe rencontreront pas vrai-ſemblablement à quelques minutes de dégré près, dans la plus exacte correſpondance les unes à l'égard des autres, & on n'a pas même étudié d'y parvenir: mais, ce n'eſt pas ſans conſéquence, que pour aſſujettir une Carte à la Graduation qui y correſpond le plus généralement, & qu'elles exigent, il faille également par-tout tenir cette Graduation plus ſerrée que dans l'hypothèſe de la Terre-ſphérique.

Nous devons terminer cette Section par une liaiſon avec quelque point pris dans la Lombardie. La Table eſt fort détaillée en ſuivant la Voie Aurélienne, de Piſe à Luna, ou plutôt dans le ſens contraire, ſelon que cette Table procéde : *Luna* X. *ad Taberna-Frigida* XII. *Foſſis Papirianis* XV *Piſis*. La prémiére de ces manſions ſe rapporte infailliblement au paſſage du Fiume-Frigido, près duquel au-deſſous de Maſſa un petit lieu eſt encore dénommé Frigido. *Foſſæ Papirianæ* ſe rencontrent vers Selice, où pluſieurs canaux dérivés d'un Lac peu éloigné ſe réuniſſent, & communiquent avec la Mer en cet endroit. Ces diverſes meſures de diſtances étant portées ſur la Carte de l'Etat de Luque, publiée par Magini, j'en infére que la diſtance en droite-ligne y revient à peu près à 36 Milles Romains, & peu s'en faut que l'ouverture du compas ne les donne auſſi ſur notre Carte. Je ſuis même engagé à regarder cette diſtance comme bien ſuffiſante, ſur ce que l'intervalle en droiture de Luque à Luna paſſe 32 Milles Romains, quoique l'Itinéraire d'Antonin n'en compte que 33 par la meſure du chemin. Enfin la poſition de Luna ſeroit trop reculée, pour la diſtance de 30 Milles que donne l'Itinéraire Maritime entre l'embouchure de la riviére de Piſe, *Piſas fluvius*, & l'embouchure de la Magra, *Lunam, fl. Macra*. Car, quoiqu'on ſoit prévenu que l'embouchure de l'Arno au deſſous de Piſe, en étoit autrefois moins éloignée qu'aujourd'hui vers le Sud, comme le nom d'un lieu diſtant de la Mer de deux Milles, ſçavoir, San-Pietro in Grado (*ſive ad Oſtium*) le témoigne; toutefois la diſtance ne ſe trouvera point encore convenable, vû l'eſpace que prend notre Carte entre Piſe & Luna.

Quoiqu'il en ſoit, la poſition de Luna, ſelon qu'elle ſe place ici, en conſéquence des combinaiſons faites depuis le point de Rome, duquel nous ſommes partis pour y arri-

ver,

ver, se raccorde assez juste avec les points pris dans la Lombardie, qui ont une liaison plus immédiate avec cette position. Le point de Sestri entre Gênes & Luna, est fixé par sa distance à l'égard de Gênes, & conséquemment à la Latitude de Porto-Fino, déterminée par des Observations de MM. Cassini à 47 degrés 18 minutes & environ 40 secondes. De Sestri à Luna la distance est de 33 à 34 Milles à l'ouverture du compas, dans la Carte de l'Etat de Gênes. La mesure prise sur notre Carte en fournit 32 à 33; & si cette mesure donne quelque chose de moins, & qu'elle soit réellement courte, il faut convenir que la maniére étenduë dont nous avons évalué les espaces en quelques parties, & notamment dans la Toscane, a pû y donner lieu. Il est même assez surprenant, qu'après une longue suite de combinaisons particuliéres & distinctes les unes des autres, lesquelles embrassent de grands espaces, il y ait aussi peu de différence dans l'accord d'un point de réunion, sur-tout quand cet accord n'a point été menagé. C'est en pareil cas que l'on sent, qu'il se fait une compensation de ce qui manque à la plus parfaite précision dans chacune des parties qui composent le tout : on doit du moins en conclure, que nous y procédons ingénuëment, & sans autre dessein que de donner les choses comme elles se présentent.

J'ai déduit la position de Castel-nuovo de la Carfagnana à l'égard de Luque, de la Carte que j'ai citée de l'Etat de Luque, en donnant plus que moins à la distance, & dans une proportion même différente à cet égard de celle qui convient à la distance de Luna. Mon objet a été de voir, si cette position qui est enclavée dans l'Etat de Modene, se trouveroit correspondante à celles du même Etat qui ont fixées par les combinaisons faites dans la Lombardie. Il m'a paru d'abord, que le rayon tiré de Carfagnana à Regge donnoit l'ouverture d'angle avec un rayon tiré de Regge à Parme, égale à celle que donne la Carte particuliére de l'Etat de Modene par Magini; & qu'il en étoit à peu-près de même à l'égard d'un autre rayon tiré de Regge à Modene. De-plus, ne connoissant point de meilleure Echelle pour cette Carte, qu'une proportion d'espace avec la distance discutée & vérifiée de Parme à Modene; j'ai trouvé que l'espace de la Carfagnane à Regge étoit à celui de Parme à Modene comme 4 est à 3. Or, la comparaison des mêmes espaces différe assez peu dans notre Carte, étant comme 5 à 4. Et vû même que dans l'intervalle en question, la tête des riviéres qui coulent de part & d'autre de l'Apennin paroît trop disjointe dans Magini (vice très-commun dans les Cartes, & dont il est bon d'avertir) pour peu qu'on y remedie ainsi qu'il convient de le faire, sans altérer en rien la longueur du cours des riviéres; la suppression seule d'un trop grand vuide intermédiaire entre les têtes de ces riviéres, ne laissera plus de différence dans la proportion d'espace dont il s'agit. Que la Carte de Magini prenne ici un peu trop d'étenduë, c'est ce qu'un espace correspondant & immédiat en situation met en évidence. Une Observation de Latitude par MM. Cassini, à Loiano sur le chemin de Bologne à Florence, & à peu près au même Méridien, ne laisse que 12 minutes au plus de différence entre Bologne & Loiano. Cependant, on en mesure plus de 14 sur la Carte de la Légation de Bologne par Magini, qui joint immédiatement sa Carte de l'Etat de Modene. La réduction de deux à trois minutes sur cet espace, est tout-à-fait analogue à celle que notre Carte donne entre la Carfagnane & Regge. Car la distance de Parme à Modene étant évaluée environ 27000 Toises, par conséquent la Carte de Magini est censée en fournir 36000 entre Regge & la Carfagnane, puisque cet intervalle est à l'autre comme 4 à 3 dans cette Carte; au-lieu que la nôtre n'en admet pas tout-à-fait 34000. J'ai reconnu au-surplus, que du point de Bologne en remontant jusqu'à la tête des riviéres qui décendent de l'Apennin, si les espaces prennent leur évaluation à raison & en proportion de 12 minutes complettes, pour l'intervalle de ce point à celui de Loiano, on ſe raccorde exactement avec la partie limitrophe du Piſtoïéſe : que même l'origine des riviéres qui coulent de l'Apennin dans ce territoire (lequel a ſa Carte particuliére, comme je l'ai dit) ſe combine fort bien avec le côté oppoſé. Or, dans la rencontre d'une ſuite de montagnes, c'eſt une des circonſtances qu'il eſt communément plus difficile de ménager entre des Cartes différentes, à-moins que ces Cartes ne ſoient en elles-mêmes d'une juſteſſe égale dans leur conſtruction. Ainſi, la correſpondance entre les combinaiſons qui ont été faites depuis le point de Rome, & celles qui ſe trouvoient faites dans l'étenduë de la Lombardie, ſe reconnoît par plus d'un endroit.

SECTION IV.

De trois grandes Voies Romaines, qui conduiſent de Rome à la Mer Adriatique, on commence par la Flaminienne qui ſe rend à Rimini. Le point d'Ancone lié enſuite avec Rimini, ſe combine avec Trieſte.

LA poſition de Rome étant comme un point central dans l'Italie proprement dite, duquel nous devons tirer pluſieurs rayons à la circonférence, il faut y revenir plus d'une fois. Trois routes particuliéres nous donneront des meſures d'intervalle, entre ce point & le bord de la Mer Adriatique. En nous étendant d'abord juſqu'à Rimini, c'eſt moins pour en reconnoître l'intervalle & la poſition reſpective, puiſque les Opérations de M. Bianchini en ont décidé, que pour fixer des points intermédiaires. Dans ce détail, la diſcuſſion de la Voie Flaminienne, qui traverſe tout l'eſpace dont il s'agit, ſe joindra aux circonſtances principales des Opérations de M. Bianchini.

Le Monte-Vacone, ſur les confins de la Sabine & de l'Umbrie, & qui ſe rencontre preſque à la hauteur d'Otricoli, & un peu plus à l'Eſt que Narni, a été fixé par ces Opérations. M. Manfrédi, dans la Préface au Recueil poſthume des Obſervations de M. Bianchini, nous apprend, que le Méridien qui paſſe par Villa-Coſtaguta, & qui raſe Caſtel-Gandolfe vers l'Oueſt, paſſe par le point du Vacone. Il ajoute, que ce Méridien eſt diſtant du point des Thermes ou de Sainte-Marie des Anges, d'environ 7 Milles Romains & demi plus que moins; & nous avons établi dans la Section précédente, de combien le point des Thermes s'écarte vers l'Orient d'un point plus convenable au centre de l'emplacement de Rome.

La diſtance de Narni, dont la poſition ſe combine avec le Vacone, eſt donnée par le détail de la Voie Flaminienne. De Rome *ad Rubras* on compte IX Milles dans l'Itinéraire de Jéruſalem, ce qui eſt confirmé par la Table en deux diſtances, dont la prémiére numérotée III, tombe au Pont *Milvius* ou Ponte-Molle. Aurélius-Victor (*in Maxentio*) a pareillement écrit, *ab Urbe in Saxa-rubra millia fermè novem*. Cette diſtance étant ainſi conſtatée, je remarque que pour fixer l'emplacement de ce lieu, il ne faut point s'arrêter à l'Oſteria de Grotta-roſſa, nonobſtant le rapport de la dénomination, puiſque cette Hôtellerie ne ſe rencontre qu'à environ un Mille & demi au-delà de Torre di Quinto, laquelle s'éloigne à-peine de deux Milles du Ponte-Molle. Il faut pouſſer au-moins juſqu'à Prima-Porta, & à l'endroit où l'on voit d'anciens veſtiges, auxquels dans les Cartes particuliéres des environs de Rome le nom de *Villa Liviæ ad Gallinas* eſt appliqué. De-là *ad Viceſimum* XI, tant dans la Table que dans l'Itinéraire; & la ſomme des deux diſtances qui conduiſent à cette manſion s'accorde avec ſa dénomination. De la vingtiéme Colomne à *Aqua-viva* XII, dans l'Itinéraire de Jéruſalem ; & nous avons Holſtenius pour garant (*ad Cluverii pag.* 528) qu'au 32me Milliaire de Rome on voit encore les veſtiges de ce lieu ancien, dans les ruines duquel une ſource abondante porte encore le nom d'Acqua-viva. Quoique la meſure du chemin juſqu'ici, ſoit bien décidée ſur le pied de 32 Milles, cependant quand on la combine avec les Cartes, on ne retrouve guéres que 28 Milles dans la diſtance en ligne-directe, & priſe du centre même de Rome ; & ſi on n'étoit arrêté par des meſures actuelles & relatives au ſol, le Géographe ne riſqueroit pas un raccourciſſement auſſi marqué. D'*Aqua-viva* à *Ocriculum* l'Itinéraire qui nous guide marque XII, & le même nombre y eſt répété d'*Ocriculum* à *Narnia.* Mais, pour cette derniére diſtance, il faut lire VII au-lieu de XII. Car Holſtenius nous apprend, que la meſure actuelle du chemin entre Ocricoli & Narni ne fournit que 4261 Cannes Romaines, dont 667 font la meſure du Mille Romain moderne, qui ſurpaſſe un peu celle de l'ancien. De ce nombre de 4261 Cannes on ne déduit que 6 Milles & demi : mais, comme les veſtiges de l'ancien *Ocriculum* ſont à quelque diſtance en deçà de l'emplacement moderne d'Otricoli ou Ocricoli, les 7 Milles peuvent être jugés complets, & au-delà, dans la diſtance en queſtion. Au total, l'intervalle d'Acqua-viva à Narni eſt plutôt fort que foible dans notre Carte, où il revient à 20 Milles, quoique l'indication des diſtances n'en fourniſſe que 19. Ainſi, la récapitulation qui ſe fait entre Rome & Narni ſur le pied de 51, peut trouver quelque ſupplément dans la maniére dont les eſpaces ſont employés ſur notre Carte. Mais il ne paroît pas douteux que le Scoliaſte Servius (*Æneid.* VII, v. 517) ne doive être corrigé ſur le nombre LX, qu'il marque dans cette diſtance ; & il y a toute apparence qu'il convient de lire LII.

La poſition d'*Ameria* eſt déduite de celle de Narni ; & il n'y a pas même aſſez d'écart entre ces poſitions, pour pouvoir donner lieu à quelque erreur bien ſenſible. Une

Voie Romaine particuliére, & parallele à la Flaminienne, conduisoit à Amérie. Cette Voie étoit la même que la Cassienne jusqu'à *Baccanæ*, & lorsqu'elle s'en séparoit elle prenoit le nom de Voie Amérine. On compte 56 Milles depuis Rome jusqu'à Amérie dans la Table Théodosienne, & en-effet Cicéron (*pro Roscio Amerino*) nous indique la distance sur le même pied. L'intervalle de Rome à *Baccanæ* a été discuté dans la seconde Section. Voici la maniére dont la Table nous conduit d'Amérie jusques-là: *Ameria* VIIII. *Castello-Amerino* XII. *Faleros* V. *Nepe* VIIII. (*Baccanæ*) dont la position est anonyme dans la Table. Or, les 35 Milles qui se comptent dans cette partie, se retrouveront à l'ouverture du compas sur notre Carte. Et il y a toute apparence, que si l'intervalle du point de Rome à Baccano se trouvoit un peu raccourci, il y auroit bonne compensation dans celui-ci.

A Narni on trouve une double Voie. L'Itinéraire de Jérusalem nous conduit par Terni & Spolete: mais, la direction propre & naturelle de la Voie Flaminienne tend à *Mevania*, ou Bevagna. Le Pape Urbain VIII, dans le dessein de réparer la Voie Flaminienne, en avoit fait mesurer l'étenduë de ville en ville par des Ingénieurs ou Arpenteurs; & Holstenius ayant eu connoissance de ces mesures, nous apprend qu'entre Narni & Bevagna on a mesuré 19905 Cannes Romaines, qui reviennent à 30 Milles. Or, cet intervalle est pris en droite-ligne sur notre Carte.

La position de Bevagna se combine par proximité avec celle d'Assise, comprise dans les Opérations de M. Bianchini. Et quoique ce célébre Astronome ait conclu la Latitude d'Assise à 43 degrés 1 minute 24 secondes, cependant elle devient plus septentrionale d'environ une minute dans la Carte, & nous n'avons pas cru que cette différence tirât à conséquence. Il est bien plus important de rencontrer une exacte conformité avec ce que M. Bianchini a conclu, qu'une montagne voisine d'Assise, & dans l'alignement de ce lieu à Foligno, eſt traverſée par le Méridien d'Urbin, dont l'écart quoique peu conſidérable du Méridien paſſant par le Vacone, eſt indiqué.

Le point d'Aſſiſe étant fixé, j'ai remarqué que ce qu'il ſe rencontroit d'intervalle entre ce point & ceux de Chiuſi & de Cortone, établis & diſcutés dans les précédentes Sections, étoit très-convenable à l'eſpace qui réſulte de la Carte exacte & très-circonſtanciée du Territorio Perugino, levée par Egnatio-Dante. Et il s'eſt trouvé, que les Milles de l'Echelle de cette Carte ſe définiſſoient ſur le pied d'environ 67 au Degré, qui eſt précisément l'évaluation faite ſur les Cartes des territoires de Florence & de Sienne; ce qui donne la conformité du Mille dans tous les cantons de pays que les bornes de l'ancienne Etrurie renferment également. Cette évaluation faiſant le Mille bien plus grand que la définition d'un Mille de Pérouſe à 4000 Pieds, valans chacun un Pied deux Pouces & 45 centiémes de Pouce du Pied Romain de Veſpaſien (ainſi que le P. Riccioli l'a donnée, *Geogr. reform.* p. 46) il s'enſuit de l'application de ce Mille plus fort à l'eſpace dont il s'agit, qu'on n'y a point ménagé l'étenduë. La Latitude où tombe Pérouſe, en dépaſſant 43 degrés d'environ 6 minutes, s'écarte aſſez conſidérablement de la détermination de Clavius à 42 degrés 56 minutes. Mais il faut convenir, que les déterminations Aſtronomiques un peu anciennes ſont ſujettes à de ſemblables écarts.

La diſtance entre Pérouſe & Todi a été combinée ſur les Cartes du Pérouſin & de l'Umbrie. Ce qu'il y a de Todi à Amérie ſe vérifie par une Carte particuliére d'une portion de la Voie Flaminienne entre Narni & Bévagna, & du pays adjacent, & dont Federico Ceſi, Duc d'Acqua-ſparta eſt l'auteur, comme je l'apprends d'Holſtenius. La petite ville d'Acqua-ſparta eſt ſituée ſur la Voie Flaminienne, à environ 5 Milles au-delà des ruines de *Carſulæ*. Cette Carte donne beaucoup moins d'eſpace entre Todi &

Acqua-ſparta que la Carte d'Umbrie par Magini. Et à ce propos j'obſerverai, qu'en même tems qu'on remarque une ſorte de dilatation générale dans cette derniére Carte ſur ce qui répond à la Longitude, on la trouve reſſerrée comme par proportion dans le ſens de la Latitude. De maniére qu'il ſemble, que ce ſoit l'effet d'une compreſſion que cette Carte ait ſoufferte du Nord au Sud, laquelle compreſſion faiſant prêter les parties qui compoſent la Carte, les ait étendues & prolongées dans le ſens contraire. Si en examinant le Magini, on obſerve qu'il a moins pris de Latitude entre Rome & Rimini qu'il n'en entre en-effet, & que par-deſſus cela la Marche d'Ancone gît beaucoup trop obliquement dans cet auteur; il ſera aiſé de conclure, que la conciliation de ſa Carte d'Umbrie avec celle de la Marche-d'Ancone qui eſt limitrophe, a dû produire le vice que nous remarquons, & qu'il n'en faut pas chercher ailleurs le principe.

Il convient maintenant d'entrer dans quelque détail de la route par Terni, ou *Interamna-Nartes*, & par Spolete. Holſtenius nous apprend, que la meſure de la Voie depuis la porte de Narni juſqu'à celle de Terni eſt de 3760 Cannes. Ainſi, on peut établir cette diſtance ſur le pied de VI Milles, comme elle eſt marquée dans la Table, & corriger l'Itinéraire de Jéruſalem qui marque IX. L'intervalle de Terni à Spolete eſt diſcuté par Holſtenius, dans un détail de diſtances particuliéres, ſur le pied de 16 ou de 18 Milles. De Spolete à *Fulginium* ou Foligno, le décompte d'Holſtenius, fondé ſur des meſures actuelles, fournit 13 Milles & un quart. Cette diſtance eſt employée dans toute ſon étenduë, & quand la précédente ne prendroit que 16 Milles en droite-ligne, elle en pourroit équivaloir 18 en meſure de chemin, vû que dans cet eſpace il y a des *Stretture*, & beaucoup d'inégalités dans les montagnes.

A Foligno nous retrouvons la prémiére & principale branche de la Voie Flaminienne, qui s'y rend de Bevagna. La diſtance particuliére de *Mevania* à *Fulginium* n'eſt point

point indiquée dans les anciens Itinéraires ; mais l'évaluation qu'on en peut faire est de huit Milles. A III au-delà de *Fulginium*, l'Itinéraire de Jérusalem nous indique le *Forum Flaminii*. Holstenius remarque, que les ruines de ce lieu ne sont guéres qu'à deux Milles de Foligno. De-là à *Nuceria*, le même Itinéraire & la Table sont d'accord sur le pied de XII. L'intervalle de Foligno à Nocera vaut 14 Milles de bonne-mesure, & en droite-ligne, dans notre Carte. La Latitude de Nocera a été conclue par M. Bianchini à 43 degrés. On trouvera environ une minute de plus sur la Carte, ce qui est analogue à ce qui se rencontre dans la position d'Assise.

Dans l'intervalle de Foligno à Nocera, un lieu se fait remarquer par sa dénomination de *Ponte-Centesimo*. Et il n'y a point à douter, que cette dénomination ne soit une indication précise de la distance de 100 Milles prise du point de Rome. Il étoit naturel, qu'à l'égard de cette capitale du Monde, la suite des nombres sur les Colomnes milliaires fut portée aussi-loin, pour répondre à l'étenduë de la Préfecture. Cette Préfecture de Rome étoit composée de quatre Provinces ; du *Latium antiquum*, & du *Latium novum vel adjectum*, dont les bornes avoient été reculées le long de la Mer jusqu'à Sinuesse, à 100 Milles de Rome assez précisément, comme le décompte s'en fera par la suite ; de la *Tuscia Suburbicaria*, qui en s'étendant pareillement sur la Mer jusqu'aux environs de Telamone, occupoit de même environ 100 Milles ; du *Picenum Suburbicarium* (ainsi appelloit-on la Sabine & l'Umbrie) qui pouvoit avoir dans les terres une étenduë correspondante. Il ne conviendroit point de négliger la récapitulation des distances qui nous conduisent à un *Centesimum* subsistant. Nous avons compté en plusieurs distances de Rome à Narni 51, de-là à Bevagna 30. La distance de Bevagna au Ponte-Centesimo peut être évaluée à peu près à 17 de mesure-itinéraire. Ces trois sommes rassemblées font 98. Mais il faut se rappeller, que dans l'intervalle d'Acqua-viva à Narni, la distance prise même en droite-ligne, a passé le compte itinéraire d'un Mille ; & par-dessus cela il convient d'observer, que dans les mesures rapportées par Holstenius, d'Ocricoli à Narni, & de Narni à Bevagna, l'espace des villes n'a point été compris. Ayant égard à ces circonstances, il est évident que le compte des 100 Milles se remplit parfaitement.

Poursuivons notre route sur la Voie Flaminienne. De *Nuceria* à *Helvillum* XV, par accord entre l'Itinéraire de Jérusalem & la Table Théodosienne. Cette distance tombe sur Sigillo, placé sur la Voie même. De-là à une mansion dont le nom se lit *ad Hesis* dans l'Itinéraire, *ad Ensem* dans la Table, X également par ces deux anciens monumens. La distance conduit à Schieggia, situé au passage de l'Apennin, vers la naissance du Fiume Sentino. Cette riviére, grossie par plusieurs autres à l'entrée de la Marche d'Ancone, forme le Fiumesino, qui portoit autrefois le nom d'*Æsis*, lequel lui étoit commun avec la ville d'Iesi, assise sur son rivage gauche. Or, cette position de Schieggia sur la riviére d'*Æsis*, m'induit à croire que le nom de la mansion dont il s'agit, & qui se place au même lieu, doit se lire *ad Æsim* plutôt que *ad Ensem* ; & il est aisé de rétablir *Æ* au lieu de *He* dans l'Itinéraire. En passant au de-là, le même Itinéraire indique *ad Callem*, ou Cagli, XIIII. L'Itinéraire d'Antonin compte dans un endroit, entre *Helvillum* & *Callem-vicum*, sans lieu intermédiaire, XXIII, ce qui s'accorde à un Mille près avec les deux distances particuliéres. Jusqu'ici nous comptons depuis Nocera 39 Milles ; & quoiqu'il soit question de cotoyer l'Apennin, & même de le franchir dans cet intervalle, cependant il occupe 37 à 38 Milles en droite-ligne sur notre Carte ; & certainement cet espace a de quoi suppléer à des fractions de Milles négligées dans l'indication des distances.

De Cagli au lieu appellé *Intercisa* IX, & de-là au *Forum-Sempronii* pareil nombre, dans l'Itinéraire de Jéruſalem ; ce qui eſt confirmé par celui d'Antonin, qui en une ſeule diſtance marque XVIII. Pluſieurs auteurs de l'Antiquité ont parlé du lieu *Intercisa*, ſous le nom de *Petra-Pertuſa*, & en-effet c'eſt un rocher percé en voute dans l'eſpace de deux cent pas ; & ce qu'on lit dans Aurelius-Victor, que Veſpaſien a fait ouvrir ce paſſage, eſt juſtifié par une Inſcription placée à l'entrée. Ce lieu ſe nomme aujourd'hui *Furlo*. La riviére de Cantiano, qui tire ſon nom d'une petite ville ſituée au-deſſus de Cagli, paſſe au pied de la montagne, & à quelques Milles de-là ſe rend dans le Metro ou *Metaurus* : & je fais cette remarque, par la raiſon que Claudien parlant d'*Intercisa*, tranſporte le nom de *Metaurus* à cette riviére qui coule au-deſſous du Furlo. Mais, comme l'*Urbinum*, qui prenoit le ſurnom de *Metaurenſe* à-cauſe de ſa ſituation ſur le Metaure, ne ſe trouve point ſur la riviére de Cantiano, il y a apparence que par une licence de Poëte, celui-ci a voulu joindre à la deſcription d'un paſſage remarquable comme celui de *Petra-Pertuſa*, le nom d'une riviére que la défaite d'Aſdrubal a rendue célébre.

Il eſt hors de doute, que la meſure de diſtance de Cagli à Foſſombrone, ou *Forum-Sempronii*, étant employée complette, nous ne ſommes point en riſque de raccourciſſement dans cet eſpace, non-plus que dans le précédent depuis Nocera. Et je conviens, que pour mettre le point de Foſſombrone en correſpondance avec la détermination d'Urbin en Latitude, donnée par M. Bianchini à 43 degrés 48 minutes 32 ſecondes, il ne falloit pas y procéder autrement. Je n'héſite point à dire, que j'aurois été tenté d'apporter une modération de quelques minutes à cette élévation d'Urbin, qui outre le prolongement qu'elle paroît opérer dans les diſtances de ci-deſſus, ſemble comprimer d'autant l'eſpace d'Urbin à Rimini, dont la Latitude néanmoins eſt plutôt plus grande que plus petite, comme je l'ai remarqué en arrivant à ce point dans la premiére Partie de la diſcuſſion.

Mais, je ne puis me dispenser d'observer, que dans le détail des Opérations de M. Bianchini, le Monte-Acuto, qui est situé entre Cantiano & Cagli, étant indiqué à la hauteur de 43 degrés & près de 34 minutes, & au même Méridien que le Vacone; il est impossible de concilier de pareilles circonstances avec la position des lieux qui ont du rapport à l'emplacement de cette montagne. Et il est bien plus naturel de croire, qu'on se soit mépris d'une montagne à une autre, dans l'indication qu'on a faite du Monte-Acuto à M. Bianchini, qu'il n'est facile & praticable d'apporter un dérangement considérable dans tout le local des environs. Il s'ensuit du-moins de cette observation, que dans le compte que nous rendons il n'y a rien de dissimulé dans les circonstances.

Du *Forum-Sempronii* au *Fanum-Fortunæ*, ou Fano, on compte également XVI Milles dans l'Itinéraire d'Antonin & dans la Table. L'Itinéraire de Jérusalem fournit un Mille de plus. Les 16 Milles employés en ligne-directe peuvent donner lieu à quelque fraction de Mille en surabondance dans la mesure-itinéraire. Mais, pour fixer la position de Fano, il faut que cette distance se croise avec celle qui lui convient à l'égard de Rimini. Le point de Rimini, pris à l'Eglise des Théatins dans la partie orientale de la ville, s'écarte du Méridien que nous avons dit passer par Costaguta & par le Vacone, de 3198 Pas Romains, vers le Couchant, en conséquence des Opérations de M. Bianchini. Or, l'Itinéraire d'Antonin indique XXIIII Milles de Rimini à *Pisaurum* ou Pésaro, & de Pésaro à Fano VIII. La Table, où cette derniére distance se trouve la même, met un Mille de moins dans la prémiére. Les 30 Milles en droite-ligne de Rimini à Fano, qui se mesurent sur notre Carte, sont conformes à l'Echelle de la Carte du Duché d'Urbin, donnée par Magini.

J'ai reconnu par plusieurs distances, indépendamment de celle que je viens de rapporter, qu'il n'y avoit point de mesure de Mille qui fut plus convenable à l'Echelle de cette Carte que le Mille Romain. Et comme une position déja établie par les combinaisons faites dans la Toscane, sçavoir celle du Borgo-di San-Sepolcro, est comprise dans la Carte d'Urbin; je remarquerai que la distance de ce point à Urbin & à Rimini, se trouve précisément la même ici que dans cette Carte, si ce n'est pourtant que selon nos intervalles de positions, les mêmes distances deviennent plus que complettes sur le même nombre de Milles. Une autre distance, prise du Borgo-di San-Sepolcro à Fratta, dans le territoire de Pérouse, est pareillement un peu plus forte dans notre Carte que dans celle dont il est question; & quant à la position de Fratta, elle se combine immédiatement avec celle de Pérouse.

Il est constant que dans tout ce détail de combinaisons, qui nous conduisent jusqu'au bord de la Mer Adriatique, les points qui prennent leur place sur cette route, se rencontrent dans la disposition la plus convenable à l'égard des points plus à portée, dont l'emplacement dépend des deux précédentes Sections. Cette réunion des différentes parties de l'édifice, doit en assurer la solidité. Il s'agit maintenant de se porter sur Ancône, en suivant le bord de la Mer, sur la droite du chemin qui nous y a conduits. La distance de Pésaro à *Senogallia* est donnée par l'Itinéraire d'Antonin sur le pied de XXVI Milles. Et si on en défalque les VIII Milles qu'il marque dans un autre endroit, pour ce qu'il y a de distance entre Pésaro & Fano, reste 18 de Fano à Sinigaglia. En-effet, on les compte en plusieurs distances particuliéres, dans la Table: *Fano-Fortunæ*, II. *Metaurum fl.* VIII. *ad Pirum filumeni* (lisez *flumen*, aujourd'hui Cesano fiume) VIII. *Sena Galli.* Cette distance peut passer pour complette dans notre Carte, & est même plus forte à cet égard que dans la Carte du Duché d'Urbin.

La Table marque à XII de Sinigaglia un passage de riviére avec le nom de *Sestias*, & à XIIII plus loin la position d'Ancone. La riviére intermédiaire ne peut être que celle d'*Æsis*, vers son embouchure ; & je pense même qu'il faut lire dans la Table *Æsis-ostio*, au-lieu de *Sestias*, qui ne se rapporte à rien d'ailleurs. La distance du passage de cette riviére à l'égard de Sinigaglia d'une part, & de l'autre à l'égard d'Ancone, différe exactement en proportion des nombres marqués dans la Table, ce qui démontre l'exactitude de ces nombres. L'Itinéraire d'Antonin est même conforme, *Anconam* XXVI ; & il est manifeste que ce qui s'y lit au-dessus, *Ultra Aneonam* IIII, selon la leçon de Surita, est une ligne à effacer comme superflue, ou doit du moins se lire *Ultra Anconam usque*, en plaçant tout de suite le nombre XXVI, qui quadre aux deux nombres de la Table. Selon la Carte de la Marche d'Ancône de Magini, la distance de Sinigaglia à Ancône en droite-ligne est de 22 Milles. Et vous observerez que la situation d'Ancône dans un recoin de la côte, met un coude dans la Voie en approchant de cette ville. Par l'Echelle d'une Carte plus récente, publiée par Rossi, la même distance ne va pas tout-à-fait à 20 Milles ; & en prenant ces Milles sur le pied du Mille commun, on en déduit 24 à 25 Milles Romains, ce qui est précisément égal à l'espace qui se mesure sur notre Carte.

A ces distances combinées depuis Fano, il faut joindre la Latitude d'Ancône. M. Manfredi la conclut sur les Observations de Nadi, à 43 degrés 30 minutes. Mais, comme il conclut en même-tems celle de Rimini à 44 degrés 2 minutes, conséquemment aux Observations du même Astronome, & que néanmoins la position de Rimini devient plus septentrionale d'environ 3 minutes dans M. Bianchini, je me suis porté à augmenter d'autant la Latitude d'Ancône ; & il faut que l'on convienne, qu'en agissant ainsi ce n'est pas affecter de resserrer le continent de l'Italie.

Si on se rappelle, qu'avec les distances qui se suivent ici depuis Rimini jusqu'à Ancône, la distance de Ravenne à Rimini a été discutée dans la prémiére Partie, on trousera une chaîne de distances, & même assez directe, entre Ravenne & Ancône. Selon Pline, la distance qui sépare ces villes est de 102 Milles. Les mesures-itinéraires que nous avons combinées dans cet intervalle, donnent 109 : sçavoir, de Ravenne à Rimini 33, de Rimini à Pésaro 24, de Pésaro à Sinigaglia 26, & autant de Sinigaglia à Ancône. Or, dès que la mesure de Pline est plus courte, il s'ensuit qu'elle peut être prise en parfait alignement, & comme la traversée par Mer : car on sçait que Ravenne n'est aujourd'hui éloignée de la Mer de quelques Milles, que parce que la Mer s'est retirée. Cette distance n'est pas la seule, qu'il soit certain que Pline nous donne sur le même pied dans le détail de l'Italie. Et en ouvrant le compas sur notre Carte entre Ravenne & Ancône, les 102 Milles s'y rencontrent avec aisance.

Le même auteur nous indique une distance de même espece, dans l'intervalle d'Ancône à un autre point de la côte d'Italie, qui est le Promontoire du Mont *Garganus*. Mais, il ne sera question de cette distance que dans un cas pareil à celui où nous faisons usage de la précédente, c'est-à-dire, après que le point auquel elle se rapporte se trouvera fixé par les voies qui nous y conduiront. Ce qu'actuellement je crois devoir vérifier, est l'indication que Pline nous donne de la traversée de la Mer Adriatique, d'Ancône à Pola dans l'Istrie. Il semble que la pointe de ce pays la plus avancée en mer, & qui est peu éloignée de Pola, réponde au coude que la côte d'Italie fait à Ancône, & auquel il est tout naturel d'attribuer le nom de cette ville, ce qui est même appuyé du témoignage formel de Pomponius-Mela ; & surquoi on peut encore citer Procope (*Gothic.* liv. 2, ch. 13) qui joint cette remarque à une description très-exacte de la situation d'Ancône. Or, la traversée dont il s'agit est indiquée de 120 Milles ; & suivant l'emplacement que les lieux respectifs ont pris sur notre Carte d'Italie, on en mesure environ 116, entre la position d'Ancône & le travers du petit golfe au fond duquel Pola eſt ſituée, & dont la profondeur ajoute environ 3 Milles à cette meſure. On ne peut ſe concilier de plus près dans une combinaiſon de cette eſpece, & qui ne ſçauroit être préparée. Et j'en tire une conſéquence affirmative pour ce qui eſt dit de la Latitude de Trieſte dans notre prémiére Partie, nonobſtant que cette Latitude différe notablement de pluſieurs Cartes, ſur-tout de celles de l'Allemagne. Car le point de Trieſte eſt en rapport immédiat avec Pola : & quoique l'Itinéraire d'Antonin fourniſſe 77 Milles dans cet intervalle, que dans la Table on en compte 78, néanmoins la diſtance en droite-ligne de Pola à Trieſte ne va qu'à 64 dans notre Carte ; & il n'eſt pas ordinaire que la réduction ſoit ſi forte dans l'emploi que nous faiſons des meſures-itinéraires. Elle ne ſe peut même autoriſer ici, que parce que la Voie dans l'intervalle en queſtion, décrivoit un arc conforme à celui de la côte d'Iſtrie, pour toucher à *Parentium* ou Parenzo, qui eſt au ſommet de cet arc. Mais, malgré cette circonſtance, on ne peut pas dire que ce ſoit par trop d'extenſion ſur cet eſpace, que le point de Trieſte eſt plus ſeptentrional que dans des Cartes, qui en dilatant les pays du Cercle d'Autriche, compriment le Golfe de Veniſe. Obſervons toutefois, que par ces combinaiſons, on voit une liaiſon ou correſpondance marquée avec celles qui ont été portées le plus en avant dans la partie de la Lombardie.

Quoique notre objet dans cette Section paroiſſe rempli, je ne puis cependant me diſpenſer de remarquer, que la diſtance d'Ancône à l'égard d'un point établi ſur la Voie Flaminienne ſe peut vérifier. En nous avançant vers la Mer Adriatique, la poſition de Nocera nous mettoit autant à portée pour le moins d'Ancône, que de Fano, le prémier des points qui ait été pris ſur le bord de cette mer : & on peut obſerver, que les poſitions de Nocera, Fano & Ancône forment entre elles un Triangle, qui tient aſſez de l'équilatéral. Deux des côtés de ce Triangle ayant été reconnus & meſurés, le troiſiéme qui conſiſte dans la largeur

geur de la Marche d'Ancône, eſt à vérifier de même par une ſuite de diſtances que donne l'Itinéraire d'Antonin, & au moyen deſquelles nous partirons d'Ancône, pour revenir à la poſition de Nocera.

D'Ancône à *Auximum* XII Milles, & cette diſtance ſe retrouve dans la Table comme dans l'Itinéraire. J'obſerve que la poſition d'Oſimo eſt rapprochée de la Mer dans la Carte plus moderne dont il eſt parlé ci-deſſus, par comparaiſon à celle de Magini; ce qui eſt & plus conforme à la diſtance dont il eſt queſtion, & plus convenable à ce que dit Strabon, qu'*Auximum* n'eſt qu'à une petite diſtance de la Mer, μικρὸν ὑπὲρ τῆς θαλάττης. Procope (livre II de la Guerre des Goths) donne une indication préciſe de cette diſtance à 80 Stades, & dans notre Carte on y meſure 10 à 11 Milles. D'Oſimo à *Trea* ou *Treia* XVIII. Les Cartes nous indiquent *le Reliquie di Treiana*, à la gauche de la riviére de Potenza près de Montecchio, & le témoignage d'Holſtenius en donne la confirmation. Les IX Milles de l'Itinéraire entre *Treia* & *Septempeda* portent à San-Severino, ſur la même riviére de Potenza, mais à la droite; & comme cette riviére ſort de l'Apennin vis-à-vis de Nocera directement, il n'y a pas de doute que ſon cours ne détermine la direction de la Voie qui nous y conduit. Indépendamment même de ces convenances, il eſt fait mention de S. Severin, Evêque de *Septempeda*, dans les monumens de cette Egliſe du tems de l'Empereur Juſtinien. De *Septempeda* à *Prolaqueum* l'Itinéraire marque XV. On trouve en remontant la Potenza, ſur le même côté que San-Severino, où la manſion précédente prend ſa place, un lieu nommé Pioraco, & il eſt aiſé de reconnoître que ce nom eſt corrompu de Prolaco. On a dit autrefois *Prolaqueum* pour *Prolacum*, de même que *Sublaqueum* pour *Sublacum*, aujourd'hui Subiaco. La ſituation de Pioraco répond à la dénomination. Car, en remontant la Potenza, on trouve immédiatement au-deſſus de ce lieu deux Lacs bien exprimés dans les Cartes. Ces circonſtances locales ſont bien propres à fixer l'opinion qu'on doit avoir du *Prolaqueum*, ſans que la mention que les Actes des SS. Séverin & Victorin, (cités par M. Weſſeling, Itiner. Ant. p. 312) font d'un mont, *quem dicunt Prolacem*, y ſoit un obſtacle. Mais, la diſtance de Pioraco à l'égard de San-Severino, n'égale pas l'indication de l'Itinéraire. La Carte de Magini ne fournit pas 8 Milles complets; l'autre Carte n'en donne que 6 & demi, qui ſelon le Mille commun ne produiſent que 8 Milles Romains & une fraction de Mille. Ainſi je ne doute point, que l'Itinéraire ne doive être réformé dans cette diſtance, qui ne prend vraiſemblablement que IX Milles de meſure-itinéraire. Entre *Prolaqueum* & Nocera, l'Itinéraire donne 16 Milles, en deux diſtances de VIII chacune; & en-effet ce qui nous reſte de diſtance juſqu'au point de Nocera valant 14 à 15 Milles en droiture, il eſt clair que la meſure-itinéraire dans un endroit où le paſſage de l'Apennin ſe rencontre, eſt plus que remplie. Somme-tout, nous comptons 64 Milles dans le détail des diſtances; & la ligne directe du point de partance à celui du terme ne vaut pas moins de 59 dans notre Carte, & il eſt bien probable que cette meſure ſuffit pour le moins à l'autre.

SECTION V.

Seconde Voie vers la Mer Adriatique, ſçavoir la Valérienne.

DES deux grandes Voies qui nous conduiront encore à la Mer Adriatique, celle qui étoit nommée Salarienne parce qu'elle ſervoit aux Sabins pour le tranſport du Sel à Rome, doit précéder la Valérienne dans l'ordre que nous ſuivons, étant immédiate à l'égard de la Flaminienne, par laquelle nous avons commencé. Les principaux lieux qui se rencontrent sur la Voie dont il s'agit sont, *Eretum*, *Reate*, *Cutiliæ*, *Asculum-Picenum*.

L'Itinéraire d'Antonin marque XVIII Milles entre Rome & *Eretum*, aujourd'hui Monte-ritondo, comme tous les Sçavans en conviennent. On trouve l'indication de la distance d'*Eretum*, dans Denys d'Halicarnasse (liv. 11) sur le pied de 140 Stades, qui sont strictement 17 Milles & demi. Holstenius (*ad Cluverii pag.* 668) nous apprend, que Monte-ritondo est distant de Rome en mesure directe, *per rectam lineam*, de 9876 Cannes Romaines. Et comme le Mille Romain ancien ne comprend que 660 de ces Cannes ou environ, étant plus court que le moderne qui est composé de 667, on déduit à peu de chose près 15 Milles du nombre des Cannes ci-dessus. A quoi si on ajoute 15 ou 16 cent Pas, pour ce qu'il y a d'espace entre la Porta-Salara, comme elle se nomme encore actuellement, & le lieu du *Forum-Romanum* où le Milliaire doré faisoit le principe des distances; que par-dessus cela on donne quelque chose aux détours de la Voie (car il est à remarquer qu'elle n'est pas très-directe) on jugera que la mesure-itinéraire peut bien consumer 17 à 18 Milles. Cependant, je ne puis me dispenser d'observer, que la distance ne se retrouve pas telle sur les Cartes que l'indique Holstenius. Car dans une Carte particuliére, *Dorsi Prænestini & Tusculani*, donnée par Fabretti, on ne mesure que 12 Milles & environ un cinquiéme, depuis l'enceinte de Rome jusqu'à la position de Monte-ritondo, ou 13 & trois quarts y compris le demi diametre de Rome. La Carte de Cingolani fournit encore moins. Mais quoi-qu'il en soit, le parti que nous avons embrassé en général de ne point épargner l'espace, & le témoignage d'Holstenius sur celui-ci en particulier, font qu'il y entre plus de 16 Milles en droite-ligne dans notre Carte.

Pour nous conduire d'*Eretum* à *Reate*, la Table Théodosienne se joint à l'Itinéraire d'Antonin, & il y a une parfaite conformité entre ces deux anciens monumens. Un lieu intermédiaire, nommé *Vicus-novus* dans l'Itinéraire, *ad Novas* dans la Table, & dont on retrouve des vestiges à Sainte-Marie in Vico-novo, sur la trace même de l'ancienne Voie, est indiqué d'une part comme de l'autre, à XIIII d'*Eretum*, XVI de *Reate*. Cluvier remarque, que l'on compte actuellement 25 Milles dans cet espace, & selon la proportion du Mille commun au Mille Romain, il en résulte à la rigueur 31 de cette derniére espece. On peut affirmer, que la Sabine est trop étenduë dans Magini, où le même espace équivaut 27 Milles communs de bonne-mesure, & en droite-ligne. Mais j'observe, qu'à prendre la distance en total du point de Rome jusqu'à Riéti, elle se rencontre à peu près la même que dans notre Carte, où l'ouverture du compas donne 45 Milles; & si on en défalque la distance prise en droite-ligne de Rome à Monte-ritondo, il paroîtra que la déduction sur la mesure du chemin ne passe guéres un Mille dans l'intervalle de Monte-ritondo à Riéti. Comme cette déduction peut être estimée foible, on est en liberté de supposer, que l'indication de la mesure-itinéraire dans cet intervalle est susceptible de quelque supplément en fractions de Milles, sur les deux distances rapportées.

D'un autre côté, la position de Riéti est arrêtée par une convenance de distance à l'égard de Terni, distance qui est presque remplie par une suite de Lacs, que la Carte d'Umbrie de Magini représente avec un caractere de précision dans le détail. Cet espace s'évalue 17 à 18 Milles communs dans cette Carte, & la nôtre n'en differe point. Il n'en est pas de même de la position respective de ces villes, ou du gîsement d'une ligne tirée de l'une à l'autre; & elle devient bien plus oblique dans notre Carte que dans Magini. Ce qui en décide est la distance de Terni & de Riéti à l'égard de Rome, Magini faisant la prémiére plus courte que l'autre, au-contraire de ce qui doit être. Et pour être convaincu que Magini est fautif en ce point, il suffit de se rappeller que dans la distance jusqu'à Narni, encore que cette ville soit plus près de Rome que Terni, il faut compter plus de 51 Milles Romains, selon la récapitulation faite au sujet du Ponte-centesimo; au-lieu que nous n'en comptons que 48, sur la Voie qui conduit de Rome à Riéti.

De Riéti à *Cutiliæ* VIIII Milles, comme il est marqué dans la Table, d'autant qu'il y a un grand rapport avec l'indication que Denys d'Halicarnasse donne de la même distance sur le pied de 70 Stades. Holstenius a déja reformé l'Itinéraire, où il faut lire, non XVIII, mais VIII ou VIIII; & Surita a remarqué que le nombre VIII se lisoit dans le manuscrit de l'Escurial. Citta-Ducale, qui a succédé à Cutilies, est distante de Riéti dans Magini, de 7 Milles communs, qui font le juste équivalent de 70 Stades. Cependant, c'est aux environs de Paterno, qui selon les Cartes est à quelques Milles plus loin que Citta-Ducale, qu'on trouve le Lac que Varron appelle *Cutiliensis*; & même d'anciens vestiges, qui selon Cluvier conservent le nom de Cotila. Les Actes de S. Victorin, qui souffrit le martyre en ce lieu, portent que ce fut *ad LX Lapidem Viæ Salariæ*. C'est Holstenius qui cite ces Actes; & le détail des distances jusqu'à *Cutiliæ* en approche beaucoup. Supposé même qu'il faille ajouter quelques Milles entre l'emplacement de *Cutiliæ* & le lieu du martyre, la convenance sera encore plus grande. Varron, selon le rapport de Pline, estimoit que le Lac de Cutilies étoit *umbilicus Italiæ*. Cette circonstance se justifie avec précision, en ce qui concerne la largeur de l'Italie, par les distances itinéraires qui en font toute la traversée à l'endroit où ce Lac se rencontre. Car au nombre de 60 Milles constaté ci-dessus, il faut ajouter la distance de Rome à Ostie, qui par l'accord des Itinéraires, & par le témoignage de Pline, d'Eutrope, & du Scoliaste de Lucain publié par Oudendorp, est décidée de 16 Milles. Or, nous trouverons ci-après un compte de 74 Milles de Cutilies au *Castrum-Truentinum*, à quoi il convient de ſuppléer encore de quelques Milles pour joindre préciſément le bord de la Mer Adriatique. Il eſt évident qu'on ne peut rencontrer plus d'égalité dans un pareil décompte. J'avoue, qu'en meſurant l'intervalle qui eſt entre le Lac de Cutilies & chacune des deux Mers, par l'ouverture du compas, il ſe trouve plus grand ſur la Carte à l'égard de la Mer Tyrrhene qu'à l'égard de la Mer Adriatique. Mais, cela n'infirme point le décompte de ci-deſſus, & il faut prendre garde que la Voie eſt plus directe & plus unie du côté qui ſe montre le plus fort que de l'autre. Et il eſt naturel de penſer, que les Anciens en ont ſimplement décidé ſur un calcul de meſures-itinéraires, ſans avoir étudié à reduire les eſpaces correſpondans à une ligne-directe & parfaitement Géométrique. Si ce rapport du calcul Itinéraire ſe retrouve encore, peut-on diſconvenir qu'il ne ſoit vérifié par cet endroit?

De Cutilies à *Inter-ocrea*, VI dans l'Itinéraire, VII dans la Table. Cette derniére manſion a pris ſon nom de ſa ſituation entre des montagnes: *Ocrem antiqui montem confragoſum vocabant*, dit Feſtus. Le lieu dont il s'agit conſerve ſon nom dans celui d'Interdoco ou Anterdoco. Sa diſtance à l'égard de Riéti paſſe XII Milles communs dans l'Abruzze de Magini, ce qui fournit bien 16 Milles Romains de meſure-itinéraire, comme ils ſe comptent en ajoutant 7 à 9. Juſqu'à Riéti la direction de la Voie que nous ſuivons tend au Nord-Eſt, quelques degrés de plus vers le Nord. Mais, la poſition d'Interdoco ſe range à l'Eſt par rapport à Riéti; nonobſtant quoi la route prend enſuite le Nord ou à peu près, en remontant vers les ſources du Velino, pour franchir l'Apennin entre Citta-Reale & Amatrice. De-là elle retourne au Nord-Eſt juſqu'à Aſcoli, & décline preſque juſqu'à l'Eſt pour arriver au bord de la Mer Adriatique. C'eſt au moyen de ces circuits & variations, qu'il eſt naturel que la Voie prenne moins d'eſpace entre le Lac de Cutilies & cette Mer, qu'entre ce même Lac & la Mer Tyrrhene, quoiqu'il y ait autant de conſommation en meſure de chemin d'un côté que de l'autre.

A la ſuite d'*Inter-ocrea* vient *Phalacrine*, que la naiſſance de l'Empereur Veſpaſien a illuſtrée, & dont le nom ſe conſerve dans celui de la vallée où Citta-Reale a été formée de la déſertion de pluſieurs lieux voiſins, dans le nombre deſquels un Diplome de Robert, Roi de Naples, en date de l'an 1332, nomme *Falacrine*. La diſtance à l'égard d'*Inter-ocrea* eſt marquée XVI dans l'Itinéraire, & on les compte auſſi dans la Table de cette maniére : *Palacrinis* IIII. *Foroecri* XII. *Inter-ocrio*. La Table prend enſuite une autre route; mais l'Itinéraire continue, *Vicum Badies* IX, *ad Centeſimum* X. En trouvant ce *Centeſimum* donné par un monument ancien tel que l'Itinéraire, il n'eſt point étonnant que nous ayons rencontré un Centeſimo ſur la Voie Flaminienne, ou ſur un autre rayon tiré de Rome, & à peu près en même hauteur à la circonférence. Nous n'irons pas plus avant, ſans faire récapitulation des diſtances qui nous conduiſent juſqu'à ce terme, que la dénomination fixe ſans équivoque. De Rome à *Eretum* 18, d'*Eretum* à *Reate* 30, à *Cutiliæ* 9, *Inter-ocrea* 7, *Phalacrine* 16, *Centeſimum* 19. Total 99. Si l'on ſuppoſe, que faute de fractions dans l'indication des diſtances en Milles, cette indication manque de préciſion, au moins faut-il convenir qu'ici elle nous amène au plus près. Il ſeroit à ſouhaiter, que ce qui contribue le plus communément à la compoſition des Cartes, ne fut pas ſuſceptible de plus grande erreur. Quant à ce *deficit* d'un Mille, s'il eſt permis d'eſtimer en quel endroit de la route il convient mieux de le rétablir, je crois que c'eſt dans l'intervalle d'*Eretum* à *Reate* plutôt qu'ailleurs. Quelques fractions ajoutées aux deux diſtances, qui partagent uniformement cet eſpace dans l'Itinéraire & dans la Table, feront ce ſupplément; & alors la compenſation des 25 Milles qui ſe comptent aujourd'hui ſera entiére, au moyen de 31 Milles Romains.

A *Inter-ocrea* il ſe détachoit de la Voie Salarienne une

branche, qui conduisoit à *Amiternum*. On rencontroit d'abord *Testrina*, que Caton, au rapport de Denys d'Halicarnasse, disoit être la prémiére demeure des Sabins. Ce lieu est marqué dans la Table, quoique son nom y soit corrompu, mais non pas d'une maniére à le méconnoître: on y lit *Fisternas*. La distance est indiquée de X Milles; & elle tombe sur Civita-Tomassa, qui est un lieu ancien, distant de 7 Milles & demi communs & en droite-ligne d'Interdoco, selon la Carte de l'Abruzze de Magini, ce qui est plus que suffisant, vû que l'Apennin occupe cet intervalle. De Civita-Tomassa aux ruines d'*Amiternum*, on mesure sur la même Carte 5 à 6 Milles communs, ou environ 7 Milles Romains, à l'ouverture du compas, sans aucun égard pour ce que la mesure relative au chemin peut y ajouter. De-sorte, que la distance d'*Inter-ocrea* à *Amiternum* nous est donnée de 17 ou 18 Milles. Le Martyrologe Romain, corrigé sur la leçon des manuscrits par Holstenius, nous apprend ce que l'on comptoit de distance sur la Voie Salarienne jusqu'à *Amiternum : In Amiterninâ civitate, Milliario LXXXIII ab urbe Romanâ, Viâ Salariâ, Natalis (Julii 24) S. Victorini martyris.* Or, nous compterons jusqu'à *Inter-ocrea* 65, en faisant la distance d'*Eretum* à *Reate* de 31 : & par l'addition de 18 entre *Inter-ocrea* & *Amiternum*, la somme est en-effet conforme au témoignage de l'ancien Martyrologe. La distance d'*Amiternum* éprouvant ainsi une vérification très-exacte, cela me donne lieu d'observer, qu'Amiterno prend à peu près la hauteur de Pescara dans notre Carte; & que par la fixation de Pescara donnée dans la Section suivante, l'intervalle de ces deux points occupe plus que moins d'espace par comparaison à la Carte de l'Abruzze de Magini. Car, bien qu'on ait peine à y trouver 30 Milles communs, notre Carte en admet 31 à bonne mesure.

Du *Centesimum* l'Itinéraire conduit à *Asculum-Picenum*, ou Ascoli, & la distance est marquée XII. D'Asculum au *Castrum-Truentinum* XX; & cette distance sur le pied d'environ

d'environ 16 Milles communs dans la Carte de la Marche d'Ancône de Magini, tombe sur Monte-brandone, ou la Montagne ardente, dont la situation est la plus convenable au *Castrum* dont il s'agit, sur le bord du fleuve nommé *Truentus* ou Tronto, qui vers l'embouchure sert de port à la ville d'Ascoli. Nous comptons depuis Rome jusqu'au *Castrum-Truentinum* 132 Milles. L'intervalle qui est entre ce lieu & le rivage de la Mer peut aller à 4 ou 5 Milles. Si l'on joint à cela les 16 Milles de Rome à Ostie, on aura la traversée entiére de l'Italie dans cette partie, sur le pied de 152 Milles, mesure-itinéraire. On a vû ci-dessus, que le Lac de Cutilies, estimé le centre de l'Italie par Varron, se fixe à 76 Milles à l'égard d'Ostie: & le double de cette somme produit en-effet celle qui se rencontre au total. Cette circonstance peut être regardée comme une vérification du tout en général: mais elle devient encore une preuve particuliére, que les distances indiquées depuis le *Centesimum*, qui se justifie par sa propre dénomination, doivent être correctes.

Après avoir ainsi atteint le bord de la Mer Adriatique, ce qui nous reste à desirer au surplus, est d'avoir une liaison entre le terme auquel on vient d'arriver, & quelque point déja fixé & qui soit à portée. En combinant une suite de distances particuliéres, marquées dans l'Itinéraire & dans la Table, & en les jugeant plus ou moins convenables selon le local, dans l'intervalle du *Castrum-Truentinum* à Ancône, on en déduit ce qui suit:

Castrum-Truentinum XII. *Cupra-maritima* XII.
Castellum-Firmanum XVI. *Potentia* X.
Numana VIII. *Ancona*. (Total 58.)

Sans entrer dans le détail de chacun de ces lieux & distances, il suffit de remarquer en général, que l'ouverture du compas de Monte-brandone à Ancône est de 55 à 56 Milles dans notre Carte; ce qui probablement n'est pas trop inférieur à ce que donne la mesure-itinéraire, & s'accorde avec la Carte de la Marche d'Ancône de Magini sur le pied d'environ 44 Milles communs. Il faut ſe rappeller au-reſte, que la poſition d'Ancône eſt concluë ſur des Obſervations Aſtronomiques de Latitude ; ce qui doit influer ſur le point dont nous partons pour joindre cette poſition. Le *Caſtellum-Firmanum*, mentionné dans le détail de route ci-deſſus, ſe place préciſément au Porto-Fermano, diſtant de quelques Milles de *Firmum* ou Fermo. Et je tire une ligne entre Fermo & San-Severino, par la raiſon que la diſtance qui ſe trouve entre ces lieux, répond aux 30 Milles que l'on compte dans l'Itinéraire d'Antonin, de *Septempeda* (ou San-Severino, comme on a vû dans la Section précédente) à *Firmum*.

SECTION VI.

Troiſiéme Voie, qui eſt la Valérienne. Largeur de l'Italie, priſe de l'embouchure du Tibre à celle de l'Aternus.

LE prémier lieu qui ſe préſente ſur la Voie qui nous conduit dans cette Section, eſt *Tibur*, & la Voie étoit même appellée Tiburtine dans l'intervalle de Rome à cette ville. La diſtance de XX Milles indiquée dans l'Itinéraire d'Antonin, & par ce vers de Martial (*Ep.* 57, *lib.* 4) où il eſt queſtion de Tivoli :

Quo te bis-decimus ducit ab Urbe Lapis.

ne ſe retrouve pas bien complettement ſur les Cartes. Il étoit à déſirer, que M. l'Abbé Révillas étendît ſa belle Carte Topographique du Diocèſe & territoire de Tivoli, juſqu'aux portes de Rome. Mais, cette Carte, qui joint à la préciſion Géometrique, l'expreſſion du local la plus parfaite, nous fournit un moyen de connoître ce que les Romains comptoient dans la diſtance du point de Rome à Tivoli. Deux Colomnes-milliaires fur pied, & numérotées XXXVIII, font marquées dans cette Carte fur deux branches de Voie différentes, mais qui fortent de la même Voie; & par la mefure qui fe prend de l'efpace des Milles, fur la trace de la Voie très-bien exprimée, & en revenant à Tivoli, cette ville fe trouve placée entre la dix-neuf & vingtiéme Colomne; & la prémiére de ces Colomnes devient même plus voifine de Tivoli que la feconde, & à peu près dans la proportion de trois fur huit, eu égard au centre ou lieu principal de cette ville. Ce point précis de la diftance de Tivoli trouve fa vérification. L'Abbréviateur d'Etienne de Bizance indique d'après Artémidore, la diftance entre Rome & Tivoli fur le pied de 147 Stades. Mais comme on n'en déduit que 18 Milles & trois huitiémes, ajoutez en pareil cas ce qu'il y a d'efpace dans l'étendue de Rome, depuis le lieu du centre pris au *Forum*, jufqu'à la Porte qui fert de débouchement à la Voie Tiburtine, & dont le nom d'aujourd'hui eft San-Lorenzo. Cet efpace valant un Mille précifément, vous retrouverez avec exactitude les 19 Milles & trois huitiémes, qui réfultent du moyen dont nous ufons pour fixer le point de Tivoli.

Mais, ceci nous donne bien la mefure-itinéraire, & il falloit encore combiner la diftance en droiture. J'ai tâché de fuppléer à la Carte de M. l'Abbé Révillas (qui m'a paru terminée entre la douze & treiziéme Colomne) par la Carte de Fabretti, *D'orfi Tufculani & Prænestini*, où j'ai divifé la Voie Tiburtine avec fes circuits, en autant de Milles qu'il en reftoit jufqu'au centre de Rome. Il s'eft enfuivi, que cette diftance ne paffoit guéres 18 Milles de droite-ligne. Nonobftant cette combinaifon, l'ouverture du compas fur notre Carte revient à 18 & demi; & ce qui témoigne bien qu'elle doit être plutôt forte que foible, la Carte de Fabretti ne s'étend qu'à 17 & environ un tiers. La Table Théodofienne marque une diftance de XVI Milles fur la Voie Tiburtine, *ad Aquas Albulas*. Ces Bains s'écartent d'environ cinq quarts de Mille de la Voie ; & selon la Carte de M. l'Abbé Révillas, ils se rencontrent entre 15 & 16, & même plus près de 15 que de 16. La distance de-là à Tivoli, omise dans la Table, est d'environ 4 Milles. Ainsi, le décompte itinéraire par cette route deviendroit égal au prémier.

Par la maniére dont Tivoli a été mis en place, j'ai remarqué qu'il se rencontroit 10 Milles de distance entre cette position & celle de *Præneste* ; & en-effet Strabon donne l'indication de cette distance sur le pied de 100 Stades, lesquels sont suffisamment déterminés sur le pied de 10 au Mille, dans l'usage que cet auteur en fait aux environs de Rome. Et il n'y a point à douter de l'évaluation de l'espace, puisque la Carte de M. l'Abbé Révillas, qui s'étend jusqu'à Poli inclusivement, embrasse l'espace presque entier.

Cette Carte Tiburtine nous conduit jusqu'aux vestiges de *Carseoli*. La distance de Tivoli à cette ville est marquée XXII dans l'Itinéraire : on compte un Mille de plus dans la Table, où cet intervalle est coupé en plusieurs distances : *Tibori* VIII. *Varie* V. *Lamnas* (lisez *Laminas*) X. *Carsulis*. Les vestiges de Carseoles se rencontrent entre 41 & 42, par la mesure de la Voie qui y conduit, en partant de la Colomne XXXVIII qui est encore existante sur cette Voie. Et puisque nous rencontrons Tivoli entre 19 & 20, donc la mesure-itinéraire entre Tivoli & Carseoles est en-effet de 22. Mais, il est à propos de faire observer ce qu'il y a de différence entre la mesure-itinéraire & la ligne-directe. Cette ligne vaut à peine 15 Milles, ou les deux tiers : & si une Carte levée trigonométriquement & à grand point, sur laquelle le pays est peint pour ainsi dire au naturel, & qui représente la Voie dans tous ses circuits, n'en décidoit pas, est-il à présumer que le Géographe eût assez de hardiesse pour en user ainsi sur une pareille distance ? Si on se rappelle, comment nous en avons usé dans le passage du Mont-Genêvre & du Saint-Bernard, on verra que la réduction n'a pas été conclue aussi forte.

Cependant, il est à remarquer, qu'à l'endroit d'une Osteria, nommée Ferrata, il se détache sur la gauche une branche de Voie, qui bien qu'elle ait quelques détours dans la traversée d'une montagne, conduit néanmoins à *Carseoli* plus directement, & se rejoint à la prémiére Voie où la Colomne XXXVIII subsiste, à un Mille & demi plus que moins en deçà de *Carseoli*. Par l'application que j'ai faite de la mesure des Milles sur la trace même de la Voie, l'Osteria Ferrata se rencontre un peu au-delà du trente-deuxiéme Milliaire, c'est-à-dire, à peu près 13 Milles du point de Tivoli, & justement dans la distance où la Table Théodosienne indique le lieu de *Laminæ*, dont le nom a beaucoup de rapport à celui de Ferrata. La même Table marque X entre *Laminæ* & *Carseoli*, & il est vrai qu'on en retrouve environ 9 & demi par la Voie la plus longue, & qui conserve une Colomne numérotée XXXVIII. Nous avons besoin de cette Voie plus longue pour retrouver cette distance, de même que celle qui s'y rapporte dans l'Itinéraire d'Antonin sur le pied de XXII entre Tivoli & Carseoles. Mais, par la branche de Voie, qui au-delà de Ferrata coupe plus directement vers cette derniére ville, on ne passe guéres 37 & demi, à compter du point de Rome, on ne trouve que 37 deux tiers, jusqu'à l'emplacement de *Carseoli*, au-lieu de 41 & demi que consume la Voie du plus grand circuit. Je suis entré dans ce détail pour qu'on ne fut point étonné, & qu'on sçut même précisément pourquoi une Colomne milliaire, qui se voit encore en place à 3 Milles & environ un tiers au-delà de *Carseoli*, sur le bord du Torano, est numérotée XXXXI. Car, si vous ajoutez la distance de cette Colomne à l'égard de Carseoles, à la mesure ci-dessus déduite de 37 & plus que demi entre Rome & Carseoles, vous aurez en effet le nombre inscrit sur la Colomne, & qui est relatif au point de Rome.

La Colomne dont je viens de parler, a été connue de

Fabretti, qui en parle, *Differt. II. de Aquis & Aquæduct.* Mais, ce qui me donne lieu d'en faire usage, est une seconde Carte de M. l'Abbé Révillas, non moins belle que la prémiére, & qui représente avec une égale précision, avec la même intelligence pour l'expression de la Topographie, l'étendue du Diocèse des Marses, limitrophe de celui de Tivoli. Je connois peu d'ouvrages de ce genre aussi bien entendus que ces deux Cartes: & par la maniére dont elles sont ornées de la représentation de divers monumens anciens, l'auteur fait voir autant de goût & de sçavoir dans l'Antiquité, que d'habileté Géographique. La Carte des Marses nous conduit sur la Voie Valérienne jusqu'au passage de l'Apennin. Mais, avant que d'entrer dans le détail, j'observerai que le Mille Romain est défini par l'Echelle de cette Carte, à 6601 Palmes des Architectes de Rome & 11 douziémes & un quart. Par cette évaluation M. l'Abbé Révillas fait le Mille Romain plus court que sa composition actuelle à 6670 Palmes. Et cela justifie ce que j'ai conclu dans le Traité des Mesures-itinéraires, que le Mille Romain ancien devoit avoir quelque chose de moins que le moderne. En évaluant même le Palme de ci-dessus à 8 Pouces 2 Lignes & 9 dixiémes de Ligne, suivant M. Auzout, la quantité de Palmes à laquelle M. l'Abbé Révillas fixe ici le Mille Romain, fournit 755 Toises 4 Pieds, ce qui ne differe que d'un Pied de l'étendue que nous avons prise pour ce Mille.

Fabretti, dans son Traité *de Emissario Lacûs Fucini*, compte par la Voie Valérienne 9 Milles & demi, depuis la Colomne XXXXI jusqu'à Tagliacozzo. Et quand on mesure la trace de la Voie sur la Carte du Diocèse des Marses, on retrouve la même distance à peu de chose près, & sauf ce que les inégalités d'un terrain montueux peuvent ajouter à cette mesure. La distance de Tagliacozzo aux vestiges d'*Alba-Fucentis*, en poursuivant sur la même trace de Voie par Scurcula & Capelle, fournit 8 Milles & trois quarts ou environ. Ainsi, depuis la Colomne jusqu'à

Albe ; la mesure-itinéraire revient à 18 & un quart. Et si on y ajoute l'intervalle qu'il y a de *Carseoli* à la Colomne, sçavoir 3 & un tiers, la distance de *Carseoli* à *Alba* se trouve de 21 & demi plus que moins. De-là il faut conclure, qu'au-lieu de XXV pour cette distance, on doit lire XXII dans l'Itinéraire d'Antonin, en désunissant les deux jambages qui forment le V. Au-surplus, il convient d'observer, qu'*Alba* n'est pas située précisément au passage de la Voie Valérienne, mais à environ un Mille & demi sur la gauche, & sur un tertre ou monticule qui paroît isolé.

La position qui suit *Alba* est *Cerfennia*, dont les vestiges se voyent sous Coll'Armelo, près de l'Eglise de Santa-Felicita, située sur la Voie même, & qui dans les anciennes Bulles porte le surnom *in Cerfenna*, comme Holstenius le remarque. Ce docte Critique a corrigé l'Itinéraire sur la distance de ce lieu à l'égard d'*Alba*, & lit XIII & non XXIII. La Carte du Diocèse des Marses donne 11 Milles & un quart de mesure sur la Voie Valérienne, depuis l'Eglise de Santa-Felicita jusques vis-à-vis d'*Alba*, & la distance qu'il y a entre un point pris dans cette ville & le passage de la Voie, rend les 13 Milles presque complets.

Cependant, comme la situation d'*Alba*, un peu écartée du passage de la Voie Valérienne, ajoute à la mesure de cette Voie dans les deux distances qui se rapportent à cette ville ; si la Voie se mesure dans sa direction, & sans toucher à la position d'*Alba*, on trouve 19 Milles entre Tagliacozzo & l'emplacement de *Cerfennia*. Et vû que Tagliacozzo se rencontre entre 9 & 10 de la Colomne numérotée XXXXI, donc *Cerfennia* étoit entre 69 & 70 à l'égard de-Rome.

A deux Milles & demi de Santa-Felicita, entre le Levant & le Midi, est Pescina, où le Siége de l'Evêque des Marses a été transféré de San-Benedetto, qui est à deux Milles de-là sur le Lac Fucin, par le Pape Clement VIII, à la fin du seiziéme siécle. M. l'Abbé Révillas donne une indication de la Latitude de Pescina à 41 degrés 57 minutes & demie. Mais, je ne puis me diſpenſer d'obſerver, que ſi les deux Cartes dont on lui eſt redevable, ſont orientées ſelon le quarré qui les renferme, comme il s'enſuit des Bouſſoles qui y ſont placées, cette Latitude doit paſſer 42 degrés. Je trouve même des convenances dans la maniére dont le Diocèſe des Marſes ſe place en Latitude ſur notre Carte. Car, quand je meſure ce qui ſe rencontre de diſtance entre la poſition d'Albe & celle de Civita-Tomaſſa, qui s'en trouve à portée, & dont l'emplacement eſt une ſuite de la diſcuſſion qui a été faite de la Voie Salarienne, cette diſtance paroît fort convenable aux XVIII Milles Romains que la Table marque entre *Alba* & le lieu nommé *Fruſtemas*, qui n'eſt autre que *Teſtrina* dont il a déja été queſtion, & qui prend ſa place à Civita-Tomaſſa. Quoique ce lieu, dont le nom ſe lit *Fiſternas* & *Fruſtemas* dans la Table, y paroiſſe répété, il eſt indubitable que la double mention qui en eſt faite ſe rapporte à un ſeul & même lieu. D'un côté, ce rapport eſt décidé à l'égard d'*Inter-ocrea*, comme on l'a vû dans le détail de la Voie Salarienne : & de ce côté-ci, il ne l'eſt pas moins par proximité avec *Avia* (II Milles ſeulement d'intervalle) laquelle ville d'*Avia* étoit voiſine de l'Aquila, *propè*, ſelon le témoignage formel du Martyrologe Romain (*ad 13 Kal. Novem.*) *in Avienſi civitate, propè Aquilam in Veſtinis*. On peut même ſur ce qui regarde la ſituation d'*Avia*, conſulter le Ferrari, *de Vitis SS. Italiæ* (*19 Octobr.*) & Salvator-Maſſon, *de origine Aquilæ*. Mais, quand il y auroit de l'équivoque ſur la répétition de *Teſtrina*, il eſt conſtant, que de la poſition de Celano donnée par la Carte des Marſes, à la poſition de l'Aquila, la diſtance devient plutôt forte que foible dans notre Carte par comparaiſon à la Carte de l'Abruzze de Magini, où l'on ne meſure pas 13 Milles communs bien complets : & il n'eſt pas probable, que d'un lieu qui ſe trouve ſur le bord ſeptentrional de la Carte des Marſes, & nommé Rovere, juſqu'au point de l'Aquila, on puiſſe ſans bonne & ſuffiſante raiſon, faire

faire entrer environ 15 Milles communs, au lieu de 9 que donne la Carte de l'Abruzze, comme je remarque qu'il s'ensuivroit de ranger Pescina dans la Latitude indiquée.

Au-reste, je n'ai d'autre motif en ceci, que d'éviter le reproche auquel je serois exposé, de n'avoir pas fait attention à l'indication de la Latitude de Pescina, si je ne déduisois les raisons qui m'ont empêché de m'y conformer. Et je le répéte, la maniére dont les Cartes mêmes de M. l'Abbé Révillas sont orientées, ne me l'a pas permis. Dans la Carte du Diocèse de Tivoli, les ruines de Carseoles sont portées plus au Nord que Tivoli de près de 9 Milles Romains; & selon la Carte du Diocèse des Marses, Pescina ne baisse au Sud à l'égard de Carseoles que de 2 Milles. Donc, il y a près de 7 Milles, ou plus de 5 minutes, entre le Parallele de Tivoli & celui de Pescina. Si l'on compare la Latitude de Pescina sur le pied de 41 degrés 57 minutes & demie, à la détermination du point de Rome à 41 degrés 53 minutes 45 secondes, de laquelle je ne vois pas qu'on puisse appeller, il ne reste que 3 minutes 45 secondes de différence, ce qui ne suffit pas pour ce qui s'en trouve entre Tivoli & Pescina. Bien-loin toutefois que Tivoli soit rangé au Sud à l'égard du Parallele de Rome, il paroît constant qu'il s'en écarte vers le Nord. La différence d'environ 4 minutes dans ce sens-là qui résulte de notre Carte, est moindre qu'elle ne se conclut de la Carte de Fabretti, *Dorsi Præneſt. & Tuſcul.* où elle embrasse la valeur de 6 Milles Romains, ou près de 5 minutes.

De Santa-Felicita jusqu'à Forca-Carrosa, qui est une ouverture dans l'Apennin, où se termine le Diocèse des Marses, on mesure 4 Milles de distance. Selon la Table, entre *Cerſennia* & le Mont *Imeus*, V. La distance de *Cerſennia* à *Corſinium* immédiatement est marquée XVII dans l'Itinéraire d'Antonin. Cette ville de *Corſinium*, la capitale des *Peligni*, la place-d'armes des peuples de l'Italie ligués contre Rome dans la Guerre Sociale, est aujourd'hui réduite à un hameau, nommé San-Perino, *Sanctus*

Pelinus. Elle étoit ensévelie dans ses ruines, *tota diruta*, dès l'an 970, selon le témoignage de Sigebert de Gemblou (Dacheri *Spicileg*. tom. II.) La position de *Corfinium* se doit combiner d'un autre côté, par la distance de VII Milles à l'égard de Sulmone, dont l'indication donnée par la Table est confirmée dans le prémier livre *de Bello civili*; & sur la distance de III Milles d'un Pont sur l'*Aternus* ou riviére de Pescara, comme César nous l'indique dans le même livre. La distance de Sulmone à la riviére de Pescara, vis-à-vis de l'emplacement de *Corfinium*, & un peu au-dessus de Popoli, se mesure sur le pied de 8 Milles communs dans la Carte de l'Abruzze, ce qui revient exactement aux 10 Milles Romains que fournissent les deux distances.

De *Corfinium* à *Interpromium*, XI dans l'Itinéraire d'Antonin, XII en réformant la Table, où on lit VII. Cette distance jointe à celle de *Corfinium* à Sulmone forme XVIII ou XIX. Ainsi, il faut corriger l'Itinéraire, sur la route de Milan à la Colomne près de Régio, & lire dans la distance d'*Interpromium* à Sulmone XIX, au lieu de XXIX, dont l'erreur est manifeste. Suivant les Actes de plusieurs Martyrs, & entre autres de S. Valentin, comme on l'apprend d'Holstenius, le lieu *Interpromium* étoit situé près d'un pont sur la riviére de Pescara, sous le bourg de San-Valentino. C'est dans cet intervalle, & immédiatement au-dessous de Popoli, que cette riviére se trouve pressée par une branche de l'Apennin fort élevée, nommée Maiella, au travers de laquelle le fleuve s'est ouvert un passage.

Du lieu où l'*Interpromium* se place sous San-Valentino, jusqu'à Civita-di Chieti ou *Teate*, on mesure environ 9 Milles communs, ou à peu près 12 Milles Romains dans la Carte de l'Abruzze, & en droiture. Holstenius a déja corrigé l'Itinéraire dans cette distance, où le nombre XVII est manifestement trop fort, & tient lieu de XIII. Mais, ce qui sauve toute équivoque sur cette distance &

les précédentes, est une Colomne-milliaire en sa place, près de la riviére de Pescara, à un Mille au-dessous de *Teate*, & qui porte cette Inscription, au nom de l'Empereur Claude :

VIAM CLAUDIAM VALERIAM
A CERFENNIA OSTIA ATERNI
MUNIT IDEMQUE
PONTES FECIT
XLIII.

Il n'est pas douteux que ce numéro ne soit relatif à la mesure des Milles depuis *Cerfennia*; & ce que nous avons compté dans cet intervalle s'y rapporte exactement; sçavoir, de *Cerfennia* à *Corfinium* 17, de *Corfinium* à *Interpromium* 12, à *Teate* 13. Total 42; lequel ne differe du numero de la Colomne, qu'autant précisément que le lieu de cette Colomne se trouve distant de *Teate*. Quant à ce qui reste de distance, entre Civita-di Chiéti & l'embouchure du fleuve *Aternus* à Pescara, l'évaluation s'en fait de 8 à 9 Milles Romains, qui répondent à environ 7 Milles communs.

A ce point d'arrivée sur la Mer Adriatique, nous avons à produire le témoignage de Pline, qui parlant de la largeur de l'Italie prise en différens endroits, s'explique ainsi: *Mediæ, atque fermè circà urbem Romam, ab ostio Aterni amnis, in Adriaticum Mare influentis, ad Tiberina ostia, CXXXVI. M.* La récapitulation des distances dans tout cet espace se réduit à ceci. De *Cerfennia* à Pescara nous comptons 50 à 51 Milles. *Cerfennia* se fixe entre 69 & 70 à l'égard de Rome. Donc, entre Rome & Pescara 120 précisément. Ajoutons la distance de Rome aux bouches du Tibre ou à Ostie, laquelle distance on sçait être de 16. Total 136.

Au-reste, quelque précise & convenable que soit cette supputation, je ne fais point difficulté de dire qu'on ne doit point en être étonné. Car d'un côté, il étoit aisé à

Pline d'être informé du compte des Milles dans l'eſpace dont il s'agit. Et pour ce qui eſt du décompte que nous en faiſons, ne voit-on pas, qu'au moyen de l'Agro-Romano, de la Carte Tiburtine & de celle des Marſes, nous retrouvons la Voie tracée ſur un eſpace fixé Géométriquement dans ces Cartes, leſquelles rempliſſent les deux tiers du terrain : qu'à la ſuite de cela, une Colomne-milliaire, qui à 8 ou 9 Milles près remplit le ſupplément d'eſpace, acheve de décider de la quantité de diſtance ? Il eſt poſitif, que les morceaux Géographiques que je viens de citer occupent les deux tiers de l'eſpace en queſtion : le paſſage de l'Apennin au-delà de *Cerſennia* ſe rencontre à environ 74 Milles de Rome, ou 90 d'Oſtie, ce qui fait auſſi préciſément qu'il ſoit poſſible ſans fraction, les deux tiers de 136. Ce que l'ouverture du compas, ou l'intervalle pris en droite-ligne, apporte de réduction ſur la meſure-itinéraire, eſt une circonſtance dont les Cartes qui ont été levées Géométriquement dans cet eſpace décident, & avec d'autant plus de certitude, que toutes les diſtances particuliéres s'y retrouvent en détail. Je ne ſçai même, ſi dans la jonction de la Carte Tiburtine avec l'Agro-Romano, ou dans l'intervalle de Tivoli à l'égard du point de Rome, il n'eſt pas entré plus que moins dans notre Carte. Quant au réſidu d'eſpace juſqu'à la Mer Adriatique, comme de Coll'Armelo près de *Cerſennia* juſqu'à Peſcara, l'ouverture du compas qui réſulte de notre Carte donne environ 36 Milles communs (45 Milles Romains) bien qu'on n'en meſure que 32 dans l'Abruzze de Magini, il s'enſuit que la réduction ſur la meſure-itinéraire eſt plutôt modérée qu'autrement en cette partie. Quelle eſt néanmoins la meſure directe en total ? 118 Milles. Et on a d'autant plus lieu d'être ſurpris, que le même eſpace entre les deux Mers occupe environ 165 Milles Romains en droite-ligne, dans la Carte de l'ancienne Italie de M. de l'Iſle, que par le titre que porte cette Carte, elle eſt réputée *ad menſuras itinerarias exacta.* Il eſt évident, que l'uſage des Itinéraires ſuffiſoit pour donner moins d'étendue à cet eſpace. Car quoiqu'ils ſoient fautifs par abondance de nombre en quelques endroits, & qu'à les prendre tels que nous les trouvons & ſans réforme, il en réſulte environ 160 Milles entre Oſtie & Peſcara; encore n'étoit-il pas probable que cette meſure dût être employée plus que complette, & ſans diſtinction entre la meſure-itinéraire & la ligne-directe. D'ailleurs, en conférant les réformes qu'Holſtenius a faites ſur les lieux, & le témoignage de l'Inſcription trouvée près de Chiéti, avec la ſomme totale de diſtance qui eſt conſervée dans Pline, le trop d'emploi dans les Itinéraires ſe manifeſtoit. La comparaiſon des Itinéraires avec les Cartes qui exiſtent depuis long-tems, ne pouvoit induire à ſurpaſſer les Itinéraires mêmes en meſure d'eſpace. Car, ſans entrer dans un grand détail ſur ce ſujet, les Cartes de Magini ne fourniſſent que 90 Milles communs au plus entre les bouches du Tibre & Peſcara, c'eſt-à-dire, environ 113 Milles Romains, ou moins d'eſpace que nous n'en prenons ici. La néceſſité de juſtifier tout nouvel ouvrage de Géographie, ſur ce qu'il aura de notablement différent des précédens, que la réputation de leurs auteurs ſoutient & accrédite, exigeoit cette obſervation. Cependant, l'excédent de 163 ſur 118 eſt 45; & de ce nombre de Milles Romains il réſulte une ſomme de 34000 Toiſes, qui font environ 14 Lieues Françoiſes.

Je n'ai autre choſe à ajouter à la diſcuſſion de la Voie Valérienne, qu'une liaiſon entre l'endroit où elle vient finir, & le terme de la Voie Salarienne, qui eſt *Caſtrum-Truentinum*. Cette liaiſon s'établit au moyen d'un intervalle de 36 Milles marqué dans l'Itinéraire d'Antonin; ſçavoir, de *Truentum* à *Caſtrum* (ajoutez *novum*) XII, & de-là à *Aternum* XXIIII. La poſition de *Caſtrum-novum* tombe à Giulia-nova, ou à San-Flaviano ſitué au-deſſous, & qui autrefois a été la réſidence d'un Evêque. Ce qu'il y a de diſtance entre le Monte-brandone ou *Truentum*, & Giulia-nova, revient en droiture à 9 Milles communs, ou à peu près 12 Milles Romains, dans la Carte de l'Abruzze; & ce qui nous reste d'espace juqu'à Pescara, qui est l'ancien *Aternum*, vaut au moins 23 Milles en ligne-directe.

Ainsi, par le détail des deux précédentes Sections & de celle-ci, nous avons trois rayons ou lignes mesurées du point de Rome à la Mer Adriatique. Le prémier de ces rayons se trouve orienté par le passage du Méridien de Rome auprès de Rimini. Il y a des communications établies entre ces rayons, & notamment leur intervalle aux extrémités est reconnu & arrêté.

TROISIÉME PARTIE.

L'ITALIE ULTÉRIEURE.

SECTION I.

La Voie Appienne discutée dans l'intervalle de Rome à Terracine.

CE qui doit faire la matiére de cette troisiéme & derniére Partie de notre discussion, se peut réduire à deux articles principaux ; dont l'un consiste à se porter dans l'extrémité de l'Italie la plus reculée vers l'Orient, l'autre à tenir une pareille route vers le Midi. Des liaisons entre ces différentes routes, & même avec divers points fixés & arrêtés dans la Partie précédente, seront des accessoirs à ces principaux objets.

La plus célébre des Voies Romaines, *longarum regina Viarum*, dit Statius, sera notre prémier guide : & le prémier objet de recherche sur la Voie Appienne doit être la distance de Rome à Terracine. On y trouve d'abord quelque difficulté, par le défaut d'accord entre les Itinéraires. Ils sont en-effet peu corrects en cette partie ; & celui de Jérusalem, qui lorsque la distance est bien reconnue, paroît s'écarter moins que celui d'Antonin, n'est pas sans quelque défectuosité. Mais, il nous doit suffire, qu'il y ait de bons & sûrs moyens pour parvenir à fixer avec précision l'espace dont il s'agit. Nous avons beaucoup d'obligation à M. le Cardinal Corradini, de ce qu'il nous apprend (*Latii veteris lib. 2. p. 97*) qu'au milieu du Treponti, sous lequel passoit autrefois le *Nymphæus*, & qui est peu éloigné des Marais Pontins, la Colomne-milliaire numérotée XXXVIIII est encore en sa place & sur pied. Une pareille circonstance décide de l'intervalle compris jusques-là. Elle fournit même les deux-tiers de l'espace à discuter, puisqu'il ne reste au-delà que ce que les Marais Pontins ont d'étendue; & la longueur de l'espace s'y détermine d'une maniére aussi peu équivoque, quand on se donne la peine de l'examiner avec soin.

Une Inscription trouvée à Terracine, & dont le desseichement des Marais Pontins sous Théodoric, Roi des Ostro-Goths, fait le sujet, & qui se lit plus entiére dans M. Corradini (*ibid.* p. 136) que dans Cluvier; nous exprime l'intervalle entre Tre-ponti & Terracine, le long de la Voie Appienne, par ces mots: *Decennovii Viæ Appiæ, id est, à Tripûs usqueTerracinam iter.* On voit bien, que *Tripûs* est ici une abbréviation de *Tribus-pontibus*; & si cette interprétation a besoin d'être appuyée de l'autorité des Sçavans, nous pouvons citer Lucas-Holstenius & M. Corradini. Je tire même de Procope (*lib. 1. Gothic. cap. 11*) une preuve positive, que le *Decennovium* dont il est question, doit être pris en l'une de ses extrémités, dans le voisinage de Tréponti. Cet Historien parlant d'un lieu adhérant au *Decennovium*, & nommé *Regeta*, en indique la distance de Rome sur le pied de 280 Stades. Or, rappellons-nous ce qui a été reconnu & vérifié en plusieurs distances, dans la prémiére Section de la précédente Partie; sçavoir, que l'usage de Procope est de compenser le nombre des Milles à raison de 7 Stades pour chaque Mille, quoique improprement à l'égard du Mille Romain. Ainsi, les 280 Stades sont une indication de 40 Milles; & elle ne peut être jugée plus convenable à l'égard d'un lieu qui suit le Tre-ponti, fixé à 39.

Le

Le *Decennovium* étoit un Canal, qui traverſoit les Marais Pontins, & dont le nom ſe communiquoit même à ces Marais, comme le témoignent deux Lettres du Roi Théodoric, rapportées par Caſſiodore, & dans leſquelles il eſt queſtion du deſſéchement dont parle l'Inſcription de Terracine. Procope fait mention du *Decennovium*, en ces termes ; Ποταμὸς, ὃν Δεκαννόβιον τῇ Λατίνων φονῇ καλῦσιν ; *flumen, quod Decennovium Latino vocabulo appellant.* Et il ne laiſſe aucun lieu de douter, que la ſignification qui paroît propre au nom de *Decennovium*, ne fut effectivement relative à la longueur de l'eſpace que ce Canal traverſoit : car il ajoute, qu'il coule ἐννεα καὶ δέκα, *decem & novem millia Paſſuum*, avant que de ſe rendre dans la Mer près de Terracine. Cette circonſtance, dont on eſt d'autant plus aſſuré, qu'elle ne fait que rendre la dénomination même de *Decennovium*, ne ſouffre point de ce qu'on lit dans le texte de Procope, que les 19 Milles font l'équivalent de 113 Stades. Il y a manifeſtement erreur de leçon : & au-lieu de τρεις καὶ δέκα καὶ ἑκατὸν, il convient de lire, τρεις δέκα (*ſivè* τριάκοντα) καὶ ἑκατὸν ; ou-bien, pour remplir ſcrupuleuſement le nombre de Milles ſur le pied de 7 Stades pour chaque Mille, τρεις καὶ τριάκοντα καὶ ἑκατὸν. Outre qu'il n'y a point de Stade qui convint à la diſtance en queſtion, ſur le nombre de Stades qui paroît en cet endroit de Procope ; nous avons d'ailleurs ſuffiſamment de conviction ſur la maniére dont cet Hiſtorien compenſe les Milles par les Stades ; compenſation qui a un principe réel, comme je l'ai obſervé autre part, dans la proportion que les Grecs de Conſtantinople avoient miſe entre le Mille dont ils uſoient & le Stade. S'il y a quelque mépriſe dans l'auteur Byzantin, c'eſt uniquement de n'avoir pas fait une diſtinction Géométrique du Mille Romain d'avec le Mille d'uſage en Orient.

Cet eſpace de dix-neuf Milles, qui étoit propre à l'étendue du *Decennovium*, & en conſéquence duquel il étoit ainſi dénommé, ſe trouve préciſément conforme à ce que l'Itinéraire de Jérusalem indique de distance entre *Appii-Forum* & Terracine ; sçavoir, du *Forum* à la mutation *ad Medias* IX, & de-là à Terracine X. L'Itinéraire d'Antonin ne s'en écarte pas beaucoup, en marquant XVIII en une seule distance. La différence d'un Mille peut bien dépendre de quelques fractions de moins, ou défalquées sur l'étendue des lieux ou villes, de part ou d'autre de la distance.

Or, l'indication de cette distance entre *Appii-Forum* & Terracine, étant égale à la longueur du *Decennovium*, qui par le témoignage de l'Inscription remplit l'intervalle de Tre-ponti à Terracine ; il s'ensuit nécessairement, que la position du *Forum* étoit voisine & immédiate à l'égard de Tre-ponti. Et en-effet, dans cette même position immédiate, on voit encore des vestiges de ville, que les marais couvrent en partie, & dont le nom vulgaire & actuel de *Borgo-longo* exprime même la situation de cet ancien Marché, que l'on conçoit avoir dû s'étendre en longueur, de chaque côté de la grande & célébre Voie sur lequel il avoit été placé. A ces points de convenance ajoutons, qu'immédiatement à la suite de ce lieu on trouve le Canal dont il a été parlé ci-dessus, le *Decennovium*, dont la navigation se pratiquoit autrefois. Lucain s'exprime convenablement au sujet de ce Canal, quand il dit :

Et quâ Pomptinas via *dividit* uda *paludes.*

Mais Horace, dans son voyage de Rome à Brindes, nous fait assez entendre, que quand on est arrivé au *Forum-Appii*, il se présente deux Voies, par l'une desquelles en quittant le pavé de la Voie Appienne, on fait route par eau ; & qu'en s'embarquant le soir, on arrive le lendemain matin au lieu consacré à la Déesse Féronie. Cette navigation nocturne est un détail dans lequel entre Strabon. Elle ne remplissoit pas à la vérité les dix-neuf Milles du *Forum* à Terracine, puisque du *Lucus Feroniæ* à Terracine il restoit trois Milles à faire par terre :

Millia tùm pransi tria repimus, atque subîmus
Impositum saxis latè candentibus Anxur.

dit Horace. Mais, cette circonstance n'influe point sur le nom de *Decennovium*, d'autant qu'il faut observer que ce Canal n'a point son terme au lieu du débarquement, puisqu'il continue son cours jusqu'à la Mer, ἐκβάλλει ες Θαλασσαν, comme Procope le dit formellement.

Il y a une Carte particuliére *degli Paludi Pontine*, par Corneille-Meyer, Hollandois, employé par le Pape Innocent XII au desséchement de ces Marais, & dont le fils Othon-Meyer y a pareillement travaillé sous le Pontificat de Clément XI. C'est ce que M. Corradini nous apprend, dans le détail historique des diverses entreprises qui ont été faites pour ce desséchement; & il en faut conclure que cette Carte est un morceau d'autant plus sûr, que c'est pour un objet très-important & d'intérêt public qu'elle a été dressée. Or, sur cette Carte, on trouve à une distance égale de Terracine & de Tre-ponti, au passage même de la Voie Appienne, un lieu nommé *Mesa*: & il y a une telle analogie entre ce nom & celui de la mutation *ad Medias*, citée dans l'Itinéraire de Jérusalem; tant de rapport même dans la distance respective, & selon qu'elle convient à l'emplacement du *Forum-Appii*, comme à la position de Terracine; qu'il est de la plus grande évidence, que ce lieu tient encore la place de la mutation dont il s'agit. Mais, en même-tems qu'on s'en trouve convaincu, la situation du *Forum* acquiert une nouvelle preuve de sa proximité & immédiateté à l'égard du Treponti.

Je ne dissimulerai point, que M. Corradini veut établir l'ancienne *Suessa-Pometia* en ce lieu de Mesa, & qu'une hôtellerie *ad Medias* ne lui paroît pas digne qu'au même lieu il se rencontre des ruines d'un Mausolée en Pyramide. Mais, une objection toute naturelle se présente d'abord; qui est, qu'une ville comme *Suessa-Pometia*, à laquelle Strabon & Denys-d'Halicarnasse attribuent la dignité de capitale des Volſques, ne ſe fut point rencontrée au paſſage de la Voie Appienne, & dans la ſituation correſpondante à Meſa, ſans être mentionnée dans les Itinéraires ; & que dans celui de Jéruſalem en particulier, elle auroit eu la préférence ſur le *diverſorium ad Medias*. Indépendamment même de ce qu'on a peine à ſe perſuader, que les bornes du territoire de Sezza puſſent contenir le grand nombre de villes de l'Antiquité, que M. Corradini, prévenu de l'amour de la patrie, cherche à y faire entrer ; j'oſe douter que ce qu'il allegue pour ſon emplacement de *Sueſſa-Pometia*, ſoit appuyé ſur des convenances de la nature de celles qui fixent la mutation *ad Medias* à Meſa. Les Sçavans peuvent s'en éclaircir par la lecture de quelques pages du chapitre 9, dans le livre II du *Latium vetus*. Je me trouve de plus dans la néceſſité de faire voir, que la poſition qu'il aſſigne au *Forum-Appii* ſouffre des difficultés, qui permettent encore moins qu'on s'attache à ſon opinion.

Entre la Colomne XLIII & la XLIV, ſur la droite de la Voie Appienne, & dans l'intervalle de deux Canaux, dont l'un nommé Cavatella ſuit le bord de cette Voie, & l'autre nommé Cavata s'en écarte à quelque diſtance, il y a des ruines qui portent le nom de *Caſarillo-di Santa-Maria*. C'eſt en ce lieu que M. Corradini place le *Forum-Appii* ; & Holſtenius a eu la même opinion, à cela près qu'il paroît s'être mépris dans le numéro des Colomnes, en ſuppoſant que c'eſt entre XLII & XLIII que le lieu en queſtion ſe rencontre. Or, le Caſarillo-di Santa-Maria étant ſitué entre XLIII & XLIV, eſt par conſéquent éloigné de Tre-ponti, ſur lequel la Colomne XXXIX eſt exiſtante, de III à IV Milles. Cela étant, comment concilier un monument auſſi poſitif que l'Inſcription, qui porte le terme du *Decennovium* à l'égard de Terracine juſqu'à Tre-ponti, avec les XIX Milles qui font également & par correſpondance la diſtance de Terracine au *Forum* ? M. Corradini ne conteſte point ſur cette diſtance, & la reconnoît juste dans l'exposition qu'il fait des Itinéraires. Mais, si elle est juste & convenable, comme il n'y a aucun lieu d'en douter, elle ne sçauroit quadrer avec la position du *Forum* au Casarillo. M. Corradini lui-même veut (p. 212) que l'*Ædes Feroniæ sacra* se rencontre à la Colomne LVII, & comme il est constant par le témoignage d'Horace, que le surplus jusqu'à Terracine est de III Milles, donc Terracine de l'aveu même de M. Corradini ne va qu'au Milliaire LX. Si de-là nous rétrogradons jusqu'à l'intervalle de XLIII à XLIV, nous ne compterons que XVI à XVII Milles, & non pas XIX. En établissant même la distance de Terracine sur ce que le *Decennovium* ajoute à la Colomne XXXIX de Tre-ponti, il n'y aura de Terracine en revenant au Casarillo que XIV à XV Milles. Et le point de Mesa, qui se rapporte aux distances respectives de Tre-ponti & de Terracine si parfaitement, qu'on ne peut se dispenser d'y reconnoître la mutation *ad Medias*, comment s'accordera-t-il avec la supposition du *Forum* au Casarillo, qui n'en est éloigné que d'environ VI Milles au-lieu de IX que prescrit l'Itinéraire de Jérusalem? Je demande, si la position du *Forum-Appii*, dans celle qu'il prend naturellement en conséquence des combinaisons faites ci-dessus, est susceptible de pareilles difficultés?

Je vois encore un inconvénient dans la position du Casarillo. Quand on fait attention au détail qu'Horace donne de son Voyage, on voit clairement que jusqu'au *Forum-Appii* il n'est question que du pavé de la Voie Appienne:

Egressum magnâ me excepit Aricia Româ
. . . . *indè Forum Appî*,
Differtum nautis.

C'est en ce lieu précisément qu'il s'offre deux voies différentes, c'est-là que se fait l'embarquement. Donc, *Forum-Appii* étoit placé à la tête du canal, & en-effet nous avons remarqué que le Borgo-longo s'y rencontre. Mais à l'égard du Casarillo, il faut nécessairement qu'il s'en écarte de quelques Milles, puiſque ſa diſtance à l'égard de Treponti, établie par les Colomnes encore ſubſiſtantes, eſt de trois à quatre Milles. M. Corradini, qui ſur ce qu'Horace compte trois Milles du lieu du débarquement à Terracine, conclut avec Cluvier que le Canal avoit quinze Milles de longueur, ne trouvera pas cette étendue de la Colomne LVII (où nous avons obſervé qu'il place la Déeſſe Féronie) à la Colomne XLIV en rétrogradant. Mais, dira-t-on peut-être, que deviendront les ruines qui ſe voyent au Caſarillo? M. Corradini fournit lui-même un moyen de réponſe : il nous aſſûre (p. 211) que les côtés de la Voie Appienne ſont remplis d'anciens veſtiges; *Mauſoleis, Sepulchris, Ædiculis, Villis, Pontibus, atque Prætoriis dirutis*. Eſt-on obligé de démêler ce que tous ces lieux ont été dans l'Antiquité? D'ailleurs, n'y a-t-il pas des ruines & des veſtiges d'un ancien lieu au Borgo-longo comme au Caſarillo?

On eſt en droit de me faire ici un reproche, ſur ce que dans le Traité des Meſures-itinéraires, où il a été queſtion d'examiner quelle pouvoit être la diſtance de Rome à Terracine, j'ai paru adopter la poſition d'*Appii-Forum* au Caſarillo. Mais, il faut avoir égard, que pour ce qui a donné lieu d'alléguer cette diſtance dans ce Traité (ſuppoſé même qu'on pût s'y permettre une auſſi longue diſcuſſion que celle dans laquelle on vient d'entrer) il n'étoit pas beſoin d'autant de préciſion qu'il convient d'en apporter, lorſqu'il s'agit de fixer un eſpace juſte & applicable ſur une Carte. Il y a bien des points critiques de Géographie, qui quoique diſcutés à ce qu'il ſemble dans un écrit, ne ſe trouvent pas toujours ſuffiſamment éclaircis & déterminés dans le cas où il eſt queſtion de conſtruire une Carte, ou de les y exprimer, & auxquels même cette opération devient quelquefois contraire. Je ſuis perſuadé, que ſi Holſtenius & M. Corradini avoient été en pareil cas, ils auroient ſenti tous les inconvéniens attachés à la poſition qu'ils ont priſe pour le *Forum-Appii*.

Au-reste, quoique cette position ne soit point indifférente à retrouver par rapport à l'ancienne Géographie, je conviens néanmoins que l'utilité dont elle est dans la détermination de la distance de Terracine à l'égard de Rome, est le principal motif qui m'a engagé dans un grand détail sur ce sujet. Il est évident par ce moyen, que pour avoir cette distance au vrai, il suffit d'ajouter 19 à 20 Milles aux 39 qui sont décidés par la Colomne de Tre-ponti. Conséquemment, la mesure de la Voie Appienne du point de Rome à Terracine, nous est donnée sur le pied de 58 à 59 Milles.

Mais, bien qu'en établissant cette distance dans ce qu'elle embrasse en général, nous ayons satisfait à ce qu'il y a d'essentiel pour notre objet, cependant il n'est point hors de propos d'examiner encore dans le détail quelques distances particuliéres dont elle est composée, au moyen de quoi les Itinéraires peuvent être redressés ou rétablis. On convient qu'ils sont justes dans la distance de Rome à *Aricia*, sur laquelle ils s'accordent à XVI Milles. Le Scoliaste de Lucain, publié par Oudendorp, fournit le même compte de distance : *Tantùm loci occupavit, ut sedecim millia teneret. Tantùm enim Aricia distat à Româ.* J'ai de plus fait observer dans le Traité des Mésures-itinéraires, que les 160 Stades indiqués par Strabon dans la même distance reviennent au même. La connoissance d'un Stade particulier sur le pied de 10 Stades pour un Mille est dévelopée dans ce Traité ; & ce n'est pas à l'égard de ce seul endroit des environs de Rome, qu'il est aisé de prouver que Strabon fait usage du même Stade. Suidas marque la distance d'*Antium* à l'égard de Rome sur le pied de 300 Stades, qui bien-loin de valoir environ XXXVIII Milles, selon l'évaluation d'Holstenius, ne reviennent même aux XXX Milles, que par un usage très-étendu que nous faisons de l'Arpentage de Cingolani. Il est donc inutile de vouloir corriger le nombre de Stades marqué dans Strabon, comme le même Holstenius l'a prétendu. Denys d'Halicarnasse (liv. VI) en employant les Stades ordinaires, dont 8 suffisent pour un Mille, compte de Rome à Aricia 120 Stades; & les XV Milles qui résultent de ce compte de Stades, ne different si l'on veut du nombre XVI marqué dans les Itinéraires, qu'eu égard à quelque diversité dans le point d'où ces distances sont prises, soit du centre, soit de la sortie de Rome. Philostrate, dans la vie d'Apollonius de Tyane (liv. IV) pousse même le terme de cette distance jusqu'au *Nemus* de Diane Aricine, aujourd'hui Némi, que l'on sçait être un peu plus reculé de Rome qu'*Aricia*. Ce qui paroît s'établir d'une maniére indubitable est, que la distance composée de XVI Milles, selon que les Itinéraires & Strabon concourent à la donner, doit être prise du centre de Rome; & nous avons même la preuve, que les Colomnes placées dans cette distance pour marquer les intervalles des Milles, étoient numérotées relativement à ce centre, dont la désignation se rapporte au Milliaire doré du *Forum-Romanum*.

Deux vers de Martial fournissent cette preuve positive. A la huitiéme Colomne sur la Voie Appienne que nous suivons, il y avoit un Temple où Domitien voulut être adoré sous la figure d'Hercule. Le Poëte (Epigramme 60 du livre IX) dit précisément que ce Temple se rencontroit *ad octavum Lapidem*:

Octavum dominâ marmor ab Urbe legit.

Et dans un autre endroit (Epigr. 98) c'est à la sixiéme Colomne à l'égard d'*Arx-Albana*, aujourd'hui Albano, que la position de ce Temple est indiquée:

Sextus ab Albanâ quem colit Arce lapis.

Huit en deçà & six au-delà font quatorze, & pour que la huitiéme Colomne à l'égard de Rome fut la sixiéme à l'égard d'Albano, il falloit qu'Albano se rencontrât à la Colomne numérotée XIV. On ne sçauroit supposer, que le Poëte fut gêné par la mesure & quantité, en écrivant *sextus ab Albanâ*, plutôt que *quintus* ou *quartus*. Toutefois, en portant la mesure actuelle sur l'étendue de la Voie

'oie Appienne, dans l'Arpentage de Cingolani; si cette nesure se prend de la Porte Capene, elle ne donne jusu'au centre de position d'Albano, guére plus de douze Milles; même en préférant celle des deux Echelles de ette Carte, qui par raccourcissement sur la longueur de a Verge (comme je l'ai observé dans le Traité des Mesues) fournit une plus grande quantité de distance. Et nonobstant ce que le Mille ancien avoit de moins que le noderne, la distance en question n'iroit sur l'ancienne nesure qu'à douze Milles & environ un tiers. De-là il uit, que le point auquel le compte numéraire des Coomnes se rapportoit, étoit plus reculé d'Albano que la Porte Capene, & par conséquent relatif au Milliaire doré plutôt qu'à tout autre point.

Une autre observation se présente, fondée sur ce que la distance actuelle & positive entre la Riccia ou Aricia, & Albano, ne paroît pas renfermer les deux Milles qui restent de quatorze à seize. Il semble même que ces lieux soient adhérans dans l'Itinéraire de Jérusalem, qui marque *Aricia & Albona*, sans tenir compte de la distance intermédiaire. Cependant, rien de plus avéré que la distance de Rome à Aricia étoit comptée sur le pied de XVI Milles. Or, de ce que la distance particuliére d'Albano à Aricia ne peut aller à deux Milles complets, il s'ensuit que la Colomne XIV atteignoit à-peine la position d'*Arx-Albana*. Donc, voilà un surcroit de nécessité de rapporter le compte numéraire des Colomnes au centre de Rome, bien-loin qu'il convienne à ses portes.

M. Corradini, dans la sçavante recherche qu'il fait de tous les lieux de remarque qui se suivoient le long de la Voie Appienne, établit son *primus Lapis* à la distance d'un Mille de la Porte-Capene en s'éloignant de Rome. Mais, par une suite absolue & nécessaire, vous voyez aussi (p. 193) que la position d'Albano tombe selon lui, dans l'intervalle de la Colomne XII à la Colomne XIII; encore que par le témoignage de Martial il soit constant & décidé, qu'en ce lieu d'Albano (& peut-être même avant que d'y entrer) on comptoit jusqu'à quatorze Colomnes. Cluvier, selon le même principe, a été obligé de placer Aricia vers la quatorziéme Colomne : *Perperam tamen*, (dit M. Corradini, p. 192) *quum Itinerarium Antonini, & Hierosolymitanum, ad decimum-sextum id statuant.* Mais, comment M. Corradini accordera-t-il ce point de critique avec l'emplacement qu'il donne à Albano entre la douze & treiziéme Colomne? Peut-il mettre un intervalle de trois à quatre Milles entre Albano & Aricia, bien qu'on ait de la peine à en trouver deux? Voilà les embarras inévitables que rencontrent en leur chemin des Sçavans du prémier ordre, en conséquence d'une fausse opinion sur le point auquel les distances numérotées sur les Colomnes ou Pierres-milliaires doivent se rapporter. On n'est point autorisé à soupçonner, qu'un changement de place arrivé dans la position d'Aricia, ait pû donner lieu à une pareille difficulté : car Strabon, dont l'exactitude à décrire les lieux qu'il a vûs se fait remarquer, nous peint la situation de celui-ci d'une maniére à le reconnoître distinctement dans celle qu'il occupe encore. Aricia, dit-il, est assise en lieu bas, κοῖλος δὲ ἐστιν ὁ τόπος; mais son château est naturellement fortifié par sa situation élevée, ἔχει δὲ ὅμως ἐρυμενὴν ἄκραν. Or, vous voyez encore la Riccia presque au niveau d'un terrain creux & enfoncé, nommé *Valle-Riccia*, & qui se remplit même des eaux du Lac de Némi par le moyen d'un émissaire ou conduit souterrain; & immédiatement au-dessus s'éleve un côteau assez roide, sur lequel aujourd'hui l'Eglise de la Madona est assise. Joignez à ce témoignage local, qu'une plus grande distance que celle qui se voit entre la Riccia & Albano, ne pourroit se concilier avec l'Itinéraire de Jérusalem, qui réunit ces lieux.

A la suite d'Aricia, l'Itinéraire d'Antonin fait mention de *Tres-Tabernæ*, & la distance est numérotée XVII. Cicéron a parlé de ce lieu, & d'une maniére même à indiquer sa situation. Dans une Lettre à Atticus; *emerseram commodè*, dit-il, *ex Antio in Appiam ad Tres-Tabernas.... cùm in me incurrit Româ veniens Curio meus.* Or, deux sçavans hommes qui ont écrit sur les lieux, Holstenius & M. Corradini, nous assûrent, que l'on retrouve des vestiges d'une Voie de communication d'*Antium* & de Nettuno dans la Voie Appienne, laquelle communication coupant cette Voie, continue directement jusqu'à Velétri. Sur cette notion on peut conclure, que les *Tres-Tabernæ* n'étoient qu'à quelques Milles au-delà du lieu *Sub-Lanuvio*, marqué dans la Table Théodosienne, & à 7 à 8 Milles seulement d'Aricia. Donc, corrigeons l'Itinéraire, qui fournit évidemment trop de distance entre Rome & Terracine ; & au-lieu de XVII, où le nombre X aura été mis par inadvertance, lisons simplement VII.

Cette correction n'est pas la seule à faire dans l'Itinéraire. Car les VII Milles de cette derniére distance étant joints aux XVI de la précédente, donnent XXIII. Et delà à la Colomne de Tre-ponti, numérotée XXXVIIII, & à laquelle la position du *Forum-Appii* est adhérante, il reste XVI. Donc, dans l'Itinéraire, au-lieu de XXI lisez XVI, dans la distance de *Tres-Tabernæ* au *Forum*, & remarquez même qu'il n'y a point de mutation plus naturelle entre ces nombres. A ces distances, si vous joignez celle du *Forum* à Terracine, sur le pied de XVIIII plutôt que XVIII que marque l'Itinéraire, vous aurez au total de Rome à Terracine LVIII, ce qui revient au plus près à ce qui est suffisamment établi & constaté ci-dessus.

Dans l'Itinéraire de Jérusalem il ne paroît que dix-neuf Milles du *Forum* à Aricia ; sçavoir, à la mutation *ad Sponsas* V, & de-là à Aricia XIIII. Cependant, la distance réelle entre Aricia & Tre-ponti, c'est-à-dire, l'intervalle de XVI à XXXIX, est de XXIII. Mais, si dans la distance du *Forum* au lieu nommé *ad Sponsas*, on fait du V un X, par la seule opération d'allonger les jambages par en bas ou de les croiser, alors le rapport sera presque parfait, & cette distance deviendra même plus vrai-semblable par une disproportion moins grande avec celles qui la précédent & qui la suivent. La somme totale de distance entre Rome & Terracine, se monte ainsi dans l'Itinéraire de Jérusalem à LIX Milles, ou à un Mille seulement au-delà de ce qui résulte de l'Itinéraire d'Antonin; & il est remarquable, que la distance qui se conclut indépendamment même des Itinéraires, roule en-effet de 58 à 59.

La Carte de Cingolani ne fournit au-plus que la moitié de l'intervalle que nous discutons sur la Voie Appienne: mais celle d'Ameti a été portée jusqu'à Terracine, & à la frontiére du Royaume de Naples, qui n'en est pas éloignée. Il n'y a aucun lieu de douter, que cette Carte ne soit exagérée dans la mesure qu'elle fournit de 63 Milles pour le moins, du centre de Rome à la position de Terracine. Car, quand on prendroit ces Milles sur le pied de Milles Romains, bien qu'en d'autres parties de cette Carte ils ayent plus de rapport au Mille commun, ainsi que nous l'avons vérifié plus d'une fois, néanmoins cette distance seroit encore trop forte. Cet excès se manifeste principalement à l'égard de l'espace correspondant au *Decennovium* expliqué ci-dessus, ou dans l'intervalle de Tre-ponti à Terracine, qui se dilate jusqu'à 27 Milles & demi dans cette Carte. Mais, M. Corradini, en nous apprenant (liv. II, p. 128) que l'étendue actuelle des Marais-Pontins occupe *tres-decim mille Jugera*, nous donne lieu de développer tout l'excès que renferme cette dilatation d'espace. On ne peut assurément donner plus d'extension au terme de *Jugera* dont se sert M. Corradini, qu'en l'attachant au *Rubbio*, qui est en usage dans l'Arpentage des terres aux environs de Rome; & pour s'en convaincre, on pourra comparer la définition que nous allons donner du Rubbio, avec l'ancien *Juger*, ou quelque Arpent que ce soit. Ce Rubbio contient 112 Chaînes quarrées; & comme le Mille Romain moderne est composé en longueur de 116 Chaînes, & que par conséquent il renferme en quarré 13456 Chaînes, il s'ensuit que 120 Rubbii remplissent un Mille quarré, sauf un excédent de 16 Chaînes, qui ne tire point à conséquence pour l'objet présent. Or, sur la Carte d'Améti, à mesurer les Marais-Pontins depuis le bord de la Mer entre Monte-Circello & Terracine, jusqu'à une ligne tirée de Tre-ponti à Astura, sans passer plus loin, ils prennent en longueur 29 Milles de l'Echelle de cette Carte, sur 8 à 9 Milles de largeur commune. Donc, environ 246 Milles quarrés, lesquels à raison de 120 Rubbii chacun, fournissent 29520 Rubbii, compte fort éloigné & plus qu'au double de celui de M. Corradini. Mais, si nous consultons la Carte particuliére de Meyer, & que proportionnellement aux 19 à 20 Milles de distance reconnue entre Tre-ponti & Terracine, nous mesurions les espaces correspondans à ceux de la Carte d'Améti; la longueur ne prendra (vû la disposition de la côte entre Terracine & Monte-Circello, fort différente de la Carte d'Améti) que 16 à 17 Milles, sur environ 9 dans l'autre sens. Partant 148 à 149 Milles quarrés, dont il résulte 17820 Rubbii. Or ce produit, quoique fort inférieur au précédent, surpassant encore de beaucoup l'indication de M. Corradini, il est clair qu'une distance analogue à ce produit dans la traversée des Marais-Pontins, ne sçauroit pécher par raccourcissement. Il s'ensuit même de l'excédent de près de 5000 Rubbii, ou de plus d'un quart sur le calcul d'Arpentage; que nous avons pû sans risque ni mauvaise conséquence, embrasser ou confondre dans l'étendue des Marais-Pontins, des espaces considérables, qui dans l'Arpentage n'ont point été regardés comme faisant partie des ces Marais.

Au-reste, il ne faut pas croire que la Voie Appienne dans tout l'intervalle que nous venons de parcourir, soit couchée sur un terrain si uni, qu'il ne s'y rencontre ni haut ni bas. Il est constant, qu'elle trouve des inégalités de terrain, qui la font monter & décendre, à la sortie de Rome. Avant que de passer dans Albano, elle monte une côte qui est une branche du *Mons-Albanus*; puis une autre vers

Lanuvium, aujourd'hui Citta-Lavinia. De-plus, quelque alignement direct qu'on ait songé à lui donner, il me paroît certain qu'elle change un peu au-delà d'Aricia, celui qu'elle avoit en général jusques-là, & qu'elle en décline sur la gauche. Outre que la Carte d'Améti le marque ainsi, voici la raison qui m'oblige à le croire. Si sur la distance de 58 Milles en droite-ligne, qui est bien tout ce qu'on peut mettre dans l'intervalle du point de Rome à celui de Terracine, nous suivons le même & prémier alignement jusqu'à Terracine, la position de ce lieu devient plus Sud que le Parallele du point pris au centre de Rome, de la valeur de 46 à 47 Milles Romains, ou de près de 37 minutes de Latitude. Or, dans la prémiére Section de la Partie précédente, ce point est donné à 41 degrés 53 minutes & trois quarts : donc, la Latitude de Terracine seroit 41 degrés & environ 17 minutes. Mais, nous avons des Observations de Latitude à Gaéte, qui roulent de 14 à 16 minutes au-delà de 41 degrés; & une différence de 2 à 3 minutes entre Gaéte & Terracine ne paroît pas suffisante. Dans les Cartes de Magini on en compte 6, & dans quelques Portulans 5. Et vous observerez, que si on s'étudioit ici à resserret l'espace dans le sens de la Longitude, on gagneroit plusieurs minutes à ranger Terracine à 41. 17, plutôt que de le porter à 41. 20 ou 21. Cependant, on sent bien qu'il ne peut monter à cette Latitude, sans donner lieu à quelque brisure dans la direction de la Voie Appienne, & dans le sens qu'on vient de dire.

Quoique la discussion de l'intervalle entre Rome & Terracine soit déja fort longue, toutefois il ne convient point de passer outre, sans avoir fait usage de quelques mesures particuliéres le long de la côte du *Latium*, par lesquelles il demeure constant, que l'espace de terrain employé dans cet intervalle doit être plus que suffisant. Selon Strabon, la distance d'Ostie à *Antium* est de 260 Stades; & il est prouvé dans le Traité des Mesures, que ces Stades ne peuvent être pris que sur le pied de 10 pour un Mille.

Ainsi, cette distance n'équivaudroit que 26 Milles. Elle ne va au plus qu'à 25 par l'Echelle de l'Arpentage de Cingolani. Mais, en enchérissant, comme nous l'avons fait remarquer en plus d'un endroit, sur les mesures données par cette Echelle, l'espace dont il est question s'étend par proportion jusqu'à 27 Milles pour le moins en ligne-directe. J'observerai, que le rayon tiré du point de Rome sur la position de l'ancienne Ostie, forme avec notre alignement de Terracine pris du même point, un angle de près de 90 degrés; & qu'une ligne tirée de la position d'Ostie à celle d'*Antium* devient presque parallele à cet alignement. Sur cet exposé, on est en état de juger de la correspondance, que la position d'*Antium* peut avoir avec la position respective de Rome & de Terracine. Strabon fait succéder une distance 390 Stades, depuis *Antium* jusqu'à Terracine, en doublant nécessairement le Cap de Circé, puisque cette distance est composée dans ce Géographe de l'addition de 100 Stades pour joindre Terracine, à la distance particuliére de 290 entre *Antium* & le Mont de Circé. Quoique la saillie de ce Cap dans la Mer, n'arrive pas au prolongement qui se feroit de la parallele indiquée ci-dessus, néanmoins pour que le coude qu'il met dans cette derniére distance devienne sensible, il suffit d'observer, que le rayon tiré de Terracine sur la pointe avancée de ce Cap, fait avec l'alignement de Terracine au point de Rome un angle de plus de 70 dégrés: & que la distance de Terracine jusqu'au point où ce rayon peut être coupé par une ligne tirée d'*Antium* sur ce Cap, est d'environ 9 Milles. Or, la distance depuis ce point d'intersection jusqu'à *Antium* en droiture, prenant par-dessus cela 28 à 29 Milles, donc par la voie la plus directe qui se puisse en doublant le Cap, nous comptons environ 38 Milles, qui sont à un Mille près au niveau du compte qui résulte de Strabon. On peut même observer, que si la mesure est inférieure dans cette partie, il y a précisément dans l'espace qui répond à la distance précédente, de quoi faire la compenſation, puiſqu'au-lieu de 26 nous allons à 27 : de-ſorte qu'en prolongeant la diſtance à l'égard de Terracine, juſqu'à la bouche du Tibre ſous Oſtie, les 65 Milles qui correſpondent aux 650 Stades comptés par Strabon, ſe retrouvent en entier, & même par les voies les plus directes. En y procédant de cette maniére, on eſt plutôt en riſque d'allonger la diſtance que de la raccourcir. Auſſi remarquerai-je, que l'étendue que Pline donne au *Latium*, depuis l'embouchure du Tibre juſqu'à *Circeii*, ſur le pied de 50 Milles, n'égale pas celle que nous employons. Car je combine, qu'entre la poſition de l'ancienne Oſtie & l'entrée du Port Paola, qui eſt au pied du Monte-Circello, & par conſéquent le point le plus voiſin qu'on puiſſe ſaiſir, l'ouverture du compas donnera plus de 51 Milles.

SECTION II.

La Voie Appienne conduite juſqu'à Capoue. Examen de la Voie Latine depuis Rome juſqu'à ſa jonction avec l'Appienne. Poſition de Naples. Retour vers Monte-Circello & Oſtie.

IL eſt à propos de raſſembler ſous un coup d'œil, le détail des diſtances particuliéres qui conduiſent de Terracine à Capoue. L'Itinéraire de Jéruſalem, en renverſant l'ordre dans lequel il procéde : *Terracina* XIII. *Fundis* XII. *Formis* IX. *Minturnis* IX. *Sinueſſâ* IX. *Ponte-Campano* IX. ad *Octavum* VIII. *Capuâ* ; ce qui donne au total 69 Milles. L'Itinéraire d'Antonin : *Terracinam* XVI (liſez XIII, comme il ſe lit même dans un autre endroit de cet Itinéraire) *Fundos* XIII. *Formias* IX. *Minturnas* IX. *Sinueſſam* XXVI. *Capuam*. De-plus, par une route du même ıême Itinéraire qui conduit juſqu'à Naples, la diſtance ntre Terracine & Sinueſſe raſſemblée en un ſeul article, ſt numérotée XLIIII, ce qui ſe trouve conforme aux nom-res des diſtances données en détail. Quant à la Table 'héodoſienne, qui par trop d'omiſſions nous a été inutile ans l'intervalle de Rome à Terracine, quoiqu'elle manque ncore de quelques nombres dans ce qui ſuit juſqu'à Ca-oue, cependant il eſt à propos de la repréſenter ici : *Ter-acina* XIII. *Fundis*.... *Formis* VIIII. *Minturnis* VIIII. *Sinueſſâ*.... *Ponte-Campano* III. *Urbanis* III. ad *Nonum* VI. *Caſilino* III. *Capuâ*.

Quand on compare ces différens Itinéraires, on les rouve conformes preſque partout. La prémiére diſtance, çavoir celle de Terracine à Fondi, ne differe en rien. La lifférence d'un Mille entre les deux Itinéraires, de Fondi à Formies, ne tire point à d'autre conſéquence que de aire eſtimer la diſtance plutôt forte que foible, & rédon-dante d'une portion de Mille ſur l'indication de l'Itinéraire de Jéruſalem. On remarquera même à l'inſpection des Cartes, & par la connoiſſance du terrain ſur lequel ces diſtances ſont priſes, qu'il n'en eſt pas de même à beaucoup près dans cet intervalle que dans celui de Rome à Terra-cine, où la meſure-itinéraire ne differe point, ou preſque point, de l'eſpace pris en droite-ligne. Ici, Fondi s'écarte notablement d'une direction priſe de Terracine à Formies, que l'on ſçait avoir occupé le même emplacement que Mola occupe aujourd'hui. De-plus, l'ancienne Voie, dont la trace ſe reconnoît, entre dans les montagnes ſur la gau-che de Terracine, comme Holſtenius nous l'apprend dans ſes Annotations ſur Cluvier. A la ſortie de Fondi, on trouve encore à monter, & en approchant de Formies il faut fran-chir, c'eſt-à-dire, monter & décendre, le *Formianus mons*, mentionné dans Tite-Live (liv. 39) ou les *Formiani colles* connus par les vers d'Horace. Malgré ces diverſes circonſ-tances, & quoique ſuivant la Carte de la Terra di Lavoro de Magini, la diſtance en droite-ligne de Terracine à

Mola, n'équivale que 19 Milles Romains au plus, on en mesure 21 dans la nôtre.

La Latitude de Gaéte décide de celle de Formies ou Mola, d'autant que la distance entre ces lieux revient au plus à 4 Milles, qui font l'équivalent des 40 Stades à 10 pour Mille, que Strabon marque dans le même intervalle. Il est à remarquer au surplus, que Gaéte est à l'égard de Terracine à peu près en même distance que Mola. Mais cette observation demande, que pour la course entre Terracine & le promontoire *Cajeta* ou de Gaéte, on substitue à un ρ' qui se trouve dans le texte de Strabon un σ'. Car, la distance équivaut bien 200 Stades de la même espece; & comme au renversement près, ces caracteres se ressemblent, un Copiste peu attentif a pû s'y méprendre, & figurer l'un pour l'autre. Strabon ajoute une distance de 80 Stades de Formies à Minturnes; & en-effet vous mesurerez sur la Carte de Magini, entre Mola & l'embouchure du *Liris* ou Garigliano, la valeur de 6 minutes de Latitude plus que moins, ce qui revient bien à 8 Milles, pris en droite-ligne & par mer. Il est naturel que la route par terre entre Formies & Minturnes, prenne un Mille de plus dans le compte uniforme de tous les Itinéraires. Les ruines de Minturnes sont même à plus d'un Mille au-dessus de l'embouchure du Garigliano, & se font reconnoître principalement, comme Cluvier l'a remarqué (p. 1074) sur la rive ultérieure de la riviére, eu égard à la marche que nous suivons. Denys d'Halicarnasse (liv. I, ch. 1) compte environ 800 Stades de l'embouchure du Tibre à celle du *Liris*: & comme Strabon, par une suite de distances particuliéres, fournit dans le même intervalle un compte de 970 Stades, vû l'addition de 320 aux 650 discutés & reconnus entre Ostie & Terracine; bien-loin qu'on soit scandalisé de la diversité de ces nombres, on y trouve au contraire beaucoup de rapport, quand on fait la distinction nécessaire des Stades. Nous sommes bien assurés d'un côté, qu'ils sont employés sur le pied de 10 au

Mille, & que par conséquent il en résulte 97 Milles. Il faut donc que de l'autre côté, il soit question de Stades ordinaires, & à 8 pour Mille. Et il est aisé de voir, que le nombre de 100 Milles ainsi produit, ne differe du prémier que comme un compte rond, qui a quelque chose de plus ou de moins qu'une supputation rigoureuse & articulée dans le détail, telle qu'il est évident que Strabon la fournit.

De Minturnes à Sinuesse, Strabon compte la même distance par mer, que de Formies à Minturnes. Les ruines de Sinuesse se distinguent encore sur le bord de la mer, vis-à-vis de Rocca di Monte-Dragone; c'est Cluvier qui nous en instruit (p. 1080.) En appliquant le compas sur la Carte de Magini, on trouve de l'embouchure du Garilian jusqu'à un point pris au droit de ce lieu de Rocca, le valeur de 8 Milles Romains justes, qui font en-effet l'équivalent de 80 Stades à 10 pour Mille. Mais, l'emplacement de Minturnes étant un peu reculé au-dessus de l'embouchure de la riviére, la mesure du chemin par terre doit prendre quelque chose de plus, & vous voyez tous les Itinéraires d'accord sur le nombre de 9 Milles.

Dans ce qui reste depuis Sinuesse jusqu'à Capoue, nous trouvons l'Itinéraire de Jérusalem, où la distance est coupée en trois parties, conforme au total à l'Itinéraire d'Antonin, sur le pied de 26 Milles. Il y a sans-doute quelque erreur dans la Table, entre *Ponte-Campano* & Capoue, puisqu'en plusieurs parties on n'y compte que 15 Milles, au-lieu de 17 que donne l'Itinéraire de Jérusalem, dont la conformité avec celui d'Antonin fait la vérification. Comme l'erreur de la Table ne peut se rencontrer dans l'intervalle de Capoue *ad Nonum*, où cette Table fournit en-effet 9 Milles, il faut donc que l'un des deux nombres III entre *Nonum* & *Ponte-Campano*, soit défectueux; & on y substitue naturellement IV ou VI, d'où il suit pour le total de *Ponte-Campano* à Capoue 16 ou 18 Milles, c'est-à-dire, un Mille seulement de plus ou de moins que ce qui eſt marqué dans l'Itinéraire de Jéruſalem.

On ſçait que Capoue a changé de place. Cette ville ayant été priſe & ſaccagée pluſieurs fois par les Barbares, l'Evêque Landolfe & le Comte Landon la transférérent ſur le bord du Vulturne, *apud pontem Caſulini, ſicut hodièque cernitur*, dit Léon d'Oſtie, qui date cet évenement de l'an 856. La diſtance de III Milles que la Table marque entre Capoue & *Caſilinum*, répond à ce que dit Aſconius-Pedianus, ſur une des Oraiſons de Cicéron contre Verrès : *Eminùs eſt Vulturnus Capuâ tria millia paſſuum.* Cependant, Strabon compte ſeulement ἐννέα καὶ δέκα σταδίους, entre Caſilin & Capoue, & les 19 Stades ne font que deux Milles & trois huitiémes. Mais, il n'en faut pas conclure avec Cluvier (p. 1177) que les Milles fuſſent plus courts aux environs des grandes villes qu'ailleurs. Ce n'eſt pas à l'égard du Mille Romain, & de ſon emploi dans la meſure des anciennes Voies, que cette obſervation ſur la portée des Milles peut avoir quelque lieu. Rien de plus conſtant que l'égalité du Mille Romain ; & Holſtenius eſt bien fondé à obſerver, que Cluvier n'a pas dû paroître incertain ſur ce point. Diſons plutôt, que Strabon en donnant la diſtance de Caſilin à Capoue, la termine à l'entrée de Capoue ; au-lieu qu'il eſt cenſé que dans les Itinéraires cette diſtance ſe rapporte au centre de Capoue, duquel elle ſe comptoit. Or, il eſt naturel de croire, qu'une auſſi puiſſante ville pouvoit occuper un Mille & plus dans ſon étendue, & que ſon demi-diametre valoit par-conſéquent 4 ou 5 Stades, leſquels ajoutés aux 19 de Strabon completteront les 3 Milles Romains. Au-reſte, il ſubſiſte encore des veſtiges de l'ancienne Capoue. La Carte particuliére des environs de Naples, donnée par Garcie Barrionuevo, Marquis de Cuſani, à l'occaſion des travaux d'un Viceroi de Naples pour le deſſéchement du *Clanis* ou Lagnio ; indique la poſition de *Santa-Maria di Capoa*, au Levant d'hyver de la moderne Capoue, & en diſtance qui par proportion avec pluſieurs autres priſes ſur la même

Carte, convient exactement aux 3 Milles décidés. En défalquant ces 3 Milles sur ce que les Itinéraires fournissent entre Sinuesse & Capoue, reste 23 : & quoique dans la Carte de Magini, la distance du point où tombe Sinuesse à la position actuelle de Capoue, n'équivale guéres que 18 Milles Romains en droiture, toutefois comme il s'en trouve 21 & plus, de la maniére dont cette position est placée sur notre Carte, nous ne sommes point en risque de prendre trop peu d'espace dans cet intervalle.

On peut se flatter, que la discussion est également bien soutenue dans tout ce qu'elle embrasse jusqu'ici d'espace sur la Voie Appienne. Il n'y a point ce semble à contester, sur la maniére dont la distance de Rome à Terracine a été établie dans la Section précédente. La direction même de la Voie se combine avec la Latitude de Gaéte; & cette même Latitude étant un point intermédiaire dans ce qui reste de distance jusqu'à Capoue, elle influe pour le moins autant sur cette partie comme sur la précédente. Au surplus, toutes les indications de distance depuis Terracine jusqu'à Capoue, sont parfaitement d'accord entre elles, ou se vérifient les unes par les autres. Et vû même qu'il n'y a que peu ou point de réduction sur les mesures-itinéraires, dans les distances particuliéres des lieux rangés en leur position respective, il s'ensuit que le point de Capoue est ici reculé plus que moins du point de Rome dont on est parti. Si donc, nous nous sommes proposés de dire quelque chose de la Voie Latine, qui répond au même intervalle, c'est moins par besoin que nous en ayons pour en mieux fixer l'étendue, que pour ne pas négliger tout-à-fait ce qui concerne cette Voie en particulier.

La prémiére distance qu'il importe de discuter sur cette Voie, est celle du *Diversorium ad Pictas*. Strabon compte de Rome 210 Stades, qui certainement ne font point l'équivalent deplus de 26 Milles, mais qui selon la mesure de Stade propre à cet auteur dans les environs de Rome, se comparent à 21. Car, la position de ce lieu s'établissant à la décente du Mont *Algidus*, & au *divertigium* de la Voie Labicane dans la Voie Latine, comme Strabon le dit formellement, & qu'il se conclut de l'Itinéraire d'Antonin; on ne mesure qu'environ 20 Milles en droite-ligne du point de Rome jusqu'en ce lieu. Et supposé même qu'on entre dans quelque détail des circuits de la Voie, & de ce que le passage du Mont *Algidus* peut ajouter dans la mesure itinéraire, cette mesure ne paroît évaluée qu'à environ 22 Milles. Il est vrai, que dans l'Itinéraire d'Antonin, on compte sur la Voie Latine 33 Milles; *ad Decimum* X. *Robararia* VI. *ad Pictas* XVII. Mais, dans cette dernière distance, le nombre X doit être reputé ajouté mal-à-propos, & surabondant. En le supprimant, le total se réduit à 23, ce qui revient assez juste à la mesure actuelle de la Voie. L'Itinéraire même d'Antonin, dans le détail qu'il donne de la Voie Labicane, nous fait voir qu'il doit être corrigé sur la Voie Latine. Car, quoique la Voie Labicane ne communiquât à la Voie Latine que par un grand détour, & en se repliant subitement sur la droite entre *Labicum* & *Præneste*, & que par conséquent elle décrivît un circuit considérable pour se rendre au lieu *ad Pictas*; toutefois cet Itinéraire ne fournit dans cette route plus longue que 25 Milles, & la Table Théodosienne où la même route est donnée, n'en fournit pas davantage.

Dans la Table, l'union des Voies, Latine & Labicane, ne paroît se faire qu'à V Milles du lieu *ad Pactas* (lisez *Pictas*) & le nom même du lieu de jonction, *ad Bivium* (comme il faut lire, & non *Birium*) exprime cette union de deux Voies. De-là *ad Compitum-Anagninum*, que la Voie rencontroit sous Anagni, dont l'abord est difficile & escarpé, on trouve X. dans la Table. L'Itinéraire d'Antonin réunissant les deux distances, nous indique également XV Milles entre *ad Pictas* & le *Compitum*, ce qui est même répété en deux differens endroits de cet Itinéraire. A ce *Compitum* la Voie Prénestine rencontroit la Voie Latine. On comptoit de Rome à *Præneste* 23 Milles : l'Itinéraire & la Table s'accordent parfaitement sur cet article ; à *Gabii* XII, à *Præneste* XI. Ces distances s'appliquent même très-exactement au local, pourvû toutefois que l'on parte du centre de Rome, & qu'on ait égard à l'ancien emplacement de *Præneste* sur la hauteur qui commande la ville moderne de Palestrine. Mais la distance de *Præneste* au lieu *sub-Anagniâ*, veut être réduite de XXIV à XIV dans l'Itinéraire ; au moyen de quoi le total de la distance de Rome à Anagni est de 37, & vous remarquerez que les distances bien décidées sur la Voie Latine reviennent au même, ou à 38 au plus. La Voie Labicane consumant 25 dans la distance de Rome *ad Pictas*, jusqu'où la Voie Latine ne prend que 22 ou 23, fait conséquemment monter le compte de la distance sous Anagni à 40.

Du *Compitum-Anagninum* à *Ferentinum* on trouve VIII dans l'Itinéraire, VIIII dans la Table. Le Scoliaste d'Horace (*ad Ep.* 17 *Lib.* 1) rapporte ce que l'on comptoit de distance depuis Rome jusqu'à *Ferentinum : municipium*, dit-il, *viæ Labicanæ ad* XLVIII. *Lapidem.* Or, l'Itinéraire d'Antonin est parfaitement conforme à ce témoignage :

LAVICANA.
ad Quintanas XV.
ad Pictas X.
Compitum XV.
Ferentino VIII.

On ne compteroit que 46 par la Voie Latine, ou 47 au plus, en préférant la Table à l'Itinéraire pour la derniére distance. Et de fait, la Colomne-milliaire XLVII subsiste encore à Ferentino, où elle a été placée dans une Eglise, comme Holstenius nous en instruit (*ad Cluv.* p. 984.) Ces diverses circonstances ne se rapprochent-elles pas au plus près qu'il soit convenable de le désirer ?

Depuis *Ferentinum* jusqu'à *Casilinum*, où la Voie que nous suivons s'unit à la Voie Appienne, voici le détail des distances tel qu'il se résume de l'Itinéraire & de la Table, en les combinant avec la suite des lieux mêmes auxquels ces diſtances ſe rapportent : *Ferentinum* VII. *Fruſino* XIV. *Fregellanum* III. *Fabrateria* IV. *Melſes fluv.* IV. *Aquinum* VII. *Caſinum* XVI. *Venafrum* XVIII. *Teanum* XVIII. *Caſilinum.* Cette derniére diſtance ſe conclut de la Table, en ſubſtituant XI à III dans la diſtance de *Teanum* à *Cales*, dont la diſtance particuliére à l'égard de *Caſilinum* eſt marquée VII.

Or, je ſuppoſe qu'on établiſſe la poſition de *Teanum* ou Tiano, en employant d'un côté cette diſtance preſque complette, & plus forte même que dans la Carte de la Terre de Labour de Magini : que d'un autre côté on prenne le même eſpace à l'égard de Minturnes, puiſque dans l'Itinéraire d'Antonin pareil nombre de XVIII Milles eſt marqué dans cette diſtance, & qu'en-effet l'ouverture du compas de Tiano à l'emplacement de Minturnes eſt égale dans Magini à celle de Tiano à Capoue d'aujourd'hui, qui repréſente l'ancien *Caſilinum.* Qu'enſuite, on ſe porte ſur Vénafre au moyen d'une diſtance analogue aux précédentes, & en tenant ce point dans le gîſement à l'égard de Tiano tel que la même Carte le déſigne. Ouvrons maintenant le compas, entre la poſition de Vénafre & le point de Rome : ſur 100 ou 101 Milles, que le calcul des meſures-itinéraires donne dans cet intervalle, nous ne trouvons qu'environ 9 Milles de réduction dans la ligne directe ; quoiqu'aſſurément les lieux dont la diſtance eſt indiquée ne ſoient pas rangés ſur une même ligne, & qu'il y ait en pluſieurs endroits une inégalité de terrain aſſez conſidérable pour mettre des détours & replis ſenſibles dans le chemin. Il ſemble d'ailleurs, que le détail des diſtances particuliéres en fournit quelques-unes qui peuvent être eſtimées très-fortes : par exemple, celle d'*Aquinum* à *Caſinum* ſur le pied de 7 Milles. Car, quoique cette diſtance doive ſe rapporter, non au Monte-Caſſin, mais à San-Germano qui s'éloigne davantage d'Aquino, toutefois la Carte de Magini n'en donne que 6. Et l'intervalle en droiture d'Aquino à Vénafre, qui entre dans le calcul ci-deſſus fus pour 23 Milles, n'équivaut que 18 à 19 sur la même Carte. Finalement, dans cette discussion de la Voie Latine, nous n'avons point d'autre objet que de voir, si elle se combine par convenance avec la mesure d'espace dont la discussion précédente sur la Voie Appienne décide d'une maniére suffisante; & je crois que cette convenance se fait assez sentir.

Pour remplir l'objet qu'on s'est proposé dans cette Section, il faut en venir au point de Naples. La Table indique la distance de Capoue à Naples, en deux distances particuliéres de IX Milles chacune, & le lieu intermédiaire est *Atella*. Nous apprenons d'Holstenius, que les ruines de cette ville se voyent à Santo-Elpidio, vulgo Arpino, à deux Milles au Sud-Est d'Aversa. Et en-effet, ce lieu se trouve placé dans la Carte de Magini, à distance égale de Naples & du point qui convient à Santa-Maria di Capoa. Mais la distance de Naples à Capoue ne paroît pas valoir les 18 Milles bien complets en droite-ligne, d'autant que le lieu de S. Elpidio décline notablement du Sud à l'Ouest à l'égard de l'ancienne Capoue, & que la position de Naples ne s'écarte point ainsi du Méridien de ce même lieu. Le nombre XXI que l'on voit dans la Table, entre les positions bien figurées de Capoue & de Pouzoles, est complet & entier dans la mesure qui se prend sur notre Carte, où le point de Pouzoles se place relativement à celui de Naples, en conséquence d'une Carte manuscrite & très-bien faite du Golfe de Naples, jointe & combinée avec celle de Barrio-nuevo dont j'ai parlé. Cette distance de Capoue à Pouzoles, se rapporte sans-doute à la Voie Consulaire mentionnée dans Pline (liv. 8, ch. 11) qui conduisoit de Cumes & de Pouzoles à Capoue.

La Latitude que le point de Naples rencontre dans notre Carte, sçavoir 40 degrés 51 minutes & demie, est une suite des combinaisons qui nous ont porté jusqu'à cette position. On trouve dans Gassendi (Tome IV) une détermination de Naples à 40 degrés 48 minutes, qui a été reçûe dans la Connoissance des Tems. D'un autre côté, le P. Riccioli, dans sa Géographie-réformée, rapporte une Observation à 41 degrés 5 minutes. Une pareille diversité en fait de Latitude a de quoi étonner; & il semble qu'elle soit affectée au point de Naples, puisque dans la Carte d'Italie donnée en 1715 par M. de l'Isle, ce point est encore reculé plus au Sud que dans la détermination de Gassendi, & ne va qu'à 42 minutes au-delà de 40 degrés. A l'égard de cette détermination, de laquelle nous ne différons que de 3 à 4 minutes dans le sens opposé; on remarquera, que du point de Gaéte qui nous est donné en Latitude d'une maniére qui quadre avec les combinaisons Géographiques, notamment avec la position orientée des environs de Rome, laquelle influe jusques sur Terracine; nous nous sommes portés à Capoue en prenant plus que moins d'espace, sans plus épargner sur la Latitude que sur la Longitude. La distance de Capoue à Naples, qui se conclut également de l'ancienne mesure-itinéraire comme de plusieurs Cartes particuliéres, n'est pas assez considérable en elle-même pour pouvoir renfermer une erreur de quelque conséquence. Cette distance se combine même avec d'autres: car indépendemment de celle de Capoue à Pouzoles, dont il a été parlé, la Carte de Barrio-nuevo ne semble pas permettre une plus grande évaluation d'espace qu'il s'en rencontre entre la position de Sinuesse & celle de Cumes. Il est essentiel même de faire observer ici, que dans le cas où l'on s'étudieroit à prendre moins d'espace en Longitude, il y auroit 4 à 5 minutes à épargner dans ce sens-là, en faisant mouvoir le point de Naples de 3 à 4 minutes vers le Sud, sans toucher à celui de Gaéte, qu'il est difficile de déranger. Quant à la détermination de Naples à 41 degrés 5 minutes, il paroît de l'impossibilité à la concilier avec la fixation de Gaéte; & puisque le moins qu'il soit permis de mettre dans la différence de Latitude entre Gaéte & Naples, embrasse environ 23 minutes, on ne peut vouloir la resserrer entre 10 ou 11.

Mais, j'ai reçu dans un tems postérieur à cette discussion sur la Latitude de Naples, & même après la construction de la Carte, des Observations positives par M. Martino, Professeur d'Astronomie dans l'Université de cette ville. J'en suis redevable aux bons offices de M. l'Abbé Benedetto-Spuma, Sécrétaire de l'Ambassade de Naples à la Cour de France, & qui a obtenu ces Observations de M. Galliani, Archevêque de Thessalonique, & prémier Aumônier du Roi de Naples. Entre autres Observations, celle de l'Etoile Polaire a donné la Latitude à 40 degrés 50 minutes 48 secondes; & notre point de Naples ne s'en écarte que de 40 à 45 secondes. Une pareille diversité se pourroit juger absorbée dans l'étendue de la ville de Naples, qui est prolongée du Sud-Ouest au Nord-Est en l'espace de deux à trois Milles, ou d'environ 2000 Toises.

La Longitude n'a point été négligée dans les Observations Astronomiques faites à Naples. *Per varie Osservazioni*, dit M. Martino dans un écrit qui est entre mes mains, *de Ecclissi Lunari e di Satelliti di Giove, paragonate con Osservazioni consimili fatte nell' Osservatorio di Bologna, ci siamo assicurati, che il Meridiano di Napoli sia piu Orientale di quello di Bologna di minuti* 11. 20 *di tempo*. La différence donnée entre Bologne & Naples est donc de 2 degrés 50 minutes. Cependant, la mesure de l'espace sur notre chassis de Carte, dont la graduation en Longitude est conforme à l'hypothèse ordinaire, ne doit équivaloir que 44 à 45 minutes par-delà 2 degrés. Mais je remarque en même-tems, qu'en admettant la correction des degrés, conséquemment à la Longitude déterminée entre Paris & Rome, le même espace revient à 2 degrés 51 minutes au plus. Et comme il est naturel, que sur une petite quantité la diversité ne soit pas plus sensible, observons que la différence entre Paris & Bologne étant donnée de 9 degrés & 4 minutes (ainsi qu'il a été conclu dans la dernière Section de la prémière Partie) par conséquent la différence entre Paris & Naples est de

11 degrés & environ 54 ou 55 minutes. Or, cette différence peut bien avoir lieu ou se retrouver par la Graduation qui est particuliére à notre Carte d'Italie : mais le même espace qu'occupe cette Graduation, ne passe 11 degrés en usant de la Graduation ordinaire, que de 29 minutes, comme le chassis de Carte inséré dans cet écrit en fait foi; & la diversité entre le lieu vrai de la Longitude & celui de cette Graduation, est ainsi de 25 ou 26 minutes. Cet écart est presque proportionnel à celui qui résulte de l'intervalle des Méridiens de Paris & de Rome; & à une minute près, il prend accroissement sur cet intervalle à raison de la plus grande quantité de Longitude.

Je terminerai cette Section par l'examen d'une distance, qui sert de vérification à un espace considérable. La Carte manuscrite & particuliére du Golfe de Naples que j'ai citée, s'étendant jusqu'aux petites Isles Sirénuses, m'a donné le point de position du Cap de Minerve, qui dans les Cartes de Magini est jetté trop au Sud, & dans un trop grand éloignement à l'égard de Naples. Ce point, auquel nous ne sommes arrivés que par une longue suite de combinaisons, dont l'enchaînement ou le tissu remonte jusqu'au point de Rome, est un lieu de reconnoissance pour la mesure d'espace consumée dans la plus grande partie de l'intervalle. Pline nous apprend, que le trajet par mer de *Circeii* au Cap dont il s'agit, *duo-de-octoginta millia Passuum patet.* Or, la distance en droite-ligne où ce Cap se rencontre sur notre Carte, en prenant cette distance du point du Monte-Circello le plus avancé vers l'objet en question, se trouve plutôt forte que foible, puisque l'ouverture du compas la donne de 79 Milles à bonne mesure. Si on se rappelle, que Pline nous a déja fourni la distance de l'embouchure du Tibre à *Circeii*, sur le pied de *quinquaginta millia Passuum*, on voit qu'en ces deux seules distances tout ce qu'il y a d'espace entre Ostie & le Cap qui ferme le Golfe de Naples du côté du Midi, est saisi & embrassé. Nous avons même fait remarquer dans la Section précédente, avec quelle aisance la distance du Tibre à *Circeii* entroit dans nos combinaisons. Nous l'avons même terminée au point de *Circeii* qui pouvoit être le plus à portée de la bouche du Tibre; de-sorte que l'épaisseur entiére du Monte-Circello n'est compté pour rien dans l'espace pris en général, & ajoute un intervalle entre les deux distances marquées par Pline. D'ailleurs, ces deux distances ne peuvent être mises bout-à-bout d'une maniére plus étendue & plus directe, puisqu'une ligne tirée de la bouche du Tibre au Cap de Minerve, passe par le Monte-Circello même. Ainsi, dans le cas où l'on objecteroit, que nos combinaisons de distance sont divisées en petites parties, ce qui peut donner lieu à une multiplication de petites erreurs; nous répondrons qu'ici elles embrassent plus de cent mille Toises en deux articles seulement, qui font la vérification de beaucoup de combinaisons de détail, & dont il résulte même que si elles péchent, c'est plutôt en prenant trop d'espace qu'autrement. Et il ne doit pas paroître étonnant, qu'on se soit trouvé abonder dans la Longitude de Naples, si tant est qu'on puisse avoir quelque égard à une circonstance de cette espece & aussi peu considérable.

SECTION III.

De Capoue on se rend à Brindes par la continuation de la Voie Appienne. Récapitulation des distances en revenant jusqu'à Rome.

CE que nous avons fait de route sur la Voie Appienne dans les deux précédentes Sections, renferme selon le témoignage de Frontin (*de Aquæductibus*) ce qu'il convient d'attribuer au Censeur Appius-Claudius, surnommé l'Aveugle, & dont la magistrature est indiquée dans Tite-

Live (livre 9) à l'an de Rome 441. La continuation de cette Voie, qui est un ouvrage postérieur, quoique sous le même nom, jusques à Brindes, doit nous conduire pour arriver à ce point.

De Capoue à Bénévent nous trouvons l'Itinéraire d'Antonin & la Table conformes sur le pied de 32 Milles, en plusieurs distances particuliéres : la conformité consiste encore à marquer de Capoue à *Caudium* XXI, & de-là à Bénévent XI. Dans l'Itinéraire de Jérusalem, la prémiére distance est la même, la seconde est plus forte d'un Mille. La Table donne une mansion sous le nom de *Calatie*, à VI de Capoue; & il ne faut point la confondre avec Cajazzo qui est au-delà du Vulturne. Il est bien vrai que cette ville a porté le même nom, ce qui n'est point équivoque sur-tout dans le moyen-âge; & qu'elle paroît même dans la Table, entre *Allifæ* & *Castra Hannibalis*, où *Gahatie* se lit pour *Calatiæ*. Mais, la remarque que je fais devient une correction pour la Carte des Voies de l'Italie, qui a paru dans l'Histoire Romaine : le déplacement de cette *Calatia* indiquée sur la Voie que nous suivons, a même entraîné celui de *Caudium*; & parmi les fautes que j'ai reconnues dans cette Carte, j'avoue de bonne-foi qu'il n'y en a point qui me semble aussi grave que celle-ci. Au-reste, le détail dans lequel je vais entrer fera voir, que la position de *Caudium* n'avoit point encore été donnée avec précision.

Il est constant que la Voie Appienne prenoit sur la droite en sortant de Capoue, & le lieu qu'occupoit *Calatia* ou *Galatia* (car le même nom s'écrit de ces deux maniéres) se reconnoît à des vestiges, & au nom vulgaire de *le Galazze*; comme on l'apprend d'Holstenius, & de Camillo Pellegrino, *Discorsi della Campania Felice*. Ce lieu a même été un Siége Episcopal, avant que *Casamirta*, aujourd'hui Caserta, qui est dans le voisinage, jouît de cette prérogative. Holstenius & le même Pellegrino s'accordent à placer l'ancien *Caudium* à Arpaia, qui dans les Cartes de Magini paroît à l'entrée de la Principauté Ultérieure, hors des limites de l'ancienne Campanie; ce qui répond en-effet à ce qu'on lit dans l'Itinéraire d'Antonin, *ubi Campania limitem habet Caudium.* Holstenius allegue pour la fixation de *Caudium* à Arpaia, une Inscription des anciens habitans de Bénévent, qui a été trouvée en ce lieu, & où il est parlé de *Caudium.* Mais, si l'on veut fixer *Caudium* avec précision, il faut observer, que la position d'Arpaia paroît trop voisine de Capoue, & en même-tems trop éloignée de Bénévent: cette position dans les Cartes de Magini est également distante de 12 à 13 Milles communs, ou d'environ 16 Milles Romains, tant à l'égard de Bénévent que de l'emplacement propre à l'ancienne Capoue. Ces deux distances forment bien au total ce que l'on doit compter entre Capoue & Bénévent; mais remarquez, que par le témoignage unanime de tous les Itinéraires, *Caudium* est fixé à 21 de Capoue, & 11 ou 12 seulement de Bénévent. D'où il suit, que *Caudium* ne peut tomber à Arpaia précisément, & qu'il s'en éloigne de 4 ou 5 Milles en s'approchant de Bénévent. Cette remarque est d'autant mieux fondée, que la position d'Arpaia se vérifie. Holstenius est lui-même garant, que la distance entre Arpaia & Bénévent est estimée 12 des Milles d'aujourd'hui, ce qui doit être censé correspondant à la Carte de Magini. Et comme d'un autre côté il nous apprend, qu'une Colomne-milliaire numérotée XVI, existe près du lieu nommé *Furchie*, & qu'il nous fait entendre que ce lieu est peu en deçà d'Arpaia à l'égard de Capoue, & à quelques Milles au-delà d'Arienzo, il s'ensuit qu'Arpaia est placé convenablement à environ 13 Milles communs, ou 17 Milles Romains pour le plus, de l'ancienne Capoue. Il est vrai, que l'emplacement de Furchie ne se trouve point conforme à la Carte de la Terre de Labour par Magini, où la position nommée *Forchia* paroit en deçà d'Arienzo à l'égard de Capoue. Mais en ce point, le témoignage formel d'Holstenius, qui a examiné les lieux avec détail, doit sans-doute prévaloir sur la Carte, où le petit lieu dont il s'agit peut être déplacé. Il y a une circonstance dans laquelle Holstenius se méprend visiblement, qui est que de la Colomne XVI à Bénévent il compte XI Milles par la Voie Appienne. Cette méprise paroît une suite du faux emplacement de *Caudium* à Arpaia ; & ce qui seroit vrai pour la distance de *Caudium* à Bénévent, ne sçauroit l'être pour celle qui se prendroit de la Colomne XVI. Mais, si Arpaia est à 12 Milles communs de Bénévent, comme le rapport d'Holstenius de concert avec la Carte de Magini le demande ; *Caudium* placé à 11 Milles Romains, ou moins de 9 Milles communs de Bénévent, doit être supposé à environ 4 Milles Romains d'Arpaia du côté de Bénévent. Et le consentement des Itinéraires ne nous permettant pas de douter, que *Caudium* ne fût à 21 de Capoue, donc Arpaia à 4 Milles en deçà de *Caudium*, se rencontroit à environ 17 à l'égard du même point de Capoue. Or, ces combinaisons de distance n'ont-elles pas un rapport marqué à l'indication précise de la Colomne numérotée XVI, dans un lieu peu distant d'Arpaia, en revenant vers Capoue ?

Au-reste, la situation des Fourches Caudines dans les défilés voisins d'Arpaia, est attestée par une note marginale d'une main assez ancienne, au jugement d'Holstenius, dans une Histoire des Lombards, qui est manuscrite au Vatican : *Forculæ Caudinæ locus est in medio inter Beneventum & Argentium* (Arienzo) *ubi dicitur Arpadium in Valle Caudinâ.* Dans Leon d'Ostie, Chronique du Mont-Cassin, il est mention de *Valle in Caudis*, de *Casale in Caudis* & *Casale in Forcle*. Selon Pellegrino, le lieu de Furchie ou Forchia est dénommé *Furclas* sur la tombe d'un Duc Napolitain, mort vers la fin du neuviéme siécle. Le passage resserré entre les montagnes répond à cette dénomination, & à la description que l'Histoire nous donne des Fourches Caudines, qui furent si fatales à une armée Romaine. Il faut ajouter à cette discussion de détail, que la route faisant un coude sensible dans l'intervalle

valle pris en général de Capoue à Bénévent, puisqu'au-delà d'Arpaia elle se replie sur la gauche pour arriver à Bénévent; que par-dessus cela elle se trouve embarrassée dans des détroits, en passant de la Campanie dans le pays des anciens *Hirpini*, qui faisoient partie des Samnites; il n'est pas étonnant que l'espace en droite-ligne soit réduit entre 28 & 29 Milles Romains, ce qui vaut exactement les 22 Milles & demi communs qui se déduisent des Cartes de Magini.

Les anciens Itinéraires nous conduisent de Bénévent à *Equus-tuticus*, ou *Equotuticum*. Celui d'Antonin donne la distance sur le pied de XXI Milles. La Table s'accorde avec l'Itinéraire de Jérusalem, à marquer un lieu intermédiaire, nommé *Forum-novum*, à X de Bénévent, & XII d'*Equotuticum*. Ce dernier lieu est appellé *ad Equum-magnum* dans l'Itinéraire de Jérusalem: mais il ne faut pas douter, que les surnoms de *Tuticus* & de *Magnus* ne soient sinonymes, & que celui-ci ne soit l'interprétation de l'autre. Tite-Live en fournit une preuve, en disant (liv. 26) que le *summus Magistratus* chez les Campaniens & dans Capoue, s'appelle *Medias-tuticus*. Car, ce titre paroît composé de deux mots, dont le prémier est *Medix*, lequel selon Festus, *nomen Magistratus est*: de maniére qu'il faut que le second mot, le *Tuticus* en question, réponde à la qualification de *summus* employée par Tite-Live, & qui dans une application différente & pour le cas dont il s'agit actuellement, se remplace par *magnus*. Festus ajoutant que le terme de *Medix*, sur lequel il cite un vers d'Ennius, est usité *apud Oscos*, on peut en inférer que *Tuticus* est pris du même langage. La nation des *Osci* se compte parmi les plus anciennes qui ont habité l'Italie, & il semble que plusieurs de celles qui y étoient établies dans les tems moins reculés, en soient sorties. Il paroit du moins constant, que les Sabins, Samnites, Bruticns, tiroient une partie de leur langage de celui qui avoit été propre aux *Osci*; & ce même langage s'étoit conservé chez les

Romains dans des piéces comiques ou ſcenes burleſques, dont parlent Cicéron & Tacite, *Oſci ludi*, *Oſcum ludicrum*.

L'explication du mot *Tuticus* ôte toute équivoque ſur l'identité du lieu, qui ſe trouve nommé *Equus-magnus* comme *Equus-tuticus*, quoique la plus exacte convenance dans les diſtances, tant de celle qui doit ſuivre que de celle qui y conduit, pût ſuffire ſur ce ſujet. Mais, Cluvier, & l'auteur Napolitain Pellegrino, ſont dans l'erreur en plaçant ce lieu à Ariano, qui eſt une ville Epiſcopale à l'orient de Bénévent. Car cette ville, en même-tems qu'elle ne paroit pas dans une diſtance ſuffiſante à l'égard de Bénévent, eſt trop éloignée pour le lieu qui ſuit *Equotuticum*, & ſur lequel Cluvier eſt pareillement tombé en mépriſe. Tous les Itinéraires ſont d'accord à placer *Æcæ* à XVIII Milles au-delà d'*Equotuticum*; & la Chronique du Mont-Caſſin écrite par Léon d'Oſtie, & citée par Holſtenius (*ad Cluverii pag.* 1202) nous dit formellement que *civitas Ecana* eſt celle qui a pris le nom de Troja. On trouve la même choſe dans une autre Chonique de Romuald de Salerne, dont la citation eſt employée par M. Weſſeling (*Itiner. Ant.* p. 116.) Et indépendamment de ces autorités, le rapport de poſition d'*Æcæ* à l'égard d'*Herdonea* qui vient après, & qui ſubſiſte ſous le nom d'Ardona dans la direction la mieux marquée de Troja à *Canuſium*, Canoſa, où la route nous conduit, décide de l'emplacement d'*Æcæ*. La diſtance d'Ardona à l'égard de Troja rend la convenance parfaite: car ſi elle eſt marquée XVIII dans l'Itinéraire de Jéruſalem, il eſt conſtant que la Carte particuliére de la Capitanate en donne l'équivalent au plus près, ſur le pied de 14 Milles communs.

La connoiſſance du lieu d'*Æcæ* influe ſur l'*Equotuticum*, qui ſe range naturellement dans la direction de Bénévent à Troja. Et par la proportion des diſtances dans cet intervalle, *Equotuticum* ſe rencontre aux environs de Caſtel-Franco, ſitué au pied de l'Apennin, dont le paſſage eſt entre ce lieu & Troja. Le *Forum-novum*, indiqué par l'Itinéraire de Jéruſalem & par la Table, entre Bénévent & *Equotuticum*, prend place vers le lieu nommé Buon-albergo, & en-effet Holſtenius nous apprend (*ad Cluverii pag.* 1202) qu'à une petite diſtance ſur la gauche on trouve des veſtiges d'un lieu détruit. Au-reſte, quoique dans la Carte de Principato-Ultra par Magini, on ne meſure entre les poſitions de Bénévent & de Troja que 22 à 23 Milles communs, c'eſt-à-dire 28 à 29 Milles Romains au plus, toutefois il en entre 35 à 36 dans notre Carte; & certainement il ne paroît pas poſſible d'approcher davantage de la meſure-itinéraire, en s'éloignant de la Carte beaucoup plus par proportion.

La route que nous ſuivons actuellement étoit croiſée à *Equotuticum*, par celle que donne l'Itinéraire d'Antonin *à Mediolano ad Columnam* (*Rheginam.*) Or, cette Voie nous procure une liaiſon avec la Valérienne du côté de *Corfinium*. Car, la diſtance de Sulmone à l'égard de cette ville eſt bien établie, & l'Itinéraire nous donne ce détail depuis Sulmone :

Sulmonem civ.
Aufidenam civ. XXIIII.
Æſerniam civ. XXVIII.
Bovianum civ. XVIII.
Super Thamari fluv. XVI.
ad Equotuticum XXII.

La prémiére de ces diſtances entre Sulmone & le lieu d'Alfidena, qui ſubſiſte à la droite du fleuve Sangro, ne peut ſe retrouver complette en droite-ligne, puiſque cet intervalle eſt occupé par une branche conſidérable de l'Apennin, laquelle fait partie du Mont Maiella. Sur ce paſſage étoit autrefois un Temple de Jupiter ſurnommé *Palenus*; & en-effet, une plaine qui occupe le ſommet ſe nomme encore Campo di Giove, & vers le pied de la montagne, en tirant ſur la gauche à l'égard de Sulmone, on remarque un lieu nommé Paleno. Il y a une circonſtance qu'il faut accuſer, dans la maniére dont Alfidena ſe place ſur notre Carte. Il s'agit de l'intervalle qui ſe rencontre entre ce point & le lieu d'Opi, qu'il laiſſe en arriére, mais à portée. La Carte levée du Diocèſe des Marſes s'étendant depuis Carſeoles juſqu'à Opi incluſivement, nous fixe par conſéquent ſur cette poſition. Or, ce qu'il reſte d'eſpace entre Opi & Alfidena valant environ 14 Milles communs, ſurpaſſe ſenſiblement ce que donne Magini ſur le pied de 11 : & quoique cette meſure pût bien être reſſerrée dans Magini, il eſt à craindre que ce ne ſoit pas d'autant qu'il s'enſuit de notre poſition d'Alfidena. Encore que dans le tiſſu de cette Analyſe, il ſemble en général que l'emploi des diſtances ſe faſſe avec quelque ſorte d'œconomie, ſi l'on peut s'exprimer ainſi, il eſt pourtant preſque inévitable qu'il n'y ait des endroits plutôt trop lâches que trop ſerrés, ſelon le défaut le plus ordinaire des Cartes. Mais, continuons la route dans laquelle nous ſommes engagés. La diſtance d'Alfidena à Iſernia ne fourniſſant qu'environ 16 Milles Romains de droite-ligne, il eſt évident que l'Itinéraire doit ſouffrir la ſuppreſſion d'une dixaine dans l'indication de cette diſtance. Le point d'Iſernia eſt même trop à portée de celui de Vénafre, qui paroît fixé, pour que celui-ci n'influe pas immédiatement ſur l'autre. D'Iſernia à Boiano on peut eſtimer la diſtance trop foible dans Magini, quoique l'Apennin ſe rencontre dans cet intervalle, & de fait elle prend plus d'eſpace dans notre Carte. Il n'eſt pas de néceſſité abſolue de rechercher le lieu de paſſage du fleuve *Thamarus* ou Tamaro, marqué dans l'Itinéraire, & nous le ſuppoſons dans l'alignement ou à peu près de *Bovianum* à *Equotuticum*. Or, l'intervalle en droite-ligne de Boiano à Caſtel-franco, aux environs duquel *Equotuticum* prend ſon emplacement, revient à 36 Milles Romains par notre Carte : & ſi on conſidere que la meſure-itinéraire indiquée n'eſt guéres plus forte ſur le pied de 38, quoique l'Apennin ſoit à repaſſer à *Sæpinum* ou Supino, & que la direction du chemin juſqu'à ſon terme s'en écarte peu, il n'eſt pas à craindre que cet eſpace péche en raccourciſſement. Il n'y a point même ici de riſque à préſumer, qu'il peut y avoir des fractions de Milles omiſes dans l'Itinéraire.

Reprenons la Voie Appienne. L'Itinéraire d'Antonin marque un Mille de plus que celui de Jéruſalem, dans la diſtance d'*Æcæ* ou Troja à *Herdonia*. Auſſi trouvera-t-on 18 à 19 Milles, même en droiture, ſur notre Carte. D'*Herdonia* à *Canuſium* XXVI dans l'Itinéraire d'Antonin; & celui de Jéruſalem y eſt conforme en deux diſtances; *Canuſio*, *Undecimum* XI. *Serdonis* XV. Dans la Carte particuliére de la Capitanate, on meſure entre Ardona & Canoſe 19 à 20 Milles communs, qui reviennent au plus à 25 Milles Romains. Mais, vû que le pays eſt très-applani dans cet intervalle, & que nous affectons la plus grande portée des diſtances, il faut y faire entrer les 26 Milles complets.

De Canoſe nous allons à Bari; & l'Itinéraire d'Antonin s'explique ainſi dans cet intervalle:

Canuſium.
Rubos XXIII.
Budruntum (liſez *Butuntum*) XI.
Barium XII.

L'Itinéraire de Jéruſalem, en changeant l'ordre de ſa marche, & le conformant à la nôtre:

ad Quintum-decimum XV. *Rubos* XV.
Botontones X. *Beroes* XI.

Quant à la Table Théodoſienne, elle eſt interrompue & mal ſuivie dans cette partie. La diverſité qui paroît d'abord entre les deux Itinéraires, dans la diſtance de Canoſe à *Rubi*, aujourd'hui Ruvo, ne peut cauſer d'embarras qu'autant qu'on négligera de conſulter les Cartes. Comme les meilleures ne donnent que la valeur d'environ 22 Milles à l'ouverture du compas, ce qui peut ſuffire de reſte à l'indication de l'Itinéraire d'Antonin, & qu'il ſeroit abſurde de ſuppoſer ces Cartes en erreur de plus d'un quart ſur une pareille diſtance, tandis qu'on les trouve en proportion exacte dans d'autres ; il n'y a point à héſiter dans le choix des Itinéraires en cette partie, & celui de Jéruſalem doit être reformé ſur un des nombres XV, & vraiſemblablement ſur celui qui tient à *Rubi*. Car, cette ville étant plus obſcure que *Canuſium*, il eſt à préſumer qu'un plus grand territoire, indiqué par le *Quintum-decimum*, appartient mieux à celle-ci. Les Itinéraires ſe conviennent dans les diſtances ſuivantes ; & un Mille de plus entre *Bituntum* & Bari dans l'Itinéraire d'Antonin, doit ſeulement faire juger la diſtance plutôt forte que foible ſur l'autre Itinéraire. La Carte de Magini donne égalité de diſtance de Ruvo à Bitonto, & de Bitonto à Bari ; de-plus, ces deux diſtances raſſemblées font à peu près l'équivalent de l'eſpace compris entre Canoſa & Ruvo ; & on voit que ces proportions quadrent aſſez juſte à ce qui ſe conclut des Itinéraires.

Le compte de 36 Milles que l'Itinéraire d'Antonin fournit ailleurs, depuis le paſſage de l'*Aufidus* (nommé *Aufidena*) juſqu'à *Barium*, entre parfaitement en combinaiſon avec les diſtances précédentes. Car, ſi dans la Carte de Magini, on prend la meſure d'environ 45 Milles de Bari à Canoſa, en paſſant par Bitonto & Ruvo, on en trouvera 36 par analogie de Bari à la Torre-d'Ofanto, qui eſt près de l'embouchure du fleuve de même nom. Le rapport de ces diſtances juſtifie pleinement la préférence que nous donnons à l'Itinéraire d'Antonin ſur celui de Jéruſalem, pour la diſtance de *Canuſium* à *Rubi*, & démontre une juſteſſe de proportion dans la Carte. On n'imagine pas, qu'il puiſſe entrer 7 à 8 Milles de plus dans l'eſpace de Ruvo à Canoſe, par l'exceſſif dérangement qui s'enſuivroit dans la poſition reſpective de Canoſe & de l'embouchure de l'Ofanto. Car, l'intervalle entre ces points eſt fixé à 11 ou 12 Milles dans la Carte, & d'autant mieux fixé que Strabon y compte 90 Stades, comme il ſe lit dans les manuſcrits, ce qui produit en-effet 11 à 12 Milles. On trouve un aſſez grand détail dans la Table entre l'Ofanto & Bari : *fl. Aufidus* VI. *Bardulos* VIIII. *Turenum* VI. *Natiolum* VIIII. *Barium.* Mais, comme le nombre VI, qui ſuit *Turenum* ou Trani, ne remplit pas la diſtance juſqu'à Giovenazzo, qui eſt le *Natiolum*, & que ce nombre ne conduit que juſqu'à Biſeglie, ville connue dans le moyen-âge ſous le nom de *Vigiliæ* ; ſi on ajoute VII, qui paroît la diſtance convenable entre ce lieu & Giovenazzo, on comptera par ce détail 37 Milles dans l'intervalle en queſtion, ce qui ne déborde que d'un Mille le compte de l'Itinéraire. M. de l'Iſle dans ſa Carte de l'ancienne Italie, a placé *Vigiliæ* ſous le nom de *Veſcellæ* ; & en compoſant les Cartes qui ont été publiées dans l'Hiſtoire Romaine de M. Rollin, j'ai été ſi perſuadé que ce lieu étoit une addition à faire dans la Table, que je n'ai point fait difficulté de l'emprunter de M. de l'Iſle ſous ce nom de *Veſcellæ*. Cependant, je ſuis contraint d'avouer, que c'eſt en-vain que je l'ai cherché depuis dans les auteurs de l'Antiquité.

Dans l'intervalle de *Barium* à *Brunduſium*, on compte juſqu'à *Egnatia* 35 Milles dans l'Itinéraire de Jéruſalem, 37 en deux endroits de l'Itinéraire d'Antonin. La Table en fournit 38 ; mais je crois, qu'elle demande à être réformée dans un des nombres qui compoſent cette meſure de diſtance, comme on verra ci-après ; au moyen de quoi elle ſe réduit à 35 ou 36. La diſtance particuliére de *Barium* au lieu nommé *ad Turres*, eſt marquée XXI dans l'Itinéraire d'Antonin : la même diſtance coupée en deux dans celui de Jéruſalem, eſt plus foible d'un Mille, & la Table y eſt conforme en marquant XX. De ces Tours à *Egnatia*, XV dans l'Itinéraire de Jéruſalem, XVI dans celui d'Antonin. La Table en coupant cette diſtance en deux parties, répéte à chacune le nombre IX. Mais, il eſt vraiſemblable, vû l'affinité plus grande entre les deux Itinéraires, qu'un de ces nombres tient la place de VI ou de VII. L'Itinéraire d'Antonin dans une répétition de la même route, donne de *Barium* à *Arneſtum* XXII, à *Egnatia*

XV, ce qui revient au même que l'autre exposé. Il semble que la différence de deux Milles entre cet Itinéraire & celui de Jérusalem, n'aboutisse qu'à en prendre le milieu, qui est 36 : & quand sur la Carte de la Terre de Bari, la distance de Bari à la Torre d'Adanazzo, qui est un vestige de l'ancienne *Egnatia*, se mesure, on ne trouve que l'équivalent de 34 Milles, en prenant même le coude que fait la côte entre Bari & Monopoli : d'où il résulte, qu'il conviendroit mieux d'apporter plus de réduction par proportion sur l'Itinéraire d'Antonin, que d'ajouter à celui de Jérusalem.

D'*Egnatia* au lieu nommé *ad Speluncas* XXI, par unanimité entre les Itinéraires & la Table; à cela près que dans l'Itinéraire d'Antonin, où la route est répétée en deux endroits, s'il y a XXI d'un côté, on ne trouve que XX de l'autre. Il s'en faut beaucoup que l'accord soit le même dans la distance suivante, qui conduit à *Brundusium*. L'Itinéraire de Jérusalem marque XIIII, celui d'Antonin XVIII ou XVIIII, la Table XXVIII. C'est en pareil cas qu'il faut prendre avis des Cartes, & celles de Magini quadrent mieux avec le prémier Itinéraire qu'avec le second. De plus, à 14 Milles précisément de Brindes, on trouve *Grotta-rossa*, & le rapport qu'il y a dans le lieu comme dans la distance, leve toute équivoque sur ce point.

Brundusium est le terme qu'on s'est proposé dans cette Section, comme il l'étoit autrefois de la route de terre pour ceux qui se rendoient de Rome en Gréce, & qui prenoient la mer en ce lieu. C'est pour cela qu'Horace termine la description de son voyage en disant :

Brundusium longæ finis chartæque viæque.

Et que Silius-Italicus parlant de *Brundusium*, ajoute;

. . . . *quò desinit Itala tellus.*

C'est aussi ce qui a donné lieu à Strabon, de rassembler en somme ou total la mesure de cette longue route, depuis Rome jusqu'à Brindes; & il nous l'indique de Μίλια τξ',

360

360 Milles. Après la discussion qui a été faite de toute l'étendue du chemin, dans un détail de distances particuliéres, & sans avoir égard qu'à ce qui convient à chacune de ces distances, considérée en elle-même, selon que le plus ou le moins de précision dans les Itinéraires, & le rapport du local, en décident; il est à propos d'en faire une récapitulation. Dans cette récapitulation, nous irons en rétrogradant, prémiérement jusqu'à Capoue, d'où nous sommes partis dans cette Section, puis de Capoue jusqu'à Rome, en prenant de même dans un ordre contraire ce qui est déduit dans les deux Sections précédentes.

De Brindes *ad Speluncas* 14, delà à *Egnatia* 21, à *Barium* 36, à *Rubi* 22, à *Canusium* 23. Jusques-là (pour ne point trop accumuler les distances particuliéres) le total est de 116 Milles.

De *Canusium* à *Herdonia* 26, à *Æcæ* 18, à *Equotuticum* 18, à Bénévent 22, à Capoue 32. Le total de Canose à Capoue se trouve égal au précédent. Donc, de Brindes à Capoue 232 Milles.

Reste de Capoue à Rome; sçavoir, à Sinuesse 26, de-là à Formies en passant par Minturnes 18, de Formies à Terracine 25 à 26, & de Terracine au centre de Rome 58 à 59. Total de Capoue à Rome 128.

En ajoutant cette somme à celle de 232, total de Brindes à Rome 360.

Or, je demande, si au moyen d'une semblable vérification, qui embrasse plus de 100 Lieues Françoises, il peut rester quelque incertitude sur l'usage que nous faisons des anciens Itinéraires, par lesquels on est conduit à une des extrémités les plus reculées de l'Italie, & précisément celle qui s'écarte le plus vers l'Orient. Si nous ne sommes pas moins certains du compte de la distance, que de la mesure même du Mille Romain qui y est employé, il ne peut donc y avoir présomption d'erreur dans l'espace qui en résulte, qu'autant qu'on aura usé de la mesure-itinéraire d'une maniére plus ou moins étendue. Que la Voie à laquelle cette mesure-itinéraire se rapporte, soit dans un écart sensible de la direction en plusieurs endroits, c'est ce qui ne souffre aucun doute. Le point de Terracine, qui n'est distant de Rome que d'environ 58 Milles, dévie néanmoins du rayon tendant de Rome à Brindes de 32 Milles plus que moins. Et quoiqu'en portant Naples plus au Nord que par la Latitude marquée dans la Connoissance des Tems, Capoue qui est en liaison immédiate avec ce point, soit rapproché d'autant; toutefois il se trouve en distance de plus de 36 Milles sur le même côté droit du rayon ou alignement de Brindes, & le point qui se rapporte aux Fourches-Caudines entre Capoue & Bénévent, s'en écarte encore davantage. On ne voit point à la vérité d'écart aussi considérable sur la gauche; cependant, la position de Bari s'éloigne de ce côté-là d'environ 12 Milles. Donc, la Voie roule & circule dans une largeur de terrain qui est d'environ 50 Milles; ce qui prouve de grandes variations dans la direction, indépendemment des circuits de détail, que l'inégalité du terrain & la disposition des lieux rendent inévitables en plusieurs endroits. Malgré ces faits & considérations, la mesure directe de Rome à Brindes ne prend pas moins de 314 Milles sur notre Carte, ce qui ne differe de la mesure attachée au chemin même que d'un huitiéme à peu de chose près. On doit être persuadé, que ce n'est que parce que les distances particuliéres ont été communément employées complettes & en droite-ligne, que la déduction n'est pas plus considérable. Et pour être convaincu, qu'il n'y a que de grands détours bien décidés par la position de quelques lieux de la route, qui donnent lieu à la déduction; observons, que là où cette route ne varie pas aussi sensiblement, sans être tout-à-fait directe, par-exemple depuis *Æcæ* ou Troja jusqu'à Bari, la mesure du compas, qui dans notre Carte équivaut 87 Milles, est presque au pair de la mesure-itinéraire reconnue de 89. Si on veut prendre la peine d'accumuler les espaces particuliers de lieu en lieu situé sur cette route;

fçavoir, Terracine, Fondi, Mola, Minturnes, Sinueſſe, l'ancienne Capoue, Arpaia, Benévent, Caſtel-franco, Troja, Ardona, Canoſe, Bitonto, Bari, de-là en prenant l'angle que fait la côte juſqu'à Adanazzo, finalement Brindes; on trouvera que ces eſpaces à la ſimple ouverture du compas conſument 350 Milles de bonne meſure. Or, ſeroit-il convenable de prendre de pareilles meſures pour celle du chemin, & indiſtinctement en pays inégal & montueux comme en pays très-uni? Eſt-il à préſumer, que 9 à 10 Milles ſoient plus que ſuffiſans dans un eſpace de 360, pour ſatisfaire à tout le détail des inégalités d'une route, qui trouve des montagnes en pluſieurs endroits de ſon paſſage. La Carte du Royaume de Naples par Magini, ne donne à l'ouverture du compas entre Rome & Brindes, guère plus de 240 Milles communs ou 300 Milles Romains. Il eſt donc très-probable, que l'eſpace que nous prenons dans cet intervalle eſt plutôt prolongé que raccourci, & je ne ſerois pas ſurpris qu'il eut à ſouffrir quelque réduction.

SECTION IV.

En partant de Brindes on ſe porte à Otrante, au Promontoire Iapygien ou Cap de Leuca, & à Tarente. Retour de Tarente à Bénévent ſur la Voie Appienne, & du fleuve Aufidus à l'Aternus, où finit la Voie Valérienne.

IL faut maintenant s'avancer juſqu'à Otrante, & juſqu'au Promontoire Iapygien, qui eſt la pointe du continent de l'Italie la plus prolongée dans la Mer Ionienne. L'Itinéraire d'Antonin & la Table ſont d'accord ſur le nombre de 50 Milles, pour la distance de *Brundusium* à *Hydruntum*, & on en trouve la confirmation dans Pline. L'Itinéraire de Jérusalem ne diffère que d'un Mille en diminution. Il ne s'agit plus que d'examiner cette distance dans le détail, & de nous conduire par les lieux mêmes que la Voie trouvoit en son passage. L'Itinéraire de Jérusalem (en renversant l'ordre dans lequel il procède pour le conformer au nôtre) s'explique ainsi :

Brindisi.
Valentia XI.
Clipeas (lisez *Lupias*) XIII.
ad Duodecimum XII.
Odronto XIII.

Dans l'Itinéraire d'Antonin la distance n'est coupée qu'en deux parties :

Brundusium.
Lupias XXV.
Hydruntum XXV.

La Table Théodosienne tient la même marche que nous :

Brindisi X. *Balentium* XV. *Luppia* XXV.
Ydrunte.

On apprend d'Antoine *de Ferrariis*, surnommé le Galatée du nom de Galatena sa patrie, située près de Nardo, & qui a écrit *de situ Iapygiæ*, qu'il subsiste des restes de l'ancienne Voie Romaine entre Brindes & Otrante, en passant par Lecce. Et selon le même auteur, elle porte dans le pays le nom de Voie Trajane. Il est constant par le témoignage de Gallien, que Trajan fit des réparations considérables aux grandes Voies de l'Italie ; d'anciens monumens l'attestent ; & dans une Inscription trouvée à Bari, selon André-della Monica, qui a fait l'Histoire de Brindes, il est dit de cet Empereur ; *Viam à Benevento Brundusium pecuniâ suâ fecit.* La tradition locale étend cet ouvrage de Trajan jusqu'à Otrante, comme le Galatée nous en instruit : & Barthélemi-Tafuri, qui a joint quelques notes au Galatée, parle d'une Inscription trouvée à

Nardo, dans laquelle un *IIII Vir* de la Colonie de *Lupiæ* que tous les Itinéraires concourent à placer sur cette Voie, ajoute à cette qualité celle de *Curator Viæ Trajanæ.*

Le Galatée qui a écrit dans son propre pays, dit que cette Voie au-delà de Brindes traverse d'abord l'ancienne ville de *Balesus*, dont il ne reste que quelques vestiges, & qui est distante de la mer de trois Milles. Cette Ville est nommée *Valetium* par Méla, qui la range dans un ordre conforme aux Itinéraires; *jam in Calabriâ, Brundusium, Valetium, Lupiæ, Hydrus.* Dans Pline, on lit *Balesium.* Isaac-Vossius, Commentateur de Méla, prétend que l'*Aletium*, entre les villes de ce pays que Ptolémée place dans les terres, ne doit point être distingué du *Valetium* de Méla. On peut lui objecter, que Pline fait mention des *Aletini* dans le même pays des anciens Calabrois, & que ce nom peut se rapporter à une ville d'*Aletium* : mais quand Cellarius ajoûte, *at Valetium martimum fuit*, c'est une erreur dont le Galatée nous fait appercevoir; & quoique Brindes & Otrante soient également des lieux maritimes, il ne s'ensuit pas que ceux qui sont marqués intermédiairement se rangent de nécessité sur la côte. Le lieu dont il est question, paroît avoir été appellé *Baletia* ou *Valetia*, de même que *Valetium*, à en juger par l'Itinéraire de Jérusalem, où on lit *Balentia* pour *Baletia.* Je suis même persuadé, que Strabon fait mention de Βαλητία, lorsqu'après avoir parlé de Ῥοδαῖοι & de Λυπίαι, comme de deux villes méditerranées, il les fait suivre immédiatement par celle dont il s'agit, laquelle, ajoute-t-il, n'est qu'à une petite distance de la mer (c'est-à-dire moindre que celle des villes précédentes) ce qui en-effet se rencontre ainsi. Il est vrai qu'on lit dans le texte de Strabon Σαλητία, & que le Traducteur Xilander n'a point hésité d'écrire *Salapia.* Mais on sçait, que *Salapia* étoit bien éloignée de ce quartier, & située entre Siponte & le fleuve *Aufidus*; au-lieu que les circonstances se rapportent ici très-exactement à *Baletia* ou *Baletium.*

Le Galatée compte 12 Milles en deux distances particuliéres, depuis ce lieu jusqu'aux villes de *Lupiæ* & de *Rudiæ*, ce qui ne diffère que d'un Mille de ce que l'Itinéraire de Jérusalem marque entre *Baletia* & *Lupiæ*. Strabon joint les deux villes de *Lupiæ* & de *Rudiæ* dans la mention qu'il en fait ; & le Galatée, bien convaincu que *Lupiæ* & le Lecce d'aujourd'hui sont la même ville, remarque qu'une porte & un quartier de cette ville conservent encore le nom de *Rudiæ*, quoique par une prononciation plus dure, & usitée dans le pays, on dise *Rutæ*. Ce nom reste encore, selon le même auteur (*sed tantùm nomen inane*) à l'emplacement qu'occupoit autrefois la ville de *Rudiæ*, lequel emplacement n'est distant de Lecce que de 13 Stades. Des circonstances locales de cette espece, & rapportées par un Ecrivain aussi judicieux que le Galatée, nous rendent certains de la grande proximité de ces deux villes. Celle de *Rudiæ*, qui s'est illustrée en donnant la naissance au Poëte Ennius, prend une situation décidée qu'elle ne paroissoit point avoir. Il en faut conclure, que Méla s'est exprimé peu exactement par la maniére dont il place cette ville dans sa narration : *Barium, Egnatia, & Ennio cive nobiles Rudiæ ; & in Calabriâ, Brundusium, &c.* Strabon est aussi dans quelque méprise, en ce qu'après avoir dit, que quand on ne peut traverser en droiture de la petite isle de *Saso* à Brindes, on prend sur la gauche pour se rendre à Otrante, d'où l'on est porté à Brindes par un vent favorable ; il ajoute, que de-là par un chemin de traverse on se rend à *Rudiæ*, la patrie d'Ennius. Car il est clair, vû la situation de ce lieu auprès de *Lupiæ* ou Lecce, que si on est arrivé à Brindes, il n'est plus question (à moins que de reculer en arriére) de se rendre à *Rudiæ*. Strabon a sans-doute voulu dire, que quand on a pris le parti d'aborder en Italie par Otrante, il y a un chemin direct & commode par *Rudiæ* qui conduit à Brindes. Cependant, Cluvier conclut du même endroit, que ce lieu de *Rudiæ* étoit situé entre Brindes &

Tarente, & il a été suivi par Cellarius. S. Jérôme a même écrit (*in Chron. Eusebii lib. 2*) *Q. Ennius Poeta, Tarenti nascitur.* On trouve bien *Uria* sur la route de Brindes à Tarente, mais non pas *Rudiæ*; & la Table qui entre dans le détail de plusieurs lieux & distances dans cet intervalle, ne fait point mention de *Rudiæ*. Si cette ville n'est pas nommée dans les Itinéraires sur la route de Brindes à Otrante, un cas aussi peu ordinaire que la grande proximité à l'égard de Lecce, en fournit la raison.

Quoique Strabon ait écrit positivement, que la ville de *Lupiæ* étoit méditerranée, τῇ μεσογαίᾳ, cependant on la trouve placée au bord de la mer par Ptolémée. Cela joint à une prévention, que la route Romaine de Brindes à Otrante continuoit de suivre le bord de la mer, comme elle le suit entre Bari & Brindes, m'a fait placer *Lupiæ* sur le rivage, dans la Carte que j'ai dressée pour les Voies Romaines de l'Italie proprement dite. Mais je conviens, que quoique je n'eusse point lû l'ouvrage du Galatée quand j'ai composé cette Carte, le témoignage précis de Strabon suffisoit, & devoit l'emporter sur Ptolémée. Le Galatée nous apprend, qu'il subsiste de grands restes d'antiquité à Lecce: *Hanc urbem antiquissimam atque amplissimam fuisse, quæ sub terrâ sunt demonstrant arcus, cuniculi, fornices, & vasta fundamenta ædificiorum, sed non perpolita.* Et dans un autre endroit; *tota urbs super ruinas veteris urbis posita est, & magna pars pensilis.* Il ajoute une circonstance remarquable, & décisive pour la fixation de *Lupiæ* à Lecce, qui est que les Grecs qui ont conservé des établissemens aux environs, l'appellent Λύπιον. Dans Gui de Ravenne, cité par le Galatée, & qui est un Ecrivain du moyen-âge, cette ville est nommée *Lycea*, d'où s'est formé le nom moderne de Lecce. Gui accompagne la mention qu'il fait de *Lycea*, de cette circonstance; *cui conjuncta civitas Rugæ dinoscitur*; ce qui se rapporte exactement à la situation de *Rudiæ* ou *Rudæ*, inséparable de celle de *Lupiæ*. Le même auteur ajoute, qu'entre *Lycea*

& *Hydruntum*, *XXX ferè Milliaria supputantur*; ce qui est encore convenable, eu égard à la mesure que les Grecs qui ont gardé pendant quelque tems cette partie la plus reculée de l'Italie, se sont faite du Mille sur le pied de 7 Stades. Car selon cette mesure, les 25 Milles Romains bien indiqués dans l'intervalle dont il s'agit, & qui reviennent à 200 Stades, font strictement près de 29 Milles Grecs, *XXX ferè Milliaria*, dit Gui de Ravenne. Au-reste, c'est à Lecce que réside le Tribunal de la Province, à laquelle on donne communément aujourd'hui le nom de *Terra di Lecce*, bien qu'auparavant elle fut nommée Terre d'Otrante. La Ville d'Otrante ne s'est point encore remise de ce qu'elle souffrit de la part des Turcs, quand ils la prirent en 1480.

La distance de Brindes à Lecce, prise à l'ouverture du compas sur la Carte particuliére de ce pays, donnée par Magini, revient à 18 minutes & demie de la graduation de Latitude appliquée à cette Carte, qui font l'équivalent de 23 Milles Romains & deux tiers, ce qui approche beaucoup du compte des Itinéraires, & sur-tout de celui de Jérusalem, qui donne un Mille de moins que les autres. L'ouverture du compas de Lecce à Otrante, est un peu plus courte sur la même Carte. Mais, le Galatée nous apprenant, que la Voie Trajane en partant d'Otrante, passoit entre le rivage de la mer & le *Limnen*, qui est à quatre Milles au Nord d'Otrante, il en résulte un coude dans cette Voie, au moyen duquel les 25 Milles de Lecce à Otrante, sur le nombre desquels tous les Itinéraires sont d'accord, se retrouvent exactement & en entier sur la même Carte. Il est d'autant plus satisfaisant que cela se rencontre ainsi, qu'il en résulte 1°, que l'Echelle que porte cette Carte par sa graduation est exacte; 2° que la Carte est bien proportionnée dans ses parties. Strabon compte par mer d'Otrante à Brindes 400 Stades, ou 50 Milles, & c'est effectivement ce que le même principe de mesure fait trouver sur la même Carte, Mais, ce n'est pas dans ce seul

ſeul eſpace que cette Carte ſe montre auſſi juſte ; & je remarque encore, que les diſtances indiquées en aſſez grand nombre dans l'écrit du Galatée, y prennent communément le même rapport.

Les Itinéraires ne fourniſſent rien au-delà d'Otrante : mais, on trouve dans la Table une ſuite de route, qui fait préciſément le circuit de la Peninſule d'Iapygie. Voici le détail de cette route, qui ſe prend à Tarente (dont le port ſerre le col de la Peninſule) juſqu'à Otrante.

Tarentum XX. *Manduriis* XXIX. *Neretum* X.
Baletium X. *Uxintum* X. *Veretum* XII.
Caſtrum-Minervæ VIII. *Hydruntum*.

En ſe portant d'Otrante à Tarente, c'eſt prendre la route en ſens contraire. La poſition de Caſtro eſt un peu trop voiſine d'Otrante dans la Carte, pour répondre préciſément aux VIII Milles marqués ; mais la ſomme de 20 Milles ſe retrouve plus que moins d'Otrante à Santa-Maria di Verato ou Verito, qui eſt un veſtige de l'ancien *Veretum*. On remarquera, que de ce lieu à Santa-Maria di Leuca, ou Finiſterra (car cette dénomination lui eſt auſſi donnée dans le pays) il y a peu d'eſpace ; d'où il ſuit, que la diſtance du Promontoire Iapygien à l'égard d'Otrante, dépend en quelque maniére de la vérification de celle-ci. Les trois diſtances ſuivantes, qui conduiſent à Nardo en prenant l'autre côté de la Peninſule, ſe combinent fort bien avec la Carte. On ſçait qu'*Uxentum* eſt Ugento : quant au lieu intermédiaire de celui-ci à *Neretum* ou Nardo, les diſtances priſes par égalité d'un côté comme de l'autre, ſe rencontrent à Santa-Maria della Lizza, qui eſt ſur la direction même d'Ugento à Nardo, à la hauteur de Gallipoli. Outre le rapport des diſtances dans cette poſition, on démêle quelque trace de l'ancienne dénomination dans celle qui exiſte. En ſupprimant même le B de *Baletium*, & liſant *Aletium*, ce nom, à une terminaiſon près (laquelle paroît avoir varié, comme le *Baletium* précédent, qui eſt auſſi nommé *Baletia*, le fait voir) ſe reconnoît en entier dans le ſurnom actuel *dell'Alizza*, écrit de cette maniére plutôt que de l'autre. Cette analyſe de dénomination devient d'autant plus intéreſſante, qu'il en réſulte une poſition d'*Aletium* bien déterminée & diſtincte, ſans qu'on ſoit obligé de recourir (comme on a fait juſqu'à préſent) à un faux rapport de dénomination avec Lecce, & confondre par conſéquent *Aletium* avec la ville de *Lupiæ*, qui revendique inconteſtablement la poſition de Lecce. Et ſi on obſerve, que dans l'énumération que fait Ptolémée des villes appartenantes aux Salentins; *Rudiæ*, *Neretum*, *Aletium*, *Uxentum*, *Veretum*; cet auteur procédant exactement du Nord au Sud, place *Aletium* entre *Neretum* & *Uxentum*, on conclura que l'*Aletium* prend réellement la place du *Baletium* de la Table Théodoſienne.

Galatena, la patrie du Galatée, eſt au Sud-Eſt de Nardo, & à 3 Milles de diſtance, comme il le dit lui-même. Il nous donne la diſtance de Nardo à Lecce ſur le pied de 15 Milles, & celle de Galatena à Gallipoli ſur le pied de 9; & de fait ces diſtances ſe trouvent juſtes & bien complettes. Les 29 Milles indiqués par la Table entre *Neretum* & *Manduriæ*, conviennent exactement à la meſure de diſtance de Nardo à Caſal-nuovo, bâti par Robert-Guiſcard près des ruines de ce lieu ancien, à environ 8 Milles d'*Uria*. De Caſal-nuovo à Tarente, vous trouverez préciſément ſur la Carte l'équivalent des 20 Milles Romains qui ſont marqués dans la Table. La vérification d'un auſſi grand nombre de diſtances ſur la Carte publiée par Magini, juſtifie ce qui a été avancé ci-deſſus, que la véritable Echelle de cette Carte répond à ſa Graduation (ce qui n'eſt pas un avantage commun à toutes les Cartes) & que cette Carte paroît même d'une égale proportion dans toute ſon étendue. Le Galatée ajoute à toutes ces diſtances, celle d'Otrante à Tarente ſur le pied de 70 Milles; & quoiqu'il la donne comme meſure-itinéraire, *pedeſtri itinere*, toutefois l'ouverture du compas ſur la Carte prend 69 Milles de bonne meſure. Strabon compte 680 Stades (85

Milles) de Tarente à Leuca ou au Promontoire Iapygien. Or, en partant de Tarente précisément, & doublant le Cap qui ferme la Baye nommée Mare-grande, de-là prenant la ligne-directe qui rase le Promontoire, & portant la mesure jusqu'à la Torre di Santa-Maria, qui est sur la pointe même du Cap Leuca, les 85 Milles sont très-justes sur la Carte. La justesse de cette mesure tire à grande conséquence par la raison que voici. Dans la Carte de Magini, cette peninsule ou langue de terre que nous discutons en tout sens, se courbe bien plus sensiblement qu'il ne paroît en quelques Cartes, & sur-tout dans les Marines. Car, par la Carte de Magini, vous voyez que cette terre qui jusqu'aux environs de Lecce s'étend en général vers Est-Sud-Est, tourne ensuite & presque subitement vers le Sud. Strabon est même d'une singuliére exactitude sur cette circonstance, en ce qu'il fait entendre, que la terre du Promontoire Iapygien courant au levant d'hyver, se recourbe néanmoins vers le Promontoire *Lacinium*. Or, si la Carte de Magini n'étoit pas plus juste en cette courbure que celles qui tracent la Peninsule d'une maniére plus directe, la mesure de distance qui vient d'être appliquée sur cette Carte ne quadreroit point, & deviendroit trop courte. Selon Pline, il y a 62 Milles de Tarente à *Callipolis*, & de-là au Promontoire 32. Cette mesure, qui au total est de 94 Milles, étant plus forte que celle de Strabon, ne peut convenir à la ligne la plus directe. Mais, si on l'applique à la côte, il résultera de la Carte environ 61 Milles dans la prémiére partie, & 33 dans la seconde. Une petite diversité dans les mesures de détail se compense ainsi au total; & on peut regarder cette combinaison de mesures diverses entre Pline & Strabon, comme l'arc & la corde en termes de Mathématique. Si au-lieu d'examiner ces mesures jusqu'au point d'en reconnoître la véritable application, on ne s'arrête qu'à la diversité qui se montre au prémier coup-d'œil, bien-loin d'en tirer satisfaction, on s'en trouve scandalisé.

Il étoit de la derniére importance d'avoir un point de Latitude déterminé dans ce quartier reculé de l'Italie. La hauteur de Tarente dans notre Carte se fonde sur les Observations d'un Navigateur François fort habile, & qui avoit été en relache à Tarente assez long-tems pour pouvoir lever le plan de la Baye qui l'environne. Cette hauteur, qui influe sur tout ce qui tient à ce point de position, passe de 8 à 9 minutes celle qui est indiquée dans les Portulans imprimés. Vitruve (liv. 9, ch. 8) donne une Observation de la longueur de l'ombre Equinoxiale à Tarente, dont la Latitude conséquente est moindre de plus d'un degré que celle qui se déduit des hauteurs indiquées. Mais, le Pere Riccioli s'explique ainsi au sujet de cette Observation de Vitruve : *de se aliàs umbram illam infidam sumus experti.* J'ajouterai à la détermination de la Latitude de Tarente, que quoique dans les Cartes précédentes je ne me fusse écarté en aucune façon de la Carte de Magini, dans la maniére d'orienter la Peninsule d'Iapygie ; toutefois sur le résultat de plusieurs gîsemens observés par des Navigateurs, je me suis porté à incliner un peu cette Carte du Nord vers l'Ouest. Et on remarquera que par ce moyen, Otrante & le Cap de Leuca déclinent davantage du Sud à l'Est à l'égard des Méridiens de Tarente & de Brindes, & sont conséquemment plus avancés en Longitude. Le Cap dont il s'agit se rencontre à une minute près, dans la hauteur que le Specchio-del Mare indique de 40 degrés 2 minutes. Je ne disconviendrai pas, que ce Portulan & les autres, n'ayant pas autant de justesse qu'on leur en désireroit, il n'y auroit point de sûreté à se fonder sur des rapports de cette espece, & à les rechercher ; mais quand ils se présentent d'eux-mêmes, il n'est pas hors de propos d'en faire la remarque.

Nous avons un intervalle à vérifier, en retournant de Tarente à Brindes. Or, l'isthme de la Péninsule pris dans cet espace même, est de 310 Stades selon Strabon, & sur la mesure des grands Stades il en résulte 38 Milles & trois quarts. L'ouverture du compas, prise d'un côté au point de Brindes, & portée de l'autre non jusqu'au point de Tarente, mais seulement au bord de Mare-piccolo qui couvre ce point, afin de se conformer à l'expression d'Isthme, revient sur la Carte de Magini à 37 Milles & demi. On compte 43 Milles sur la route tracée de Brindes à Tarente dans la Table; l'Itinéraire d'Antonin donne un Mille de plus. En ligne directe on en mesure 40; & si on fait attention qu'il faut traverser l'Apennin dans cet intervalle, entre Misagno & Oria, on se persuadera que cette mesure de droite-ligne n'est point trop inférieure à celle du chemin.

Après avoir pénétré jusqu'à l'extrémité de l'Italie par une suite de distances bien vérifiées, & combinées avec les Cartes, il s'offre à Tarente une Voie Romaine pour revenir à Bénévent. Strabon parle distinctement de cette Voie, la prenant depuis Brindes, & la faisant passer par Vénuse, pour se joindre à Bénévent à celle que nous avons suivie. L'intervalle de Tarente à Vénuse est ainsi donné dans l'Itinéraire d'Antonin, mais en prenant la route dans le sens contraire:

Venusiam.
Silvium XX.
Bleram XIII.
Sub-Lupatia XIIII.
Canales XIII.
Tarentum XX.

Holstenius, qui a suivi la trace de cette Voie sur des Cartes manuscrites du Royaume de Naples, appartenantes au Cardinal-François-Barberin, & sur lesquelles il observe que les chemins étoient marqués *accuratè*; fait tomber le *Silvium*, dont il est aussi mention dans Strabon & dans Diodore de Sicile, au Gorgoglione, petit lieu au pied de l'Apennin. Dans la Carte particuliére de Basilicate, publiée par Magini, l'ouverture du compas donne 16 Milles communs plus que moins, c'est-à-dire la distance plus que complette, quoique le passage de l'Apennin soit compris dans cet intervalle. Le lieu nommé *Canales* convient fort-bien, comme Holſtenius l'a remarqué, aux *Fonte-Canile* & *Fonte-la Fico*, qui ſe rendent dans le Lato-fiume un peu au-deſſus de Caſtellaneta ; & ce docte Critique nous apprend, que la Voie encore exiſtante ſe nomme communément *la Tarentina*. Or, la diſtance en droite-ligne du Gorgoglione à Fonte-Canile, paſſant 30 Milles communs dans la même Carte de Magini, il eſt clair que cet eſpace eſt fort convenable au compte de 40 Milles Romains que donne l'Itinéraire. Les 20 Milles marqués de *Canales* à Tarente, ne peuvent ſelon la Carte, conduire à Tarente même, mais ſeulement juſques ſur le bord du golfe & vis-à-vis, peu au-delà du petit fleuve *Taras*, qui bien qu'éloigné de Tarente de 4 Milles, a communiqué ſon nom à cette ville. M. Weſſeling (*Itiner. Ant.* p. 121) ayant noté que le manuſcrit du Vatican porte II Milles de plus dans cette diſtance, nous prenons aſſez d'eſpace pour admettre ce ſupplément. Enfin, quoique la diſtance itinéraire de Vénuſe à Tarente ne ſoit donnée que ſur le pied de 80 ou 82 Milles, toutefois vû la conformité qui eſt entre notre Carte & Magini, on ne trouvera pas moins de 82 Milles en ligne-directe du point de Vénuſe à celui de Tarente. Il eſt évident, qu'une pareille meſure ne peut pécher que par excès d'étendue ; & ſi elle eſt ſoupçonnée de ce défaut, tirons-en au moins cette conſéquence, que vû ſa correſpondance avec l'eſpace diſcuté dans la Section précédente par Canoſa & Bari juſqu'à Brindes, celui-ci ne ſçauroit être ſoupçonné du défaut contraire.

La route de Bénévent à Vénuſe eſt donnée par la Table dans un grand détail :

Benevento IIII. *Nuceriolâ* VI. *Calor fl.* V.
Eclano XVI. *Sub-Romulâ* XI. *Aquiloniâ* VI.
Ponte-Aufidi XVIII. *Venuſiæ* (Total 66.)

Le fleuve *Calor* ou Calore, qui ſe rencontre ſur cette route, eſt mentionné dans Tite-Live ; & à quelques Milles au-delà, & aux environs de Mirabella, on trouve les ruines d'*Æclanum* ou *Æculanum*, qui dans le moyen-âge portoit le nom de *Quintum-decimum*, comme le remarque Holstenius (*Annot. in Cluv. pag.* 1203) ce qui répond exactement aux nombres de la Table. D'un autre côté, le Ponte d'Oglio, qui est sur l'*Aufidus*, & au passage de cette Voie, se trouve distant de Vénuse dans la Carte de Magini de 14 Milles communs, qui font la compensation la plus exacte de 18 Milles Romains marqués dans la Table. Ce pont sur l'Ofanto est un ouvrage de Trajan, comme on l'apprend d'un ancien auteur de la Vie de S. Sabin, dans les Bollandistes, au 9 de Février : *Pontem qui à Trajano Augusto constructus super fluenta est Aufidi.* On peut bien ne point entrer dans le détail des lieux intermédiaires, qui se rencontrent au passage de l'Apennin. J'observerai seulement, que dans ce quartier cette longue chaîne de montagnes se divise en deux branches, dont l'une qu'il semble que Polybe ait regardée comme la principale, barre en quelque maniére le cours de l'*Aufidus* vers Ponte d'Oglio : & il faut rapporter à une pareille circonstance l'opinion du même auteur, que cette riviére qu'il nomme Αὐφίδος, prend sa source au-delà de l'Apennin : bien qu'il soit dans l'erreur en prétendant, qu'il n'y a point d'autre riviére dans le même cas, puisqu'il est constant que l'*Aternus*, pressé par une semblable branche ou division de l'Apennin, nommée Maiella, coupe cette montagne au-dessous de Popoli. On en peut dire autant ou à peu près du *Sagrus*, entre Alfidena & Civita-Burella. Je ne disconviendrai point, que la Carte de Magini peut paroître trop serrée dans l'espace qui répond aux distances marquées entre *Æclanum* & le Pont de l'*Aufidus*, c'est-à-dire, dans la traversée de l'Apennin. Aussi est-il aisé de vérifier, que ce qu'il reste d'intervalle sur notre Carte, depuis le lieu du Pont jusqu'à la position déja fixée de Bénévent, prend notablement plus d'étendue que dans Magini. A l'ouverture du compas, nous avons dans l'intervalle de Vénuse à Bénévent 62 Milles Romains ; & il est vrai-semblable, vû la nature & disposition d'une partie de ce terrain, que la mesure directe n'approche que de trop près de la mesure-itinéraire sur le pied de 66, comme on les compte dans la Table.

En faisant récapitulation depuis Brindes, par Tarente & Vénuse, nous comptons en détail dans les Itinéraires 189 ou 191 Milles. Or, la ligne-directe de Brindes à Bénévent revient sur notre Carte à 180 Milles, ce qui ne met qu'un dix-neuviéme de différence entre les deux especes de mesure; & je laisse à penser si cette déduction est plus forte que de raison, pour les détours de la route & les inégalités du terrain, dans un espace d'environ 60 Lieues Françoises. Cependant, si une pareille déduction paroît très-foible ou peu suffisante, n'en résulte-t-il pas que le point de Brindes est plutôt porté au-delà de son éloignement naturel, que trop rapproché.

Mais, il reste encore quelques liaisons à faire entre nos diverses combinaisons. Nous pouvons discuter en particulier ce qu'il y a d'intervalle entre l'embouchure de l'*Aufidus* & celle de l'*Aternus*. L'un de ces points est enclavé dans la discussion faite de la Voie Appienne entre Canose & Bari; nous avons été conduits à l'autre par la Voie Valérienne, qui y prend son terme. Il faut se mettre à portée de juger, si l'espace que la Carte laisse actuellement entre ces points, est plus ou moins convenable.

Dans la Table Théodosienne on compte entre *Sipontum* & l'*Aufidus*, en plusieurs distances 33 Milles. La Carte de la Capitanate donnée par Magini, fournit à l'ouverture du compas environ 24 Milles communs, depuis le lieu de Siponte ruiné jusqu'à la Torre d'Ofanto, ce qui revient à 30 Milles Romains. Et quoique cette mesure, comme étant prise en droite-ligne, pût être réputée équivalente à la mesure-itinéraire, toutefois elle prend quelque chose de plus dans notre Carte, par concomitance avec la distance que nous avons employée très-complette dans l'intervalle d'*Herdonia* ou Ardona à Canose, laquelle participe au même espace.

Entre

Entre Siponte & *Larinum* on compte dans la Table 55, de cette maniére : *Larinum* XII. *Teanum-Apulum* (aujourd'hui Civitate) XVIII. *Ergitium* XXV. *Sipontum.* L'ouverture du compas sur la Carte de Magini donne environ 42 Milles communs, ou 52 Milles Romains plus que moins : & bien que cette mesure-directe pût répondre à la mesure-itinéraire, toutefois par la construction de notre Carte, ce qui est indiqué par la Table se retrouve à un Mille près, en-sorte que nous sommes en risque évident d'abonder en cette partie. Et en admettant que l'ancien Larino fût à deux Milles du nouveau, comme Leandre-Alberti l'a écrit; cette abondance de distance met en liberté de supposer, que la différence entre les deux emplacemens du *Larinum*, consiste plutôt à rapprocher l'ancien du point dont nous partons, qu'à l'en écarter. Il y a une remarque à faire, non sur le total, mais sur le détail des distances particuliéres de ci-dessus. Cicéron, *pro Cluentio*, nous apprend, que la distance de *Larinum* à l'égard de *Teanum-Apulum* est de 18 Milles; & il est vrai que la distance revient à plus de 16 Milles en droite-ligne sur la Carte de Magini. Mais, l'erreur de la Table ne consiste que dans une transposition : en faisant changer de place aux nombres XVIII & XII, tout est concilié, & la distance de Siponte à Civitate ou *Teanum*, sur le pied de 37, se vérifie très-exactement par la Carte.

Entre *Larinum* & *Aternum* voici ce qu'indique la Table, qui dans son application au local paroît plus correcte que l'Itinéraire. De *Larinum* à *Histonium* XXIII, de-là à *Anxanum* en plusieurs distances XIX, *Ortona* XI, *Ostia Aterni* XVI. Et prémiérement, *Histonium* se trouve cité dans Ptolémée comme une ville maritime, & la distance conduit en droiture vers l'embouchure du *Trinius*, que Pline qualifie de *portuosus*. La distance suivante ne convient pas exactement à l'emplacement actuel de l'Anzano; elle demeure en arriére, & ne passe point le fleuve Sangro, De-plus, ce qu'il y a de distance marquée entre *Anxanum*

& *Ortona*, qui vient après, l'exige de même, par la raison que l'espace entre l'Anzano & Ortona ne suffit pas pour cette distance. Plusieurs auteurs, entre autres Leandre-Alberti, ont déja prétendu, que l'emplacement actuel de l'Anzano ne convenoit point à l'ancien *Anxanum*, & que celui-ci devoit être situé du côté opposé à l'égard du Sangro. En effet, outre ce que la suite des anciennes distances nous donne lieu d'observer, la même chose se conclut de Ptolémée. Car, en attribuant comme il fait les bouches du *Sarus* ou *Sagrus* aux *Peligni*, il place néanmoins *Anxanum* chez les *Frentani*, comme il le doit, & qu'il s'ensuit d'une Inscription rapportée par Gudius (p. 141, 9) où il est mention *civitatis Anxatium Frentanorum*. Or, dès que les *Frentani* habitoient plus à l'Orient que les *Peligni*, donc l'ancien *Anxanum* par l'indication de Ptolémée, prend sa place à la droite du Sangro, eu égard à son cours du Sud vers le Nord; donc en deçà du passage de ce fleuve, vû la maniére dont nous cheminons actuellement. Ce rapport marqué entre Ptolémée & ce qui résulte des Itinéraires, fait bien voir, qu'on ne peut sans fondement se départir de ce que ces Itinéraires indiquent. A l'égard de ce qui reste de distance d'Ortona à Pescara, il semble que la Carte de Magini ne la donne pas suffisante : aussi l'intervalle vaut-il quelque chose de plus dans notre Carte. Finalement, dans ce qui se rencontre à l'ouverture du compas entre Larino & Pescara, nous surpassons la Carte particuliére de l'Abruzze, bien-loin d'être plus foibles en cette partie. Et c'est ainsi que l'intervalle de l'*Aufidus* à l'*Aternus* éprouve sa vérification particuliére, indépendamment de la maniére dont il paroissoit établi par les voies ou combinaisons, qui nous ont conduit aux deux points qui le renferment.

Mais, Pline nous indique une mesure d'intervalle très-importante à vérifier, mesure à prendre en ligne-directe, & qui en embrasse beaucoup d'autres dont il a été question par détail. C'est l'intervalle de la pointe avancée du *Gar-*

ganum Promontorium à l'égard d'Ancône immédiatement. Pour donner lieu à cette vérification, il faut que le Promontoire paroiſſe établi ou fixé en ſa place. Il y a une juſteſſe remarquable dans la deſcription que fait Lucain (liv. 5) de la ſaillie & poſition du terrain qui ſe termine au Promontoire dont il s'agit :

. . . . Subdita Sipûs
Montibus ; Auſoniam quâ torquens frugifer oram,
Dalmatico Boreæ, Calabroque obnoxius Auſtro,
Appulus Hadriacas exit Garganus in undas.

Strabon partant des environs de Sipunte, ou du lieu par lequel Lucain entame ſa deſcription, dit que la ſaillie du terrain juſqu'au Cap eſt de 300 Stades. Si vous appliquez cette meſure ſur la Carte de la Capitanate, vous la retrouverez effectivement & avec préciſion, depuis le fond du Golfe vis-à-vis de Siponte & près de Manfrédonia, en tournant juſqu'au ſommet de la partie la plus ſaillante près de Vieſte. Sur des rapports auſſi marqués on peut faire fond ſur le point du *Garganum*. Or, la diſtance d'Ancône à ce point, donnée par Pline, eſt de 183 Milles, & de fait c'eſt la meſure qui réſulte de notre Carte, & par la ligne la plus directe.

Une pareille harmonie, ou autant de correſpondance entre des parties diſtinctes, & qui ſont ſéparées en quelque maniére les unes des autres par des analyſes particuliéres, ne forment-elles pas une préſomption de juſteſſe ? N'eſt-il pas naturel que ce qui en réſulte ſoit une déciſion pour nous, dont il ne ſoit pas de notre arbitre de s'écarter ? Si la conciliation d'une infinité de meſures dans tout l'enchaînement de cette diſcuſſion, n'étoit pas la ſuite néceſſaire d'une conformité ou d'un aſſujettiſſement à la véritable diſpoſition du local (car il n'appartient qu'au vrai de réunir toutes les circonſtances) il y auroit plus d'art à ménager une telle conciliation, qu'on ne veut ſe flater d'en avoir mis dans le tiſſu de l'ouvrage.

SECTION V.

A reprendre du point de Capoue, on s'étend jusqu'à Régio dans la partie de l'Italie la plus reculée vers le Midi.

APRÈS avoir terminé l'Italie dans sa partie la plus avancée vers l'Orient, il nous reste encore celle qui se prolonge vers le Midi jusques vis-à-vis de la Sicile. Pour ce sujet, il faut revenir au point de Capoue, fixé dans la seconde Section. De cette ville jusqu'à *Rhegium*, sur le détroit qui sépare l'Italie de la Sicile, nous avons une Voie Romaine bien suivie : & sur cette Voie nous sommes d'autant plus assurés du compte de la mesure-itinéraire, qu'il nous est conservé & attesté, soit dans son total, soit en plusieurs parties, par un monument ancien, par une Inscription trouvée sur la Voie même, ou dans un lieu situé sur son passage. Ce lieu nommé la Polla, se rencontre dans la Principauté-citérieure, qui fait partie de l'ancienne Lucanie, & l'Inscription est telle :

VIAM. FECEI. AB. REGIO. AD. CAPVAM. ET. IN. EA. VIA.
PONTEIS. OMNEIS. MEILLIARIOS. TABELLARIOSQVE.
POSEIVI. HINCCE. SVNT. NVCERIAM.
MEILIA. LI. CAPVAM. XXCIV. MVRANVM. LXX.
IIII. CONSENTIAM. CXXIII. VALENTIAM CLXXX.
AD. FRETVM. AD. STATVAM. CCXXXII. REGIVM.
CCXXXVII. SVMA. AF. CAPVAM. REGIVM.
MEILIA. CCCXXI.

Cette Inscription est rapportée en plusieurs endroits, & notamment dans Cluvier (p. 1296) mais avec une erreur dans le numéro qui commence la ligne pénultiéme, en ce qu'au-lieu de CCXXXVII on lit CCXXVII, ce qui est démenti par la comparaison des distances. Car, puisque le total de Capoue à *Rhegium* est marqué 321, & que la distance particuliére de Capoue au lieu de l'Inscription est de 84, en faisant cette déduction sur le total, reste dans l'intervalle de ce lieu à *Rhegium* 237. Ce qui prouve encore la nécessité de cette correction est, que la distance de *Rhegium* étant ultérieure à celle de 232, qui se rapporte *ad Columnam Rheginam*, désignée dans cette Inscription par le terme de *Statua*, dont l'usage est très-ancien; il faut conséquemment que cette distance soit plus forte, au-lieu qu'une dixaine de moins dans le numéro la rend inférieure. Au-reste, Cluvier porte un jugement peu convenable de cette Inscription, la disant, *satis ineptam.* Mais, Holstenius l'en reprend avec justice; *immò*, dit-il, *antiquissimam & optimam* : & comme il ajoute; *ex quâ solâ vera locorum distantia peti debet : sed Cluverius eam non satis ex meritò æstimavit neque expendit, quòd mentem ejus perspicere non valuerit.* Le mérite de cette Inscription paroîtra dans tout son jour, quand on connoîtra le rapport qui s'y rencontre avec les Itinéraires bien vérifiés, & combinés avec le local.

Pour suivre l'ordre dans lequel nous procédons, en faisant usage de ce monument singulier & très-précieux (car je dois m'en expliquer ainsi) la distance de Capoue à *Nuceria* ou Nocera, est donnée sur le pied de 33 Milles, en vertu de ce qu'il y a d'excédent dans 84 sur 51. On compte 37 dans l'Itinéraire d'Antonin : *Capuâ Nolam* XXI, *Nuceriam* XVI. Mais, la Table Théodosienne se trouve & plus circonstanciée & plus juste : *Capua* VIIII. *Suessula* VIIII. *Nola* V. *ad Teglanum* VIIII. *Nuceria.* Le total de ces diverses distances est à un Mille près, conforme à ce qui résulte de l'Inscription. Ce n'est pas tout, car les diſtances priſes en particulier ſe vérifient par le local. Dans la Carte de Barrio-nuevo, & dans l'endroit même de cette Carte où elle doit être réputée plus exacte, je veux dire les environs du Lagnio, pour le deſſéchement duquel elle a été dreſſée; vous trouvez ſur la direction de Nola à Santa-Maria di Capoa, un lieu nommé Seſſola, qu'on ne peut douter ſe rapporter à l'ancienne *Sueſſula* : & ce lieu ſe rencontre dans une diſtance égale de Nola & de l'emplacement ancien de Capoue, ſauf quelque choſe de plus du côté de Capoue; enſorte que ſi la diſtance à l'égard de Nola eſt de IX Milles, l'autre étant portée juſqu'au lieu réputé le centre de Capoue ſera eſtimée à peu près X. Or, il n'en faut pas davantage pour faire la conciliation parfaite de la Table avec l'Inſcription. Dans l'Itinéraire d'Antonin, ſi au-lieu de XXI nous liſons XIX, par la ſeule tranſpoſition de l'unité, & que pour XVI nous liſons de même XIV dans la diſtance qui ſuit, cet Itinéraire ſe conciliera pareillement avec le monument, & ſera de plus conforme avec la Table dans cette derniére diſtance. Le point de Nocera ſe trouve d'ailleurs arrêté par la diſtance de XII Milles, marquée dans la Table, à l'égard de *Stabiæ*, ou Caſtello-à-mare di Stabia, dont la poſition dépend de la Carte particuliére du Golfe de Naples; & la diſtance paroît convenable, & toutefois plutôt forte que foible, ſi on la compare avec la Carte de Principato-citra dans Magini, & qu'on ait égard à ce que dit Pline, *IX M. P. à mari ipſa Nuceria.* Je me ſuis apperçu d'après coup d'une convenance dans le point de Nocera à l'égard de Naples, en ce que l'intervalle ſe rencontre de XXIV Milles, & que c'eſt en-effet la diſtance que donne l'Itinéraire d'Antonin, ſelon la plûpart des éditions, comme on peut voir dans Surita (p. 286) & même ſelon les manuſcrits que cite M. Weſſeling (p. 123).

On remarquera, que le nom du lieu de notre Inſcription n'eſt point donné : mais, je ſuis convaincu que la Table Théodoſienne nous l'indique d'une maniére poſitive.

Reprenons la ſuite de cette route, comme elle ſe voit dans la Table : *Nuceria* VIII. *Salerno* XII. *Icentie* (liſez *Picentiæ*) XIIII. *Silarum fl.* VIIII. *Nares-Lucanas* VIIII. *Acerronia* V. *Foro-Popili.* Juſques-là ces diſtances ſont au total de 52. Or, vous obſerverez, que ce nombre ne s'écarte que d'un Mille du nombre 51, que l'Inſcription preſcrit pour la diſtance du lieu où elle ſe trouve placée, juſqu'à Nocera ; *hincce ſunt Nuceriam Meilia LI.* Si même cette différence d'un Mille abonde ici dans la Table, portez ce Mille en compenſation ſur la diſtance antérieure, où le compte de la Table eſt inférieur d'autant, & ne fournit que 32 au-lieu de 33. Reconnoiſſons au ſurplus, que le total de la diſtance dans la Table, depuis Capoue juſqu'au *Forum-Popilii*, eſt parfaitement égal ſur le pied de 84, à ce qui eſt déterminé & inſcrit dans le monument ; *Capuam XXCIV.* Donc, le lieu de l'Inſcription eſt *Forum-Popilii.* Et ſelon que cette Inſcription a été rapportée par Ortelius, dans ſon Tréſor-Géographique, article *Muranum*, où il dit la tenir d'un ſçavant du pays, il y a une addition de pluſieurs lignes, dont la fin eſt qu'en ce même lieu préciſément un *Forum* a été établi par le conſtructeur de la Voie : *Forum. ædiſq. poplicas. heic. poſeivei.* Au moyen de cette circonſtance, il n'eſt pas étonnant qu'une pareille Inſcription ſe rencontre en ce lieu plutôt qu'en toute autre ſur la même Voie : le nom même de l'auteur de l'Inſcription ne nous eſt plus inconnu. La plûpart des grandes Voies Romaines ont un *Forum*, qui porte le nom de celui qui a fait conſtruire la Voie : *Forum-Appii* eſt ſur la Voie Appienne, *Forum-Aurelii* ſur la Voie Aurélienne, *Forum-Claudii* ſur la Voie Claudienne, *Forum-Caſſii* ſur la Voie Caſſienne, *Forum-Flaminii* ſur la Voie Flaminienne. Il eſt naturel, que le conſtructeur de la Voie que nous ſuivons, ait placé dans le *Forum* même qu'il avoit établi ſur cette Voie, & qui étoit diſtingué par ſon nom, le monument qui devoit ſervir de témoignage à ſon ouvrage dans l'avenir ; & puiſque ce *Forum* eſt *Forum-Po-*

pilii, donc c'eſt à un Popilius qu'il faut rapporter & la Voie & l'Inſcription. La famille *Popilia* étoit très-ancienne : mais, comme nous apprenons de Plutarque, que C. Gracchus eſt le prémier qui ait placé des Pierres-milliaires ſur les grandes Voies, quelque goût d'Antiquité que l'on remarque dans cette Inſcription, la mention qui y eſt faite de *Meilliarios*, ne ſemble permettre de remonter tout au plus qu'à M. Popilius-Lænas, qui parvint au Conſulat l'an 613 de Rome, ou à P. Popilius, Conſul en 620, & qui l'un comme l'autre ſuivent immédiatement le tems de C. Popilius-Lænas, dont le trait hardi envers le Roi Antiochus eſt célebre dans l'Hiſtoire Romaine.

Pour achever de ſe convaincre, que le lieu de la Polla, d'où l'Inſcription a été tirée, eſt réellement & de fait le *Forum-Popilii*, indiqué par la Table, & placé à 51 ou 52 Milles de Nocera, il ne faut qu'ouvrir le compas ſur la Carte de la Principauté-citérieure de Magini, où l'on meſure dans cet intervalle les deux tiers & plus d'un degré ſur la graduation de Latitude, c'eſt-à-dire le juſte équivalent de la diſtance marquée ; & cette diſtance eſt atteſtée par Holſtenius (ſur la page 1254 de Cluvier) lorſqu'il dit des LI Milles preſcrits par le monument entre Nocera & la Polla, *totidem Cluverius ab ſe deprehenſa in diario ſuo notavit*. S'il y a quelque obſervation à faire ſur la meſure d'intervalle que donne la Carte de Magini, c'eſt vraiſemblablement que la diſtance s'y trouve trop complette en droite-ligne, n'y ayant pas d'apparence que dans un tel eſpace, qui revient à 16 ou 17 Lieues de France, la direction du chemin ſoit parfaitement ſoutenue & ſans aucune inégalité. Je ne puis au-reſte me diſpenſer d'obſerver, qu'Holſtenius ſe méprend viſiblement, en voulant faire tomber à la Polla la manſion que donne la Table ſous le nom de *Nares-Lucanas*, qu'il ſuppoſe devoir ſe lire *Marcelliana*, d'un nom emprunté de l'Itinéraire d'Antonin, & qui y eſt étranger. Il faut conclure de-là, que ce ſçavant Critique n'a pas pris garde à la juſte correſpondance des

des nombres de la Table avec le monument, correſpondance déciſive ſur ce fait, & à laquelle ſe joint la raiſon de convenance à trouver ce monument dans le *Forum* qui porte le nom du conſtructeur, plutôt que dans un autre endroit.

L'emplacement du *Forum-Popilii* eſt une circonſtance nouvelle dans la Géographie, & qui paroît avoir échapé aux Critiques comme aux Géographes. Cluvier (p. 1281) *Forum-Popilii ſciri nequit*: & en-effet, vous ne le trouverez dans aucune des Cartes de l'ancienne Italie, ſi ce n'eſt celle des Voies-Romaines inſérée dans M. Rollin. Ptolémée met un *Forum-Popilii* peu loin de Capoue, & en tirant vers le Couchant d'été, c'eſt-à-dire du côté de Carinola. Holſtenius dit même avoir vû à Capoue, *ſub arcu gravi*, une Inſcription où il eſt mention *Foro-Popilienſium*. D'un autre côté, le même ſçavant remarque, que s'il eſt parlé d'un *Forum* dans les environs de Carinola, c'eſt ſous le nom de *Forum-Claudii* (& non *Popilii*) qu'on le trouve dans la Légende d'un Evêque de *Cales*. Que réſulte-t-il de-là? beaucoup d'incertitude ſur le *Forum-Popilii* de Ptolémée; au-lieu que celui dont on vient de traiter eſt fixé d'une maniére poſitive & ſans équivoque.

Je n'ai remarqué dans l'examen de la Table, ſur la diſtance de Nocera au *Forum-Popilii*, qu'un endroit qui demandât réviſion; & comme dans tout ceci, on ne doit avoir d'autre but que de reconnoître le vrai autant qu'il eſt poſſible, je ne diſſimulerai point ſur cette circonſtance. Holſtenius reprenant Cluvier d'erreur ſur la ſituation de *Picentia*, nous apprend qu'à 7 Milles de Salerne, & 13 du *Silarus*, on paſſe encore par un lieu nommé Bicenza, ſitué près d'un ruiſſeau dont le nom eſt Bicentino. Il y a toute apparence, comme Holſtenius le conclut, qu'il ne faut point chercher ailleurs l'ancienne *Picentia*. Mais il s'enſuit auſſi, que cette ville étoit plus près de Salerne que du *Silarus*, au-lieu que dans la Table on lit XII dans la prémiére diſtance, & VIIII dans la ſeconde. Or, comme la diſtance ſera cenſée revenir au même dans ſa totalité de Salerne au *Silarus*, il n'en réſulte par conſéquent aucun dérangement dans la combinaiſon faite de l'intervalle entier de Nocera au *Forum-Popilii*. Cela ſe réduit à rapprocher *Picentia* à l'égard d'un point, & à l'écarter de l'autre par proportion. En liſant dans la Table VII pour XII, & XIIII pour VIIII, tout eſt concilié, & il ne reſte pas ombre de difficulté. Au-contraire, nous en tirons une vérification priſe ſur les lieux, de la diſtance particuliére de Salerne au paſſage du *Silarus*.

Nous n'avons point cité l'Itinéraire d'Antonin au-delà de Nocera, & en-effet il s'y rencontre des difficultés. Ce qu'on lit d'abord, *in medio Falerno ad Tanarum* XXV, eſt fautif dans ces deux noms, qui ont été pour Surita, Commentateur de l'Itinéraire, un ſujet d'embarras, dont il ne paroît pas ſe tirer heureuſement. Il va chercher *Acerræ*, ville ſituée ſur le *Clanis*, entre Nole & Capoue, pour ſubſtituer au *Tanarum*. Cluvier lit *Tanagrum* (p. 1189 & 1254) par affinité de nom, mais contre la vrai-ſemblance dans l'application au local. Car, le *Tanager*, aujourd'hui Negro, tombant dans le *Silarus* au-deſſus d'une autre riviére, nommée Calore, qui s'y décharge pareillement, mais plus bas & en deçà à notre égard; comment concevroit-on que l'Itinéraire après s'être avancé juſqu'au *Tanager*, reviendroit ſur le Calore, *ad Calorem*, comme il s'y porte immédiatement après? Liſons donc ici; *in medio Salerno*, puiſque le prémier lieu qui ſe préſente eſt Salerne; *ad Silarum*, puiſque de Salerne pour arriver au Calore il faut paſſer le Silaro. La correction de *Salerno* pour *Falerno* eſt ſoutenue de la leçon de quelques manuſcrits: *noſtrorum librorum excerpta*, dit M. Weſſeling (*Itiner. Ant.* p. 109) *in medio Salerno*; ce que ce docte Commentateur a en-effet préféré au texte de Surita. J'obſerve, que que la diſtance ſur le pied de XXV eſt un peu courte, pour la meſure qui ſe prend ſur la Carte de Magini. Mais, on peut allèguer en faveur de l'Itinéraire, que dans des Cartes relevées le long de cette côte, la distance de Salerne au Cap della Licosa prend moins d'étendue que dans cette Carte de Magini : & comme elle donne déja plus que moins dans l'intervalle combiné de Nocera à la Polla, ce qui se remarque principalement dans la distance particuliére de Salerne au passage du Silaro sur cette route de la Polla, il y a présomption que le nombre peut être correct dans l'Itinéraire. On ne sçauroit en dire autant du nombre qui suit, *ad Calorem* XXIIII. Je ne vois pas au-reste, qu'Holstenius soit autorisé à regarder cette mutation comme une suppression à faire dans l'Itinéraire, puisqu'il se présente un fleuve Calore au-delà du passage du *Silarus*. Il est vrai, qu'en prenant cette route pour la même que la précédente par la Polla, comme a fait ce docte Critique, il ne peut être question du Calore. Mais, vû que l'Itinéraire ne montre rien qui soit commun avec la Table, ni sur les distances, ni sur les lieux mentionnés ; que le *Forum-Popilii* entr'autres n'y paroît point ; n'en doit-on pas conclure qu'il nous trace une route différente, sur laquelle se rencontre véritablement le Calore? Cette route prend sur la droite à l'égard de l'autre, & vers la Mer. Mais, pour ce qui est de la distance, il semble que le Calore se présente à neuf ou dix Milles de l'endroit où le Silaro aura été passé peu loin de son embouchure. D'ailleurs, il est indubitable que l'Itinéraire surabonde dans le compte qu'il fournit jusqu'à *Summuranum* ou *Muranum*, dont la distance à l'égard du *Forum-Popilii* se trouve fixée à LXXIIII Milles par l'Inscription. Car, à reprendre depuis Nocera, voici ce que porte l'Itinéraire : *ad Silarum* XXV, *ad Calorem* XXIIII, *in Marcelliana* XXV, *Cæsariana* XXI, *Nerulum* XXXVI, *Summuranum* XIIII. Ces distances fournissent au total 145. Or, par l'addition de 74 du *Forum-Popilii* à *Muranum*, aux 51 qui sont établis de Nocera au *Forum*, le total n'est que 125. Et vû que la Voie par le Calore paroît aussi directe pour le moins que par la Polla, un excédent de 20 Milles dans le compte de l'Itinéraire, sur celui qui est constaté par l'Inscription, est évidemment un défaut dans l'Itinéraire. C'est dommage que la Table soit mal-suivie au-delà du *Forum-Popili*, jusqu'où elle nous a conduits avec tant de précision. Quoi-qu'il en soit, l'intervalle en droite-ligne de la Polla à Morano, situé au passage de l'Apennin, & qui est bien certainement le *Muranum* de l'Inscription, ne revient guére dans les Cartes de Magini qu'à 48 Milles communs, c'est-à-dire, à peu de chose par-delà 60 Milles Romains. Il est vrai, que la Voie rasant dans cet intervalle le côté occidental de l'Apennin, & franchissant même plusieurs branches qui s'en détachent, il est indispensable de croire que la mesure d'un chemin assujettie aux inégalités d'un pareil terrain, & qui suit ce chemin dans tous ses détours, doit surpasser notablement la ligne-directe & aërienne qui répond au même espace. Je déclare même ici, que pour mettre plus que moins dans cet espace, je n'ai point fait difficulté d'y rejetter par compensation ce que le précédent de Nocera à la Polla paroissoit devoir souffrir de réduction sur la Carte de la Principauté-citérieure : au moyen dequoi, l'ouverture du compas de Nocera à Morano est en parfaite égalité dans notre Carte avec celle qui se prend sur Magini. Et comme cette mesure vaut en droite-ligne environ 111 Milles Romains, elle ne peut être jugée trop inférieure aux 125 de la mesure-itinéraire, par la raison qu'on vient d'exposer. J'ajouterai encore, que vû le gîsement ou l'aire de vent d'une ligne tirée de Nocera à Morano, cet intervalle prend beaucoup plus sur la Longitude que dans Magini. Car, selon la Carte générale du Royaume de Naples rédigée par cet auteur, l'angle de position de Morano à l'égard de Nocera, n'est en déclinaison du Sud à l'Est que d'environ 48 degrés; au-lieu que par la maniére dont Morano se trouve placé sur notre Carte, le même angle est ouvert de 58 à 59. Cette différence ajoute plus d'un cinquiéme de degré dans l'espace de Longitude compris entre les Méridiens de Nocera & de Morano. En y procédant ainsi, ce n'est pas vouloir épargner l'espace dans ce sens-là. D'ailleurs, Morano montant plus au Nord, c'est le moyen de réformer Magini sur le trop grand espace de Latitude qu'il usurpe dans la partie de l'Italie qui s'étend vers le Sud. Il n'entre que 2 dégrés 47 minutes de différence entre les paralleles de Naples & de Regio dans notre Carte, au-lieu que dans Magini on trouve 3 degrés 10 minutes.

Nous pouvons maintenant poursuivre notre route. On lit dans l'Itinéraire d'Antonin (*à Summurano*) *Caprasas* XXI, *Consentiam* XXVIII. Ces distances sont même répétées d'une maniére uniforme en deux endroits de cet Itinéraire. Mais on est d'autant plus assuré de l'exactitude de ces distances, que l'Itinéraire marquant du *Forum-Popilii* à *Consentia* 123, l'excédent de cette somme sur celle de 74 qui se rapporte à *Muranum*, est en effet de 49, ainsi qu'il résulte des nombres 21 & 28 de l'Itinéraire. On ne peut désirer une vérification plus positive. Magini, qui dans la distance fait entrer environ 40 Milles communs, qui reviennent à 50 Milles Romains, donne indubitablement trop d'étendue à cet espace. Car, il n'y a pas de vraisemblance à faire la distance directe plus que complette, puisqu'au contraire cette route décendant de l'Apennin à Morano, coupée par beaucoup de torrens avant que d'arriver au *Crathis*, dont elle ne s'éloigne point ensuite jusqu'à Cosenza, doit souffrir une réduction sensible dans la comparaison de la droite-ligne à la mesure-itinéraire. Et j'en infère, que l'ouverture du compas donnant 46 à 47 Milles dans notre Carte entre Morano & Cosenza, nous ne sommes point en risque de faire la distance trop courte.

C'est dans cet intervalle que le continent de l'Italie se trouve considérablement resserré par le Golfe de Tarente. Strabon nous donne la traverse de *Thurii* ou *Sybaris*, à *Cerilli* sur la Mer Inférieure, sur le pied de 300 Stades. Cette distance d'une Mer à l'autre est presque complette en droite-ligne dans notre Carte, & telle que Magini ne la fournit pas plus grande, entre la position actuelle de Cirella & les vestiges de *Sibari ruinata*. Or, ce point de *Sybaris*, qui prend sa place sur la Carte par les rapports qu'il a avec les positions de Morano & de Cosenza, sans y rien innover ni déranger, nous offre un moyen de liaison ou communication avec Tarente, dont l'emplacement dépend des combinaisons faites dans la précédente Section. La vérification de cet intervalle semble d'autant plus importante, que la route qui se fraye maintenant, s'écartant insensiblement de celle qui a été suivie dans les Sections antérieures, en-sorte que ces deux routes forment en quelque manière les côtés d'un angle, cet intervalle nous tient lieu de l'arc qui détermine l'ouverture de cet angle.

Selon Strabon, la distance de *Thurii* (dont on sçait que le nom a succédé à celui de *Sybaris*) jusqu'au port d'Héraclée est de 330 Stades; & en y ajoutant la distance de ce port jusqu'à la ville même d'Héraclée, qu'il indique de 24 Stades, on compte de *Thurii* à Héraclée 354 Stades. Dans l'Itinéraire d'Antonin, la distance d'Héraclée à *Thurii* est donnée sur le pied de 44 Milles; sçavoir XXIIII d'Héraclée à une mansion *ad Vicesimum*, de laquelle à *Thurii* la distance est conforme à la dénomination & marquée XX. Or, les 44 Milles évalués en Stades ordinaires, reviennent à 352 Stades, ensorte que les deux indications de la même distance se vérifient l'une par l'autre. Au-reste, il ne faut pas croire que cette distance puisse être employée très-complette, puisque la Voie Romaine exprimée dans l'Itinéraire, avoit quelque circuit à faire autour de l'enfoncement du Golfe sur le côté duquel *Thurii* étoit située. Strabon nous dit ensuite, que la distance jusqu'à *Metapontum*, à la prendre du port d'Héraclée, est de 190 Stades, qui sur le même pied de Stades communs font 24 Milles. Mais, la distance étant comptée du port d'Héraclée, fixé comme on vient de voir à 24 Stades ou 3 Milles en deçà de la ville même d'Héraclée, cette distance n'ajoute que 21 Milles à la précédente de 44. Donc, 65 de *Thurii* à *Metapontum*. Entre cette derniére ville & Tarente, Strabon compte 200 Stades ou 25 Milles. Ainsi, le décompte de la mesure-itinéraire, pour l'intervalle entier de *Thurii* à Tarente, est de 90. Il n'est point équivoque, que par le contour de la côte dans le fond du Golfe de Tarente, la route que nous suivons ne décrive un arc sensible. Après avoir assujetti les distances particuliéres à cet arc, je remarque que la corde qui en résulte revient à 78 Milles Romains, mesure qui ne diffère en rien de celle que donne la Carte du Royaume de Naples de Magini, sur le pied de 62 Milles communs ou à 60 pour Degré. La précision dans la vérification de cet espace devient d'une conséquence d'autant plus grande; qu'en supposant de la justesse dans la maniére dont les points qui la renferment gîsent respectivement entre eux, la détermination de Tarente en Latitude décide de celle qui convient au point dont on est parti pour communiquer avec le point de Tarente.

Reprenons la route qui nous porte à l'extrémité méridionale de l'Italie. Le monument du *Forum-Popilii*, dont le témoignage est décisif, nous indique 57 Milles de *Consentia* à *Valentia*, puisque ce nombre résulte de la comparaison de 123 à 180. L'Itinéraire d'Antonin fournit précisément la même distance jusqu'à *Vibo*, dont on sçait que *Valentia* n'est qu'une espece de surnom, mais surnom dont l'usage paroît aussi ancien pour le moins que notre monument doit l'être, puisque Paterculus l'employe comme le nom même de cette ville, (ainsi que le monument) en parlant d'une Colonie Romaine établie en ce lieu avant l'entrée d'Annibal en Italie. Voici le détail de l'Itinéraire (*à Consentia*) *ad Sabbatum fluvium* XVIII, *ad Turres* XVIII, *Vibonam* XXI. Total 57. Les Cartes de la Calabre par Magini, donnent dans l'intervalle de Cosenza à un lieu qui conserve le nom de Bivona, la valeur de 40 Milles communs en ligne-directe, ou l'équivalent de 50 Milles Romains. Quand on considere, que sur cette route il faut traverser l'Apennin un peu au-delà de Cosenza, qu'ensuite la route circule autour du Golfe de Sainte-Eufémie, qui se trouve coupé par la ligne tendante en droiture de Cosenza à Bivona, ensorte que cette derniére position soit dans le retour que fait la côte pour terminer ce Golfe du côté du Midi; on n'est point étonné qu'il y ait une déduction sensible sur la mesure-itinéraire comparée à la ligne-directe. D'ailleurs, en supposant comme il pourroit être, que la déduction sur la distance précédente de Morano à Cosenza ne seroit pas suffisante, convenons qu'au défaut de la plus exacte précision dans chaque espace pris en particulier, il est naturel qu'il se fasse entre plusieurs espaces rassemblés une compensation du fort & du foible. Remarquons au surplus, que nous courons actuellement, & depuis le point de Morano, en pleine Latitude, & qu'en rencontrant quelque hauteur déterminée, le terme de la course peut être décidé sans équivoque. Une observation qu'il n'est point indifférent d'ajouter est, que dans l'aire de vent que prend la route qui nous conduit du Nord au Sud, si nous-nous sommes un peu écartés de Magini, c'est plutôt en position oblique qu'autrement, & en gagnant toujours sur la Longitude. Ainsi, le point de Bivona auquel nous sommes actuellement portés, qui dans la Carte de Magini tombe à peu de chose près dans le Méridien de Morano, s'en écarte d'un cinquiéme de degré dans la nôtre. Cette diversité peut être regardée comme une suite ou participation de ce qui a été observé dans le gîsement de l'espace entre Nocera & Morano : mais, ce n'est pas prendre à tâche de consumer le moins d'espace possible en Longitude.

Les Golfes de Sainte-Eufémie & de Squillace resserrent tellement cette partie de l'Italie prolongée vers le Midi, que Pline a raison de dire, *nusquam angustiore Italiâ*. Il ajoute que la largeur dans cet endroit est de 20 Milles, ce qui est confirmé par Strabon sur le pied de 160 Stades, en les prenant pour grands Stades & à 8 pour chaque Mille. Quand on fait l'application de cette mesure, même dans toute

toute ſa portée en droite-ligne, qui revient à 16 Milles communs, on ne trouve pas qu'elle ſuffiſe à l'eſpace qui y répond dans la Carte de la Calabre-ultérieure de Magini, puiſque la meſure va à 17 & demi. Mais, nous verrons ci-après, que cet eſpace n'eſt pas le ſeul en cette Carte, où pareille circonſtance ſe faſſe remarquer. Nonobſtant ce défaut de dilatation, qui eſt plus ordinaire aux Cartes que celui du reſſerrement, je ſuis bien-aiſe d'obſerver en paſſant, que le détail de celle-ci m'a paru d'une exactitude preſque générale, à en juger par les deſcriptions locales que donne Marafioti, dans le livre intitulé *Chroniche & Antichita di Calabria*. Une poſition qui ſe peut combiner avec celle de Bivona, eſt *Scylatium* ou Squillace. La Table marque XXV dans la diſtance, & en-effet l'intervalle de Bivona à Squillace, ſelon la Carte de Magini, eſt exactement comme 5 à 4 par comparaiſon à l'eſpace reſſerré entre les Golfes ci-deſſus nommés, dont l'intervalle ſur le témoignage uniforme de Strabon & de Pline eſt de 20 Milles.

La diſtance de *Scylatium* au Promontoire *Lacinium*, aujourd'hui Capo delle Colonne, ayant été combinée par analogie, j'ai trouvé qu'elle revenoit à 45 Milles Romains. Ce Cap a pris ſa place en conſéquence, comme auſſi par un gîſement relatif de poſition. Deux Ecrivains du pays, Giulio-Ceſare Recupito (*Terræ motus in Calabriâ*) & Giovanni Fiore (*della Calabria illuſtrata*) marquent la diſtance d'Amantea, ſur la Mer Inférieure, au *Lacinium*, en prenant la Calabre dans ſa plus grande largeur, ſur le pied de 70 Milles; & ſelon le dernier de ces auteurs, c'eſt même la plus forte évaluation de cette diſtance; *la ſua maggior ampiezza non oltre-paſſa li ſeſſenta, o pur ſettenta miglia, d'all'Amantea nel Mar Tirreno, al Capo delle Colonne al Mar Jonio.* Que dans cette diſtance la meſure des Milles ſoit la même que celle du Mille Romain, c'eſt ce qui ſe vérifie par pluſieurs autres diſtances employées par les mêmes auteurs, & ſpécialement celle qui fait l'intervalle des Golfes de Sainte-Eufémie & de Squillace, qu'ils marquent de 20 Milles. Or, ce que l'intervalle dont il est question prend sur notre Carte, où la position d'Amantea n'est établie que par l'usage seul de la Carte de Magini, sans modification ou arrangement étudié d'ailleurs, revient en-effet & précisément à 70 Milles, si ce n'est que la mesure est plutôt forte que foible. Le même intervalle d'une Mer à l'autre, consume au-moins 105 Milles dans la Carte de l'ancienne Italie de M. de l'Isle. Et comme la partie tant ultérieure que citérieure de la Calabre, participe à cette proportion de largeur dans le même auteur, que même il s'y joint quelque prolongement du Nord au Sud, il est naturel qu'il y ait près de moitié de différence en surface, entre la Carte ici discutée & celle de M. de l'Isle, dans ce quartier de l'Italie.

Le point du Promontoire *Lacinium* paroissant établi, je remarque que Strabon nous donne la mesure d'une ligne tirée entre ce Cap & celui d'Iapygie, ou de Leuca, ligne qui fait la plus grande ouverture du Golfe de Tarente, sur le pied de 700 Stades. En prenant ce qui se rencontre de distance sur notre Carte, on trouve 86 Milles de bonne-mesure, c'est-à-dire 688 Stades. La mesure auroit été plus complette, si nous avions moins usurpé de Longitude depuis le point de Morano.

Selon le même auteur, & sur le témoignage d'un Chorographe anonyme qu'il cite, le circuit du Golfe de Tarente est de 240 Milles. Pline nous donne la même mesure à 250. Or, pour retrouver ces mesures, selon les espaces établis dans notre Carte, il n'est pas besoin de rechercher fort en détail toutes les sinuosités de la côte qui borde le Golfe. En partant du Cap Iapygien, rappellons-nous que Strabon dans la précédente Section nous indique la distance entre Tarente & ce Cap, & même la plus directe qui se puisse par mer, comme il s'ensuit de la comparer avec une autre qui est donnée dans Pline; & cette distance est de 85 Milles. Sans ajouter à cela un détail de distances particuliéres entre Tarente & *Sybaris*, tel qu'il a été exposé ci-dessus, prenons simplement la corde qui résulte de l'application de ces distances au contour de la côte dans cet intervalle, sçavoir 78 Milles. Ce nombre joint au prémier fournit au total 163. De là à 240, reste 77; & jusqu'à 250, 87. Cependant, si depuis *Sybaris*, jusqu'au Promontoire qui est le terme de la mesure en question, on circule sur notre Carte, en rasant le sommet des pointes de terre, qui font la nécessité d'un contour dans cette mesure, sans entrer en aucune maniére dans l'enfoncement des ances, ce supplément de mesure devient en-effet de 86 à 87 Milles. Donc, par la maniére la plus propre à fournir moins de mesure dans ce circuit du Golfe, & en se réduisant à deux côtés latéraux joints à la ligne du fond, nous consumons la plus forte des deux mesures données. Tirons-en au surplus cette conséquence, que tant l'évaluation qui a été faite de la ligne-directe de *Sybaris* à Tarente, que ce que nous comptons en dernier lieu de *Sybaris* au *Lacinium*, ne doivent point avoir plus d'espace qu'ils n'en prennent dans nos combinaisons.

Il ne nous reste qu'un pas pour ainsi dire à faire, pour arriver au terme de cette Section, & qui l'est même pour la discussion du détail dans l'étendue du continent de l'Italie. L'Inscription du *Forum-Popilii* décide de l'intervalle de *Vibo* à la Colomne, *ad statuam Rheginam*, sur le pied de 52 Milles, puisque c'est le complément de 180 à 232. Le témoignage de l'Inscription doit l'emporter sur l'Itinéraire, qui donne 56. Holstenius, docte & judicieux Critique, conclut après un examen fait sur les lieux, que celui de la Colomne est *la Catona:* & Marafioti observe, que c'est la plus avantageuse situation pour le trajet du détroit qui sépare la Sicile de l'Italie, y ayant moins de danger que dans l'endroit le plus serré entre le Promontoire *Cænis*, aujourd'hui Capo del Pessolo, & le Pélore ou Cap du Fare. Ce qu'on lit dans l'Itinéraire d'Antonin, *Iter quod.... ad Columnam, id-est trajectum Siciliæ, ducit;* se rapporte à ce que dit Marafioti : de-ſorte que l'emplacement de la Colomne à la Catona ne ſouffre aucun doute. Quand on ouvre le compas ſur la Carte particuliére de la Calabre-ultérieure, on meſure en ligne-directe de la Catona à Bivona, la valeur de 43 Milles communs, ou environ 54 Milles Romains. Cette meſure juſtifie pleinement par quelque excès, ce qui a été dit ci-deſſus, que les eſpaces deviennent trop grands dans cette Carte. Mais, ſi la meſure ſe réduit en proportion de pluſieurs diſtances connues & vérifiées, comme eſt celle de l'intervalle des Golfes de Sainte-Eufémie, & de Squillace, à laquelle la diſtance de Bivona à Squillace ſe montre analogue; la ligne-directe de la Catona à Bivona ne paſſe guére 49 Milles Romains. Et ce qui prouve la convenance de cette meſure eſt, qu'étant priſe en détail le long de la côte, & en paſſant par Nicotera, comme le détail de l'Itinéraire nous y fait paſſer, les 52 Milles indiqués par l'Inſcription ſe rempliſſent de cette maniére. N'eſt-il pas même à préſumer, que ſi la meſure étoit appliquée au terrain, & ſur la trace de la Voie, il s'en conſumeroit plutôt plus que moins par comparaiſon à la Carte, ce qui donneroit lieu à plus de raccourciſſement dans l'eſpace direct? Ce moyen de vérification m'a fait reconnoître, quel étoit l'endroit par lequel l'Itinéraire d'Antonin devenoit vicieux, & où il ſe devoit corriger d'une maniére à le rendre conforme au témoignage de l'Inſcription. La diſtance particuliére de Bivona à Nicotéra ne conſumant qu'environ 13 Milles en droiture, l'Itinéraire où l'on en trouve XVIII eſt manifeſtement fautif; & en ſubſtituant le nombre XIIII, la déduction de 4 Milles remet le compte de l'Itinéraire au niveau de ce qui eſt preſcrit par l'Inſcription. Le réſidu juſqu'à la Colomne, ſçavoir, *ad Mallias* XXIIII, *ad Columnam* XIIII, dont on eſt d'autant plus aſſuré qu'il en eſt fait répétition en deux endroits de l'Itinéraire, quadre en-effet à la meſure qui ſe prend en détail de Nicotéra à la Catona. La réduction que ſouffre l'Itinéraire dans l'intervalle de Bivona à Nicotéra, se justifie encore par l'influence qu'elle a sur l'espace compris entre le fleuve *Angitula* & Nicotéra. Car, quoique la distance paroisse marquée dans cet Itinéraire sur le pied de XXV, toutefois on n'en mesure qu'environ XX en droite-ligne. Il y a dans la Table, entre *Rhegium* & la position d'un lieu de Bains ou Eaux-minérales, une distance de 17 Milles, par laquelle la trop grande évaluation de l'espace dans la Carte de Magini se fait sentir. Ce lieu de Bains est reconnoissable sous le nom de *la Bagnara*; & Marafioti nous dit formellement (liv. 1, ch. 29) qu'il est ainsi appellé, *per l'antichi Bagni ch'ivi si trovano, de' quali alcuni vestiggii insino ad hoggi si veggono.* Or, à juger de la distance de Regio à la Bagnara par la Graduation de la Carte dont il s'agit, cette distance revient à 17 Milles, non Milles Romains, mais Milles communs, qui équivalent 21 à 22 des prémiers, ce qui est excessif. En combinant la distance de 5 Milles, qui est tout ce que l'Inscription nous laisse d'intervalle entre la Colomne & *Rhegium*, avec les proportions de distance appliquées sur la Carte de la Calabre-ultérieure, la Bagnara se rencontre à environ 18 Milles Romains de *Rhegium*.

Il n'y a point d'inconvénient à accumuler des circonstances qui font vérification. Strabon nous donne une mesure relative à la côte de l'ancien *Brutium*, depuis le fleuve *Laus* ou Laino, qui séparoit les Brutiens habitans de la Calabre, des Lucaniens, jusques vers le *Fretum-Siculum*. Cette mesure est de 1350 Stades, qui reviennent à 169 Milles. Un des auteurs qui ont été cités au sujet de la largeur de la Calabre entre Amantea & le Cap delle Colonne, Recupito, dit que la longueur de ce pays, à la prendre du même fleuve jusqu'à *Leuco-petra*, est de 180 Milles. Strabon nous fixe sur le lieu de *Leuco-petra*, en disant que ce Promontoire, formé par l'extrémité de l'Apennin, est à 50 Stades de *Rhegium*, ou 6 Milles: & en-effet dans cette distance est le Capo-Pittaro, marqué dans la Carte de la Calabre-ultérieure, donnée par Rossi avec les autres provinces du Royaume de Naples en 1714. Or, à cette distance de 6 Milles de *Rhegium* à *Leuco-petra*, il suffit d'ajouter les 5 Milles qui résultent de l'Inscription de la Polla pour la distance de *Rhegium* à la Colomne : car la Colomne est un point décidé par rapport au trajet du *Fretum*. Ces deux distances forment 11 Milles, & ces 11 Milles sont justement le complément des 169 qui se déduisent de Strabon, aux 180 marqués par l'auteur Calabrois. Un rapport aussi précis, en même-tems qu'il sert de vérification commune à ces deux mesures, justifie l'usage qui a été fait ci-dessus des Milles employés par l'écrivain moderne sur le pied de Milles Romains. Mais, l'examen & comparaison de ces mesures n'a d'influence ici, qu'autant qu'elles peuvent s'appliquer sur la Carte : & on est à portée de reconnoître, qu'en suivant exactement la côte (sans néanmoins s'assujettir au menu détail) les 180 Milles sont en effet la mesure qui en résulte.

SECTION VI.

L'extrémité méridionale de l'Italie se combine avec les Latitudes de Messine, Syracuse, & Malte. Discussion de la Longitude sur les Observations faites à Palerme & à Malte.

UN grand espace parcouru dans le sens de la Latitude, demande d'être vérifié par quelque hauteur observée. N'ayant point de connoissance d'une pareille détermination pour Regio, il faut que celle de Messine nous en tienne lieu. La position de cette ville dans notre Carte dépend du rapport des parties de l'Italie & de la Sicile qui se répondent de plus près. Les Anciens n'ont évalué la distance du

Promontoire *Cœnis* au Pélore ou Capo di Faro, qu'à 12 Stades ou 1500 Pas. Et un aussi petit intervalle ne laisse point d'espace à une erreur bien-sensible, qui consisteroit dans la maniére de placer ces deux points respectivement l'un à l'égard de l'autre. En tout cas, on notera que cette disposition est telle dans notre Carte, qu'elle ne peut que porter le point de Messine le plus au Nord qu'il soit possible. Nonobstant une pareille circonstance, ce point ne passe pas 38 degrés 10 minutes, & toutefois par les Observations de M. de Chazelles, la détermination va à 11 minutes 10 secondes. Donc, la mesure d'espace qui nous conduit à ce point en procédant du Nord au Sud, est plutôt forte que foible dans nos combinaisons.

J'ai lieu d'être persuadé, qu'en continuant de courir dans le sens de la Latitude, une juste évaluation d'espace se communique sensiblement jusqu'à la position de Malte, que les Observations du P. Feuillée ont fixée à 35 degrés 54 minutes & demie. Le détail de cette discussion, en devenant intéressant par rapport à la Sicile, entre dans l'étendue de notre sujet.

L'intervalle de Messine à Syracuse fournit en total dans l'Itinéraire d'Antonin 112 Milles. Le compte des distances modernes est de 100 Milles, selon le détail que Cluvier (qui avoit fait le tour de la Sicile, *pede suo*, comme il le dit) en a donné, *Siciliæ Ant.* p. 56. Il y a une analogie remarquable entre les distances particuliéres qui composent chacun de ces deux comptes, & elle nous rend certains que les nombres sont exacts dans l'ancien Itinéraire. Cette analogie seroit même dans toutes ces distances aussi parfaite qu'elle peut l'être sans un détail de fractions, si au-lieu de XXIV on ne comptoit que XXII dans l'Itinéraire, entre *Naxus* ou Castel-Schisso, & le passage du fleuve *Acis* ou Iaci; d'où il suit, que le compte de l'Itinéraire seroit susceptible de diminution, & pourroit se réduire à 110 Milles. Cependant il faut observer, que la côte de Sicile décrit un arc rentrant dans l'intervalle de Messine à

Syracuſe, la Mer creuſant ſenſiblement le rivage pour former le Golfe de Catane; en-ſorte qu'une ligne tirée de Meſſine à Syracuſe eſt noyée pour ainſi dire dans toute ſon étendue, & qu'une perpendiculaire élevée ſur cette ligne ou corde juſqu'au point de Catane, vaut au-moins le cinquiéme de la corde en longueur. Si vous joignez à cette circonſtance les détours particuliers de la route, qui eſt reſſerrée en pluſieurs endroits entre la montagne & le bord de la Mer, vous jugerez qu'il doit y avoir une notable réduction de la meſure-itinéraire à la droite-ligne de Meſſine à Syracuſe. C'eſt ce qui me fait ſoupçonner quelque excès dans la Carte de Sicile de M. de l'Iſle, où l'ouverture du compas entre les deux termes de la diſtance équivaut un degré & 22 minutes de la graduation de Latitude, ou près de 104 Milles Romains. Il a réſulté d'un tel eſpace, que dans cette Carte où le point de Meſſine paroît en Latitude convenable, Syracuſe ſe rencontre à 36 degrés 52 minutes de Latitude. En m'aſſujettiſſant au détail des diſtances données, le point de Syracuſe a pris dans notre Carte la hauteur de 37 dégrés & 3 minutes. Or, nous trouvons dans le Dictionnaire des Arts de Harris, la Latitude de Syracuſe marquée à 37 degrés 4 minutes, ce qui ne diffère que dans le ſens du rapprochement à notre égard, plutôt que dans le contraire. En admettant même, que la Latitude de Meſſine eſt plus conſtante à 11 minutes au-delà de 38 degrés, puiſque c'eſt le réſultat des Obſervations de M. de Chazelles, qu'à 10 minutes, comme elle ſe trouve dans notre Carte, la même combinaiſon de diſtance entre Meſſine & Syracuſe, améne le point de Syracuſe dans la Latitude préciſément que Harris a marquée.

Il eſt naturel que la poſition de Syracuſe influe ſur ce qui l'environne, & qui ſe rencontre en même hauteur ou à peu près. C'eſt par cette raiſon que dans notre Carte, la poſition de l'ancienne *Camarina*, aujourd'hui Santa-Maria di Camarana, ſe trouve raſée du côté du Midi par le parallele de 37 degrés, dont la poſition de Syracuſe ne ſe préſume

présume écartée que de 3 ou 4 minutes. Or, nous trouvons dans Pline la distance de Malte à *Camarina* sur le pied de 84 Milles, & cette leçon dans le texte de Pline, est confirmée par Martianus-Capella, son compilateur. Les 84 Milles Romains reviennent à 63460 Toises, & font l'équivalent d'un degré 6 minutes & trois-quarts. Ajoutez cette quantité à la hauteur de Malte, d'autant que Camarine ne s'écarte pas sensiblement du même Méridien ; cette hauteur étant de 35 degrés 54 minutes & demie, celle de Camarine se conclut de 37 degrés une minute & un quart. Il est singulier que dans cette analyse, la même différence d'une minute ou environ, qui paroît entre les indications de la Latitude de Messine & de Syracuse, & les points de notre Carte, se fasse encore appercevoir. Sans vouloir s'arrêter & prendre l'affirmative sur une délicatesse de cette espece, on en peut au-moins inférer, que la liaison qui se pratique entre les points de Messine & de Malte, est susceptible de précision. Et nous pouvons conclure, que la maniére dont nos combinaisons d'espace se terminent dans la partie de l'Italie la plus reculée vers le Midi, a son influence & correspondance jusqu'à la hauteur bien décidée du point de Malte. Il ne nous est point indifférent d'observer, que ces combinaisons ou évaluations des espaces, qui pour retrouver un point d'appui en Latitude, remontent si l'on y prend garde, jusqu'aux points de Naples & de Tarente, n'embrassent pas moins d'environ 5 degrés eu égard au point de Malte. Mais, dès-lors que de pareilles combinaisons nous donnent lieu de conclure avec autant de justesse dans un sens de Latitude, pourquoi n'en tireroit-on pas la même conséquence dans le sens contraire, ou de Longitude ?

Une réflexion aussi naturelle nous conduit à souhaiter, de pouvoir terminer cette derniére Partie de l'Analyse Géographique de l'Italie, par le résultat des déterminations Astronomiques sur la Longitude, comme la prémiére Partie l'a été.

Je ne ſçache pas, que nous ayons des Obſervations qui ſoient applicables à la Longitude d'Otrante, ou de quelque autre lieu à peu près auſſi reculé dans la partie orientale de l'Italie. Je ſens bien que cette poſition ſe peut lier par des combinaiſons Géographiques aſſez poſitives, avec les points de Milo & de Smyrne, dont on a des déterminations en Longitude. Mais, on ne pourroit s'étendre juſques-là ſans trop s'écarter des limites du ſujet, & ſans y enveloper la Grece, ſur laquelle il ſeroit fort à ſouhaiter qu'on pût entreprendre un ouvrage diſtinct & particulier. Je me bornerai ici à cette remarque, que la poſition d'Otrante ne s'éloigne du Méridien de Paris que de 15 degrés & deux-tiers, ſelon la valeur des degrés dans l'hypothèſe de la Terre-ſphérique ; ce qui eſt d'un degré preſque entier moindre, que ce que prennent les Cartes qui juſqu'à préſent ont été les moins prolongées en Longitude, & les mieux combinées avec les déterminations Aſtronomiques. Cela ſeul fait préſumer, que la poſition d'Otrante, eu égard à ſa diſtance abſolue du Méridien de Paris, ne peut quadrer avec les déterminations Aſtronomiques, ſelon la valeur ſuppoſée des degrés de Longitude. Car, quand on adopteroit dans les Cartes aſſujetties aux points de Milo & de Smyrne, tout l'eſpace qu'elles prennent dans l'intervalle d'Otrante à ces points (encore qu'il y ait matiére à examen) il eſt évident que la poſition d'Otrante attirant avec elle l'eſpace ultérieur, les poſitions de Milo & de Smyrne n'arrivent plus à leurs points de Longitude ſelon la Graduation ordinaire.

Mais, ſi nous ſommes dépourvus d'Obſervations du côté d'Otrante, nous avons en tournant du côté de Regio deux points, dont la liaiſon immédiate avec cette partie de l'Italie preſque adhérente à la Sicile, nous permet d'appliquer à nos combinaiſons ce qui réſulte des Obſervations Aſtronomiques faites en ces lieux-là. L'un de ces points eſt Palerme, l'autre eſt Malte. Cependant, pour que les conſéquences qu'on en peut tirer deviennent affirmatives, il faut préalablement que la position de ces points soit reconnue, ou paroisse fondée; & c'est ce que je discuterai le plus briévement qu'il sera possible.

La distance du Pélore ou Fare de Messine, à Palerme, a été combinée, tant sur les Cartes, que sur les distances anciennes & modernes, de la même maniére qu'on s'y est pris entre Messine & Syracuse, dont l'intervalle s'étendant du Nord au Sud, se vérifie par des indications de Latitude, comme on a vû ci-dessus. Il est même vrai de dire, que la distance du Fare à Palerme a souffert plus de resserrement par proportion; d'où il suit, que la position de Palerme s'en trouve plus écartée du Méridien de Paris. Car, la mesure des espaces & les distances accumulées depuis ce Méridien, ayant été portées jusqu'à l'extrémité de l'Italie, c'est par un retour vers ce Méridien que nous trouvons la position de Palerme; de-sorte qu'en donnant plus d'étendue à la distance de Messine à Palerme, cette derniére position deviendroit plus voisine du Méridien de Paris. La preuve que cette distance est plus serrée proportionnellement, que l'autre qui lui sert de comparaison; c'est qu'au-lieu de 180 Milles, dont Cluvier nous donne le détail avec une précision qui va jusqu'aux fractions de Mille, & sur une mesure de Mille qui dans la plûpart des distances particuliéres se trouve conforme au Mille Romain, comme le même Cluvier l'a remarqué, cependant on ne compte qu'environ 141 Milles en droite-ligne dans cet intervalle. La déduction roule ici du cinquiéme au quart, tandis que dans l'intervalle de Messine à Syracuse, il est aisé de vérifier qu'elle n'emporte qu'un cinquiéme.

Quant aux parties de la Sicile qui ont le plus de rapport à l'emplacement de l'Isle de Malte, il est bon de dire, que dans la construction de la Sicile, la position de *Drepanum* ou Trapani, & celle de *Lilybæum* ou Marsalla, s'établissent par une analyse de distance à l'égard de Palerme, laquelle se combine avec la Latitude qui nous est donnée du prémier de ces lieux. La position de Mazara s'écarte peu du dernier; & de-là en retournant vers l'Orient, nous avons des routes par Agrigente, qui s'étendent jusqu'à Catane & Syracuse, & même le long de la côte précisément jusqu'au Passaro. Pour que le lieu de la côte de Sicile qui répond à la position de Malte, soit dans un juste éloignement, & même plutôt plus étendu qu'autrement, il faut que la distance dans le sens dont nous la prenons actuellement, soit suffisamment prolongée. Or, les Itinéraires Romains, auxquels une analogie marquée avec les distances actuelles sert de vérification, nous donnent environ 74 Milles entre *Mazarum* ou Mazara, & *Agrigentum* ou le vieux Girgenti; de-là à Catane, par la voie la plus courte 91, & à Syracuse 106 ou 110 pour le plus. Toutes ces distances, qui comme on doit le remarquer, nous écartent à présent de notre point d'appui pour la Longitude, qui est le Méridien de Paris, prennent toutefois plus que moins d'espace dans la construction de la Sicile. Car, de Mazara à Agrigente il y entre tout près de 70 Milles à l'ouverture du compas; & toutefois la ligne-directe ne sçauroit être confondue avec le chemin tendant d'un lieu à l'autre, puisque cette ligne est coupée par la côte & noyée dans cet intervalle. D'Agrigente à Catane, on mesure 89 Milles au-lieu de 91, & à Syracuse guére moins de 100. Dans des mesures directes, qui néanmoins sont si peu au-dessous des mesures-itinéraires, il est évident qu'il y a plutôt risque de se tromper par l'excès d'étendue que par le resserrement; d'où il faut conclure, que l'emplacement de Malte étant compris dans l'intervalle d'Agrigente à Catane & à Syracuse, & même plus près de ces positions que de la prémiére, se trouve porté dans le plus grand éloignement qui soit vraisemblable.

Il n'étoit guére possible d'entrer dans un moindre détail, pour mettre en évidence, que si les déterminations qui se concluent des Observations Astronomiques faites à Palerme & à Malte, ne quadrent point avec la Graduation de Longitude de la Terre-sphérique, ce ne peut être par quelque grand défaut dans le contenu de la Sicile. Ce n'eſt pas même un terrain d'aſſez grande étendue, pour qu'il ſoit probable que le défaut qu'il renfermeroit pût donner lieu à tout l'écart que nous remarquerons, entre les Londes obſervées & cette Graduation.

La poſition de Palerme eſt non-ſeulement déterminée en Latitude, ſur des Obſervations de M. de Chazelles; mais deplus, je ſuis redevable à M. Fréret d'avoir appris, que le détail du Voyage fait par cet Aſtronome en 1699, fournit encore une Obſervation de Longitude, par les Satellites, qui a ſa correſpondante à Greenwich; & il en réſulte, que la différence entre Paris & Palerme eſt de 11 degrés & environ 16 minutes. Or, quoiqu'il ſoit à noter, que par une affectation marquée à prendre ſur la Longitude, dans les combinaiſons qui ont été faites depuis Naples & Capoue juſques dans la Calabre & à Regio; la poſition de Palerme ſe trouve conſéquemment portée dans le plus grand éloignement qui ſe puiſſe préſumer à l'égard du Méridien de Paris, & plutôt forcé qu'autrement; toutefois, cette poſition n'arrive qu'à 10 degrés & 55 minutes de ce Méridien, par la Graduation de Longitude qui eſt propre à l'hypothèſe de la Terre-ſphérique. Que par la maniére dont Regio eſt placé dans notre Carte, nous ayons uſurpé plus que moins en Longitude, c'eſt ce qui devient évident, quand on conſidére; que bien que le rayon de Naples à Regio ne décline que de 17 à 18 degrés du Méridien de Naples dans Magini; toutefois l'ouverture d'angle qui réſulte du même rayon, donne 27 dans notre Carte: & ſi la diſtance des lieux y devient un peu plus courte, comme la différence ſur cet article ne va qu'à un ſeiziéme, il demeure conſtant que dans notre Carte, la poſition de Regio eſt plus orientale de près de 23000 Toiſes à l'égard du Méridien de Naples, que dans Magini. Ce grand écart de Longitude ne dépend pas ſeulement de la maniére dont l'intervalle de Nocera à Morano a pris ſon gîſement, ſelon qu'il a été obſervé dans la précédente Section; il procéde encore d'une participation de ce gîsement dans toute l'étendue de la Calabre, puisque le Méridien de Regio, qui dans la Carte de Magini coupe la position de Scalea, située sur la côte au couchant de Morano, dans la nôtre laisse cette position du même côté dans un intervalle d'environ 6000 Toises. Enfin, quoique la mesure des espaces soit généralement parlant plus petite dans notre Italie que dans celle de M. de l'Isle, cela n'empêche pas qu'à l'égard de la position de Regio, l'intervalle du Méridien de Naples ne contienne ici 7 à 8 mille Toises de plus. Donc, s'il y a présomption d'erreur dans la position de Regio par rapport à l'espace qu'elle donne en Longitude, c'est plutôt en abondance qu'autrement. Conséquemment, ce n'est pas pour avoir étudié de resserrer l'espace dans le sens de la Longitude, que la position de Palerme se montre notablement en deçà de la différence qui se conclut de l'Observation Astronomique. Quoique cette Observation soit unique, on n'est point fondé à la soupçonner d'un très-grand défaut de précision dans un sens plutôt que dans l'autre. Outre qu'elle nous vient d'un Observateur dont la capacité est reconnue, la convenance de ce qui en résulte avec le grand nombre d'Observations qui s'accumulent sur beaucoup d'autres points déterminés, fait bien voir qu'elle est recevable, & qu'elle fait corps avec ces Observations.

Au-reste, je ne dissimule point, qu'après avoir trouvé 23 minutes à déduire, sur 10 degrés 15 minutes de différence entre les Méridiens de Paris & de Rome, il n'y a pas égale proportion à ne rencontrer que 20 ou 21 minutes sur plus de 11 degrés entre Paris & Palerme. Ce défaut de proportion est bien une preuve, qu'on ne met point ici son étude à se procurer des convenances de cette nature. Et il s'ensuit, que dans notre Carte d'Italie, dont la graduation de Longitude est fondée sur la différence entre Paris & Rome, la position de Palerme est avancée à 11 degrés 20 minutes à l'égard de Paris, au-lieu de 16 minutes. On peut représenter à ce sujet, qu'en même-tems que l'écart d'un grand tiers de degré n'eſt point une circonſtance indifférente & ſans conſéquence, dans l'application de l'Obſervation dont il s'agit à la meſure de l'eſpace correſpondant ; toutefois il ne s'enſuit pas qu'elle ne puiſſe différer du lieu vrai & abſolu de 3 ou 4 minutes, puiſque la même choſe ſe conclut de tant d'autres Obſervations. Ce défaut de préciſion, renfermé dans l'eſpace de quelques minutes, ſans aller au-delà, peut être pris dans un ſens comme dans l'autre. Mais, nonobſtant ces conſidérations, je ne fais point difficulté d'avouer, qu'il eſt à craindre, que pour ne point pécher faute d'eſpace, nous n'en ayons trop pris dans la partie de l'Italie dont l'emplacement de Palerme eſt dépendant dans notre Carte. Et je ne diſſimule pas, que c'eſt l'endroit de cette Carte auquel je prends moins de confiance.

Pour en venir à la Longitude de Malte, pluſieurs Obſervations du P. Feuillée en indiquent la différence à l'égard du Méridien de Paris, depuis 48 minutes 40 ſecondes de tems, juſqu'à 48. 56 ; c'eſt-à-dire, de 12 degrés 10 minutes à 12. 14. L'eſpace plutôt exagéré que raccourci dans le ſens de la Longitude, en conſéquence duquel Malte ſe trouve placé ſur notre Carte, a ſemblé déſirer que dans l'étendue où roule cette détermination, le lieu qui donne la plus grande différence de Longitude, ſçavoir 12 degrés 14 minutes, fût préféré. Il s'eſt même rencontré dans cet emplacement, une convenance qui certainement n'étoit point préparée. Le P. Feuillée, dans ſon voyage à Malte, après avoir fixé la Latitude du Golfe de Palme, qui eſt au Sud de la Sardaigne, par des Obſervations, a fait eſtime de ſa route juſqu'à Malte, & l'a réduite en Longitude à 5 degrés 18 minutes 15 ſecondes. Or, la poſition de la Sardaigne dépend de deux circonſtances dans notre Carte : la prémiére de ſon rapport immédiat avec la Corſe, que l'on ſçait être fixée dans nos combinaiſons relativement à Génes ; la ſeconde d'un aſſujettiſſement littéral à des Cartes très-détaillées de la côte de Sardaigne, qui ont été levées sous le regne de Louis XIV. Ces circonstances sont dans une entiére indépendance de l'emplacement qui convient à Malte, selon notre maniére de procéder & d'y arriver, après avoir couru toute l'Italie vers l'Orient & le Midi. Toutefois, vous remarquerez dans notre Carte d'Italie, que l'intervalle qui s'y rencontre entre le fond du Golfe de Palme & le point de Malte, revient à 5 degrés & demi de la Graduation qui est propre à cette Carte, & dont une pareille quantité fait le juste équivalent de 5 degrés 18 minutes de la Graduation commune de la Terre sphérique, qu'il est bien à présumer que le P. Feuillée a suivie dans son calcul. Si l'on dit à cela, qu'une route de Mer est susceptible d'erreur; je réponds, qu'on n'est point en liberté de décider, que ce soit plutôt en un sens que dans l'autre que celle-ci peut avoir quelque défectuosité considérable; mais qu'étant donnée par un homme de l'habileté du P. Feuillée, il ne peut qu'être avantageux de s'y trouver conforme, sans avoir cherché à s'y assujettir.

Quoi-qu'il en soit, les 12 degrés 14 minutes que notre Carte d'Italie admet entre les Méridiens de Paris & de Malte, mais dans une Graduation de Longitude, qui à raison de l'intervalle décidé entre Paris & Rome, souffre la réduction d'une vingt-septiéme partie sur la Graduation ordinaire, ne vaut par conséquent que 11 degrés & 47 minutes au plus de cette Graduation ordinaire. Et de-là jusqu'à 12 degrés 12 minutes, pour ne pas aller jusqu'à 14, & pour prendre le lieu moyen de la différence Astronomique entre Paris & Malte, il reste 25 minutes. Concluons donc, qu'il n'y a point de détermination Astronomique qui ne concoure à nous montrer, que la vraie différence de Longitude ne quadre point à la Graduation ordinaire, par la raison que cette Graduation prend trop d'espace. Il n'y a qu'un peu plus ou un peu moins, dans les faits qui conduisent à cette conclusion; ils se réunissent tous à l'égard d'un même & principal fond de vérité.

Quand j'applique à l'intervalle entre Paris & Malte, le

le rétressissement de Graduation qui se conclut de l'espace compris entre les Méridiens de Paris & de Rome; ce n'est pas que j'opine, que la même proportion de Graduation par comparaison avec la Graduation ordinaire, doive s'appliquer indistinctement à tout Parallele. Il est à présumer, par une suite ou propriété du Sphéroïde resserré sur l'Equateur, que le rétressissement de la Longitude comparé à la figure Sphérique, est en quantité plus considérable vers l'Equateur, & sur les grands cercles Paralleles, que vers le Pôle & sur les Paralleles plus diminués. La déduction d'un vingt-septiéme sur le Parallele de 44 ou de 45 dégrés, peut opérer un quinziéme sur l'Equateur. Mais, il n'y auroit que de grands espaces de Longitude, pris à des hauteurs sensiblement différentes, qui pussent déterminer positivement une pareille distinction, ou la rendre sensible par des combinaisons Géographiques.

Qu'il nous suffise ici d'observer, qu'en poussant de pareilles combinaisons jusqu'à la Longitude de Malte, à partir du Méridien de Paris, c'est avoir embrassé plus de la trentiéme partie de la circonférence de la Terre sur d'assez grands Paralleles. La Longitude de Naples, sur ce qu'elle ajoute à celle de Bologne, donne pareillement & à peu de chose près cette portion de circonférence. Comme au surplus il est naturel de juger de la Longitude d'Otrante, par celle des points intermédiaires & en plus grande proximité, dont la Longitude est déterminée d'une maniére positive, & par des Observations; il s'ensuit, que le lieu d'Otrante devant aller à 16 degrés & près d'un tiers de différence du Méridien de Paris, il nous porte dans un espace de Longitude qui fait environ la vingt-deuxiéme partie d'un Parallele. Cette mesure d'un grand espace de Longitude roulant dans la hauteur de 40 à 45 degrés, observons qu'elle devient d'autant plus importante, qu'elle influe beaucoup sur l'Europe en général, & en particulier sur des pays qui exigent le plus de précision Géographique.

Et quoique nous ne voulions point nous flatter, d'avoir rencontré dans un point de rigueur la juste valeur des Degrés terrestres sur les Paralleles de cette hauteur, au-moins ne semble-t-il point douteux, que ces Degrés se montrent plus étroits que dans l'hypothèse de la Terre-sphérique, & assez sensiblement pour qu'on soit à portée de le reconnoître & de s'en convaincre.

Cette question porte sur deux considérations; les déterminations Astronomiques d'une part, de l'autre la mesure Terrestre de l'espace. Attribuera-t-on au hazard, ou à quelque grand défaut dans les déterminations, la diversité qui paroît entre elles & la Graduation ordinaire de la Terre-sphérique? Pourquoi ce défaut se montreroit-il constamment & universellement du même côté dans toutes ces déterminations, pourquoi le regarderoit-on comme défaut dans un sens plutôt que dans l'autre? D'ailleurs, cette qualification peut-elle s'admettre, lorsque ces déterminations en général, dans la différence qu'elles donnent entre chacun des lieux observés, ont une analogie ou proportion marquée avec les espaces terrestres correspondans. Car, quoique dans le chassis de Carte joint à cette Analyse, les points déterminés en Longitude, sans distinction d'aucun, ne trouvent point leur lieu de Longitude par la Graduation ordinaire appliquée à ce chassis, il n'en est pas de même dans la Carte d'Italie. Cette Carte, où pour établir une Graduation de Longitude analogue aux Observations, on n'a fait que se conformer à celle qui paroissoit convenir au point de Rome, fera voir de la correspondance dans la détermination des autres points, & une participation au véritable emplacement de Rome en Longitude. On en jugera sans recourir à cette Carte, par le seul chassis, au moyen d'une mesure de la Graduation vraie qui y est donnée sur le Parallele de 44 degrés, Graduation conclue comme je viens de le dire, sur la différence Astronomique entre Paris & Rome, & qui a la propriété de faire retrouver les points déterminés, dans un lieu de Longitude convenable à l'égard du Méridien commun de comparaison, sçavoir celui de Paris.

S'il est difficile de s'en prendre aux déterminations Astronomiques, il n'y auroit point de vrai-semblance à rejetter un soupçon d'arrangement sur l'évaluation des espaces. Cette évaluation est-elle purement arbitraire ? Dispose-t-on à son gré, de la mesure & des combinaisons d'une infinité de distances particuliéres, qui roulent souvent sur des principes & élémens différens, & qui ne peuvent montrer d'accord entre elles, qu'autant qu'on aura saisi le vrai ? Ce n'est point le désir du Géographe qui fait, que des mesures anciennes, qui ont leur évaluation propre & spéciale, indépendante de tout rapport avec la Géographie actuelle, se trouvent néanmoins en correspondance d'autant plus intime avec les Cartes, que celles-ci marquent plus de justesse & de précision. Un Géographe, qui dans la construction d'une Carte génerale, n'employe que des matériaux étrangers, ou qui ne dépendent point de ses propres opérations, soit Cartes particuliéres, soit mesures Géométriques ou évaluations positives de distance, soit déterminations Astronomiques, tant en Latitude qu'en Longitude, n'est pas le maître de les modifier à son gré, de leur faire dire en quelque maniére ce qui lui plaît. Dans le cas où l'on s'est mis ici, de développer & mettre au jour les moyens mêmes qui doivent servir à composer la Carte de l'Italie, & dont elle dépend étroitement & rigoureusement ; il est encore moins possible d'en imposer, & de tourner toutes choses à l'avantage d'un systême particulier. D'ailleurs, par quel intérêt un Géographe voudra-t-il imaginer un notable changement dans la Longitude ? Il n'y a que beaucoup de travail attaché à un pareil projet, puisqu'il est infiniment plus simple & plus commode, d'adhérer à une supposition reçue dans la mesure des degrés de Longitude, que de se mettre de gayeté de cœur dans la néceſſité d'en reconnoître la meſure par des recherches fort étendues & des combinaiſons fort épineuſes. L'envie de ſe diſtinguer par une opinion ſinguliére, ſeroit une vanité mal-entendue, ſur-tout ici, où en prenant pour objet & pour champ l'Italie, pays auſſi à portée qu'il eſt célebre, qui même renferme des perſonnes habiles, on s'expoſe à des vérifications ſur le terrain, qui peuvent ôter toute équivoque, & démentir un travail frivole & téméraire.

PARALLELE
DU CONTOUR DE L'ITALIE
Selon les Cartes de MM. DELISLE et SANSON,
et celle qui résulte de l'ANALYSE GÉOGRAPHIQUE
de ce continent par le S. D'ANVILLE.
Dans ce Parallele la position de ROME et la Graduation
sont communes aux trois Cartes.
Le trait ombré est celui du S. D'ANVILLE.
Le trait sans ombre est d'après M. DELISLE.
Le fil de points d'après M. SANSON.
Le continent de l'ITALIE, selon le trait du S. D'ANVILLE,
est composé de 10080 Lieues quarrées au plus,
en fixant la longueur de la Lieue à 3000 Pas Géométriques,
ou 2800 Toises.
Le même continent dans le trait de M. DELISLE renferme
12200 Lieues ou environ, c'est-à-dire 2080 d'excédent
sur la Carte du S. d'Anville.
Et dans M. SANSON la même évaluation donne 14100 Lieues,
ou 3480 d'excédent.
La Longitude est icy établie sur le Méridien de Rome, et tant Occidentale qu'Orientale,
en conséquence du choix de la position de cette ville pour point commun;
et l'intervalle des Méridiens a été réglé selon la Graduation ordinaire,
et dans l'hypothese de la Terre Sphérique, pour ne point différer à cet égard
de MM. Del'isle et Sanson.
LIEUES FRANÇOISES de 2800 Toises.
5 10 20 30 40 50
Milan
Turin
Gênes
Nice
Livourne
Florence
Venise
Ravenne
Trieste
Ancone
Pescara
Rome
Civita-vecchia
Manfredonia
Naples

RÉSULTAT

DE CETTE ANALYSE GE'OGRAPHIQUE, par rapport à la forme & à l'étendue de l'Italie, en faiſant un Parallele des Cartes de MM. de l'Iſle & Sanſon, avec celle qui eſt ici donnée.

CE qui ſe conclut ici de la vérification des eſpaces pour la meſure des Degrés de Longitude, ne conſtitue pas à beaucoup près toute la diverſité dont une Carte de l'Italie, dreſſée en conſéquence des points diſcutés, devient ſuſceptible eu égard aux Cartes précédentes. Il paroîtra ſurprenant, que ſur un pays tel que celui qui fait l'objet de cette diſcuſſion, la Géographie ſouffre encore une réforme auſſi conſidérable, que le réſultat dont il s'agit actuellement doit la manifeſter : & pour autoriſer cette réforme, il ne falloit pas moins, je l'avoue, que l'expoſition circonſtanciée des meilleurs moyens dont on ait pû faire uſage pour la compoſition d'une Carte d'Italie. Comme dans tout ce travail on ne doit avoir en vûe que l'avantage du Public, je mettrai ſous les yeux du Lecteur un Parallele des différentes Cartes de l'Italie. J'oſe eſpérer, que les perſonnes équitables & ſans prévention ne le déſapprouveront point. La nouvelle Italie ſe doit toute entiére aux faits qui ont été produits : il ne dépendoit pas de moi en les dévelopant, de donner à ce pays une autre forme, & une étendue plus conſidérable. Si je compare cet Ouvrage à ceux de MM. de l'Iſle & Sanſon, c'eſt préciſément parce qu'ils ſont regardés avec juſtice comme les Auteurs les plus habiles en fait de Cartes générales ; & que ce ſeroit manquer au reſpect qui eſt dû au Public, & à la conſidération que méritent ces illuſtres Géographes, que d'en ſubſtituer ici qui leur ſoient inférieurs.

Nous ne nous proposons au-reste dans ce Parallele, que le simple contour du continent de l'Italie, sans qu'il soit question d'entrer dans aucun détail de l'intérieur. Pour cet effet, les trois Plans différens de l'Italie ont été dessinés avec grande fidelité (comme on pourra s'en convaincre à l'examen) sur un même chassis de Graduation. Et pour avoir un point commun dans cette triple représentation, on a fait choix de la position de Rome; parce qu'indépendemment de la dignité & prééminence de cette ville, il est constant qu'elle se rencontre à une distance à peu près égale des deux extrémités de l'Italie. Une grande inégalité à cet égard, est telle qu'on la trouve dans M. Sanson, est manifestement fautive. En conséquence de ce choix, le Méridien de Rome détermine la Longitude employée dans le Parallele, & elle s'y compte tant à l'Ouest d'une part, qu'à l'Est de l'autre. L'intervalle des Méridiens ou l'étendue des Degrés de Longitude, y est conforme à l'hypothèse ordinaire, pour se rapporter en ce point à MM. de l'Isle & Sanson. La Latitude de Rome est la même, à cela près que dans M. Sanson elle est moindre de quelques minutes.

Or, pour faire une distinction sensible des différentes délinéations du contour de l'Italie, relatives chacune en particulier à la position de Rome; 1°. Le contour qui résulte de notre Analyse & discussion, est accompagné d'une ombre ou hachure, laquelle a été jettée en dedans, ou prise sur la terre à la maniére des Cartes Hydrographiques, dans la vûe que ce contour se détachât mieux des deux autres en quelques endroits. 2°. Le contour figuré d'après M. de l'Isle consiste dans un simple trait sans ombre; & il convient d'avertir, qu'entre les deux Cartes que ce Géographe a données de l'Italie, celle de 1715 a dû être prise par préférence, comme un ouvrage postérieur à l'autre, & dans lequel il est censé que l'Auteur a enchéri sur luimême. 3°. Le contour pris de M. Sanson, & tracé par un fil de points, est celui de Guillaume-Sanson, qui a perfectionné les ouvrages de Nicolas son père, dans les Cartes que MM. Jaillot ont rendues publiques. Comme il convenoit d'accompagner ces délineations de quelques positions principales, pour en désigner le lieu propre à chacun des trois Plans, on en facilite la distinction par des caractères d'écriture particuliers. Les positions qui appartiennent au trait ombré ont leur nom en Majuscule, celles du trait simple en Romaine, & du troisiéme en Italique. Ces différens moyens de distinction ont paru suffisans, pour éviter la confusion dans le Parallele dont il s'agit.

Mais, avant que d'entrer dans quelque détail de ce que ce Parallele fournit de plus singulier, il est nécessaire qu'on soit prévenu, que ce qui ferme le contour de l'Italie, au défaut des deux Mers qui la resserrent, est déterminé par la cime des Alpes, de laquelle la chûte des Riviéres ou le côté qu'elles prennent dans leur cours, doit décider. C'est pour cette raison, qu'on s'est étendu dans la Carte d'Italie jusqu'à la tête des Riviéres dont les eaux coulent dans la Lombardie, bien que ce soit y enveloper plusieurs cantons de pays qui font aujourd'hui partie de l'Allemagne. Les bornes naturelles ont dû prévaloir sur des limites politiques & accidentelles, dans le cas où il a été question de considérer l'Italie en elle-même. Cette raison nous auroit fait exclure la Savoye du même contour, si ce pays n'avoit été embrassé dans le détail de nos discussions, comme étant hors des limites actuelles du Royaume de France. Il faut donc être prévenu, que là où finit la côte Ligustique ou du Golfe de Gênes, la ligne du contour de l'Italie entre dans les terres à la chûte des Alpes-Maritimes, près des Trophées d'Auguste ou de la Turbie, au-dessus de Monaco. C'est-là plutôt qu'ailleurs, qu'il convient de fixer les limites de l'Italie. Car, quoique selon Strabon, Méla, Pline, Ptolémée, ces limites paroissent avoir été reculées jusqu'au Var, *promoto limite Varus*, dit Lucain; cependant il est remarquable, que l'Itinéraire d'Antonin décrivant la Voie Aurélienne, & donnant une mansion *in Alpe-summâ*, entre *Albium - Intemelium* ou Vintimille, & *Cemenelum* ou Cimies, ajoute *hucusque Italia, adhinc*

Gallia. Cette séparation entre l'Italie & l'ancienne Gaule par le sommet de l'Alpe-Maritime, étoit encore reconnue dans le moyen-âge, à en juger par l'Auteur de la Vie de Saint Pons, dont l'Eglise subsiste près de Cimies ou Cimella: *Baluzii Miscell.* (Tom. II. c. 15.) *Fines Italiæ transiens (Pontius) urbem sub Alpium jugo procul sitam petiit, nomine Cimelam.* En suivant donc la cime des Alpes, désignée par les eaux-pendantes, notre ligne d'abornement continue jusqu'à la rencontre de la frontiére de Morienne, où les limites entre la Savoie & le Dauphiné succedent à la chaîne principale des Alpes. Puis vient le cours du Rhône, en remontant jusqu'à Genêve, & tout de suite le rivage du Lac de Genêve jusqu'à la frontiére commune du Chablais & du Walais, laquelle frontiére nous fait rejoindre les hautes-Alpes un peu en deçà du Grand-Saint-Bernard. De-là, en passant par le Mont Saint-Gothard, on ramasse toutes les eaux qui tombent dans le Tésin; & en continuant par le Brenner, l'Adda & l'Adigé avec ce qui y afflue, sont embrassés jusqu'aux sources. Viennent après les Alpes Juliennes & Carniques; & dans l'intervalle de Monti del Carso & de Monti della Vena, une ligne tirée sur Trieste fair la clôture du contour, sur le bord de la Mer Adriatique.

Dans l'examen du Parallele, ce qui frappe davantage est le grand écart de M. Sanson dans la partie occidentale, écart de près de trois degrés en Longitude, sur un peu plus de neuf (c'est-à-dire, environ un tiers) par comparaison à la Carte qui résulte de l'Analyse. Indépendemment d'une grande dilatation dans l'étendue de la Lombardie, cet écart a son prémier principe dans la maniére dont Rimini gît à l'égard de Rome dans M. Sanson, sçavoir deux-tiers au moins de degrés vers l'Ouest; au-lieu que ce point est décidé plus oriental que Rome, & d'environ 5 minutes selon les Opérations de M. Bianchini. Si cette déclinaison du point de Rimini est empruntée de Magini, c'est toutefois avec quelque enchérissement sur cet Auteur, par la raison que M. Sanson ayant en général excédé Magini dans la longueur

longueur de l'Italie, la différence particuliére entre Rome & Rimini a pris un accroissement proportionnel. Cependant, de ce que la position de Rimini décline si considérablement dans M. Sanson, il s'ensuit que la position qu'il donne à Ravenne est plus occidentale que notre point de Florence, & que le bord de la Mer Adriatique s'approche à cinq Lieues près de ce point, bien qu'il en entre au-moins vingt dans l'intervalle. Mais, voyons les suites de la dilatation qui se joint à ce premier déplacement. La position de Florence, tirée de M. Sanson, devient plus occidentale que Livourne, Gênes se rencontre derriére Nice, Milan derriére Turin, Turin est à plus de cent mille Toises du lieu de Turin. Enfin, la dilatation fait un tel progrès dans M. Sanson, à mesure qu'on s'écarte du Méridien de Rome, que le Pont-Beauvoisin, que l'on sçait être mi-parti entre la Savoie & le Dauphiné, ne se trouve néanmoins distant du Méridien de Paris que de sept à huit Lieues: & qu'ayant placé Clermont en Auvergne dans la distance de ce Méridien conclue des Opérations Trigonométriques de l'Académie Royale des Sciences, cette position se trouve enclavée dans l'étendue qu'occupe la Savoie chez M. Sanson. Par le rapport de la position du Pont-Beauvoisin à celle d'*Augustum* ou Aouste, marquée sur la Carte du Parallele, la distance de ce Pont au Méridien de Paris doit être néanmoins d'environ 53 Lieues, ou de 132000 Toises. D'où il suit un excès de 45 Lieues au-moins de dilatation dans la Carte de M. Sanson, ou d'environ 113000 Toises.

On ne verra point d'écart à beaucoup près aussi considérable, entre le Plan ici donné & celui de M. de l'Isle, dans ce qui concerne la partie citérieure de l'Italie. Il résulte en général, d'une disposition conforme à la direction du Méridien de Rome, & aux Latitudes de quelques points principaux (comme Florence, Gênes, Milan, Turin, qui dans M. Sanson sont jettés trop au Sud) que M. de l'Isle prend un avantage marqué sur ce Géographe. Mais, il est pourtant évident, que la Toscane & la Lombardie occupent plus d'espace dans M. de l'Isle, que ce qu'il en réſulte de l'Analyſe ; bien qu'il ſoit à préſumer, que pour ce qui regarde en particulier la traverſée de la Lombardie dans ſon étendue en longueur, ce ne ſoit pas la partie de cette Analyſe la moins ſolidement diſcutée. Le prolongement ſe fait ſentir principalement ſur la Savoie. Car, quoique la poſition de Turin dans M. de l'Iſle, ne dépaſſe la nôtre que de 4 à 5 Lieues, ou d'environ 11000 Toiſes, cependant il y a près de 11 Lieues, ou environ 27000 Toiſes d'écart à l'égard du lieu d'*Auguſtum*, qui peut être regardé comme terme de la Savoie, & à l'égard de Grenoble également, qui correſpond au même eſpace. Cette extenſion de la Savoie n'a pû ſe faire qu'aux dépens d'un eſpace qui appartient à la France. Car, dans la Carte d'Italie de M. de l'Iſle, *Auguſtum* n'eſt cenſé éloigné du Méridien de Paris par la Graduation de Longitude de cette Carte, que de 3 degrés & environ 2 minutes, au-lieu que notre Carte prend 13 minutes au-delà des 3 degrés de la même Graduation ; & la différence de 11 minutes de la Graduation ordinaire à cette hauteur vaut 7 à 8 mille Toiſes. Ce que nous concluons ſur ce point, trouve une juſtification dans la Longitude de Genêve, qui ſur les Obſervations de MM. Violier & Gauthier, ſe conclut de 15 minutes 50 ſecondes de tems à l'égard de Paris, ou de 3 degrés 57 minutes & demie. Or, la Carte de M. de l'Iſle plaçant Genêve à 23 degrés & environ 42 minutes, & ce Géographe ayant fixé Paris au 20me degré, il s'enſuit un rapprochement à l'égard du Méridien de Paris, dans le point de Genêve comme dans celui d'*Auguſtum*. Il ne me paroît pas à la vérité, que le point de Genêve s'écarte autant de ce Méridien, que la Graduation ordinaire le demanderoit ſur la quantité de Longitude indiquée par les Obſervations. Mais, ſi on prend garde, que ſelon la Graduation propre à notre Carte d'Italie, le point de Genêve ſe rencontre à 23 degrés 50 minutes, & que nous ſuppoſons la Longitude de Paris de 19 degrés 52 minutes, en conſéquence des Obſervations du P. Feuillée aux Canaries ; il en réſulte 3 degrés 58 minutes de différence entre Paris & Genêve, encore que dans les combinaiſons qui nous ont conduit au point de Genêve, on n'ait rien vû qui eû attrait à ce qui ſe conclut de la détermination de Longitude, ou qui en dépendît. Ces 3 degrés 58 minutes de notre Graduation reſſerrée, en valent 3. 49 au-moins de la Graduation ordinaire. Donc, notre point de Genêve eſt à environ 7 minutes de cette Graduation au-delà de celui de M. de l'Iſle, à l'égard du Méridien de Paris. En général, il ne m'a point paru que la France prît aucune part au reſſerrement que nos combinaiſons apportent entre les Méridiens de Paris & de Rome, & ce que j'ai obſervé ſur ce ſujet dans la poſition de Nice comparée à celle de M. de l'Iſle, ne mérite pas d'être relevé.

Quoique la ligne du Rhône entre la Savoie & le Bugei ſoit dans un écart de 12 à 13 Lieues Françoiſes, entre notre Plan & celui de M. de l'Iſle, toutefois les poſitions de Milan ſe trouvent preſque adhérentes dans le Parallele, enſorte que l'écart ſoit pris dans cet intervalle, qui ne vaut qu'environ 50 Lieues dans notre plan, ou les quatre cinquiémes de l'eſpace occupé par M. de l'Iſle. Il n'y a point de différence ſenſible dans l'intervalle des points de Milan & de Veniſe. Et même on obſervera, que la diſtance de Milan à Ravenne & à Rimini, dont les points ſont en rapport plus immédiat avec le paſſage du Méridien de Rome, devient plus forte par notre Plan que par celui de M. de l'Iſle. On a vû dans le détail de la Lombardie, que la Latitude de Ravenne ſurpaſſe notablement dans M. de l'Iſle les Obſervations dont elle ſe conclut. Ce déplacement a entraîné celui de Véniſe, & même avec quelque ſurabondance. Et bien que je craigne que le point de Veniſe ne ſoit plutôt trop au Nord qu'autrement dans notre Carte, cependant il y a environ 16 minutes d'abaiſſement dans ce point comparé à celui de M. de l'Iſle. Cette élévation devient générale pour cette partie de la Lombardie dans la Carte de ce Géographe; & la poſition de Padoue portée à 35 minutes au-delà de 45 degrés, encore que les Obſervations de M. Poleni ne donnent que 22 minutes & demie, en est une preuve. Et si M. de l'Isle n'avoit comprimé l'intervalle de la position de Feltre au point le plus élevé des Alpes, ou qu'il y eut mis cinq-sixiémes de degré à bonne mesure, comme nous les y avons fait entrer, ce point des Alpes seroit devenu d'un quart de degré plus septentrional qu'il ne paroît dans la Carte de M. de l'Isle, ce qui lui auroit fait prendre encore plus d'étendue qu'on n'en voit dans le Parallele.

Après cette révision dans la partie citérieure de l'Italie, passons à l'ultérieure. Quoiqu'il semblât qu'on pût se dispenser de faire entrer M. Sanson dans ce Parallele, puisque c'est aux ouvrages postérieurs qu'il convient de s'attacher en pareil cas; toutefois il résultera du Parallele, un plus grand rapport dans cette partie de l'Italie, de la nouvelle Carte à M. Sanson, qu'à M. de l'Isle. Ce plus ou moins de rapport consiste principalement dans la largeur du pays. M. de l'Isle nous déborde des deux côtés de l'Italie dans toute son étendue, mais sur-tout du côté de la Mer Adriatique, où la différence, dans l'intervalle de Pescara à l'éperon ou au Promontoire du Mont *Garganus*, va jusqu'à 12 ou 13 Lieues, ou plus de 30000 Toises. La distance entre Rome & ce Promontoire, qui ne s'étend dans notre Plan qu'à environ 62 Lieues, en prend plus de 73 dans M. de l'Isle. Quoique M. Sanson en faisant usage de Magini, l'ait beaucoup excédé, dans l'intervalle de Rome à Otrante, mettant plus de 300 Milles communs où cet auteur ne donne qu'environ 268, cependant la position d'Otrante dans M. de l'Isle est presque aussi avancée que dans M. Sanson. Et de-là vient, que nonobstant notre étude & affectation à faire entrer plus que moins d'espace dans tout ce qui s'éloigne de Rome de ce côté-là, toutefois il y a environ 8 Lieues Françoises ou 20000 Toises à peu près d'intervalle, entre notre point d'Otrante & celui de M. de l'Isle. Et la maniére dont M. de l'Isle court ensuite au Promontoire Iapygien ou Cap de Leuca, qui est le Finistere de l'Italie, rend l'écart encore plus grand, & l'étend jusqu'à 10 Lieues ou 25000 Toises. Le prolongement du Plan de M. de l'Isle a un tel effet sur la partie orientale de l'Italie, que les points d'Otrante & du Cap de Leuca occupent plus de Longitude ordinaire dans l'intervalle de Rome, qu'il n'y entre de notre Graduation quoique rétressie. Cela joint à ce que nous ne prenons la différence entre Paris & Rome que sur le pied de 10 degrés 15 minutes (c'est-à-dire 5 minutes de moins que M. de l'Isle, & que la Connoissance des Tems) fait que le point du Cap de Leuca ne s'écarte que de 16 degrés & 10 ou 11 minutes de Longitude du Méridien de Paris, même en Graduation corrigée & rétressie, lorsque M. de l'Isle prend 16 degré & environ deux-tiers de la Graduation ordinaire & plus étendue. En n'admettant point notre Graduation rétressie, la mesure de l'espace qui nous porte du Méridien de Paris jusqu'au Cap de Leuca, ne suffit que pour 15 degrés & environ 34 minutes, ainsi que notre chassis de Carte, auquel la Graduation ordinaire est appliquée, le fait voir. Or, d'autant qu'il est naturel & même de devoir à un Géographe, de partager son attention aux différens objets qui entrent également dans la Géographie, & de considérer si ce qui paroît convenable & accommodant dans une partie, peut l'être de même en ce qui regarde d'autres parties; je ne puis me dispenser de jetter les yeux hors de l'étendue de notre sujet, par rapport aux suites & conséquences de cette quantité de Longitude très-modérée, que donne la Graduation ordinaire entre Paris & le Finistere d'Italie. Car enfin, il faut s'inquiéter de sçavoir, si en partant de l'extrémité orientale du continent de l'Italie en pareille Longitude que ci-dessus, & moindre d'un degré que dans M. de l'Isle, pour de-là traverser la Grece, & arriver aux points de Milo, de Smyrne, de Constantinople même, sur lesquels on a des Observations qui se rapportent au Méridien de Paris, on aura assez d'espace donné pour atteindre ces points. Et puisque M. de l'Isle, qui s'est conformé à la Longitude de ces points, prend un degré de plus dans la longueur de l'Italie, il faudra supposer en voulant soutenir jusqu'au bout la même étendue de Graduation que l'ordinaire, que M. de l'Isle a enlevé à la Grece autant d'espace qu'il en a d'abondance sur l'Italie. Mais, seroit-il probable, que M. de l'Isle fut en pareil cas, & qu'à l'égard d'une traversée comme celle de l'Italie à Milo, il n'eut pris que la valeur de 6 degrés où il en auroit fallu 7? Sans entrer dans un examen de détail, qui seroit actuellement trop hors-d'œuvre, & qui peut trouver sa place ailleurs, la seule apparence détermine l'opinion qu'on doit prendre sur cette question.

Ayant atteint le terme de l'Italie au Cap de Leuca, si on mesure une ligne entre ce point & le terme de l'autre côté, qui est *Augustum*, on trouve 242 Lieues dans notre Plan, & 262 dans celui de M. de l'Isle, ou 50000 Toises de différence. Mais, pour connoître à tous égards, & en largeur comme en longueur, la diversité des deux Plans, il résulte d'y appliquer une mesure de surface en Lieues quarrées, & en fixant la Lieue à 3000 Pas Géométriques François, ou 2500 Toises; que l'étendue de notre Plan est composée de 10650 Lieues quarrées au plus, & que celui de M. de l'Isle en renferme environ 13200. La différence est de 2550 Lieues, qui font à 90 Lieues près, le cinquiéme du produit de M. de l'Isle. Il s'en forme un quarré de terrain, dont les côtés auront de bonne-mesure 50 Lieues d'étendue; & il faut la moitié de la Lombardie, ou plus du tiers de l'Italie proprement-dite, pour en faire l'équivalent. La même mesure sur le Plan de M. Sanson fournit 14100 Lieues, qui à 75 près font le quart de la somme. Si ce Géographe n'avoit pas été modéré sur la largeur de l'Italie dans sa partie ultérieure, que l'abondance en cette partie eut été proportionnelle à ce qu'il y en a dans l'autre, & qu'elle fut au point où elle paroît dans M. de l'Isle, il n'est pas douteux que le décompte auroit grossi, & pris une proportion encore plus forte.

Quoiqu'on puisse être frappé d'une aussi prodigieuse réforme à l'égard d'un pays comme l'Italie, je ne fais point difficulté de dire, qu'il est encore à présumer que la nouvelle Carte qui donne lieu à la comparaison, doit contenir en elle-même plutôt trop d'espace que d'en manquer. Je suis moralement assuré, que la crainte de pécher faute d'étendue, m'a fait tomber en plus d'un endroit dans l'inconvénient opposé, & cette crainte étoit naturelle dans des circonstances où il résultoit déja tant de diversité d'avec les ouvrages précédens. Je laisse à ceux qui viendront après moi, qui seront plus courageux, ou mieux informés, l'avantage de remédier à ce qui paroîtra s'écarter de la précision. On peut même être assuré, que je me corrigerai moi même en quelque sens que ce soit, si les moyens m'en sont fournis, ou que j'acquiére de nouvelles instructions. J'invite les Sçavans de l'Italie à y donner leur application, & je leur ferai honneur de ce qu'ils voudront bien me communiquer. Mais, ce n'est point ce semble se trop flatter que de croire, qu'il n'y a point à craindre une refonte presque générale de la matiére, comme on peut dire qu'elle a été faite ici. C'est à quoi une sorte de sévérité dans le détail & dans l'arrangement des parties nous a conduits, quoique les conséquences n'en paroissent pas aussi considérables aux yeux de quelques personnes, qui ont peine à se persuader que de nouveaux ouvrages soient aussi nécessaires qu'ils peuvent l'être.

Au-reste, quelque travail qu'ait couté la charpente de l'édifice, & c'est à quoi se réduit tout l'objet de cette discussion, j'ai apporté au détail des parties une attention proportionnée. L'expression de ce qu'il convenoit de prendre dans un très-grand nombre de Cartes particuliéres pour ce détail, le choix des circonstances, ont demandé une exactitude & des soins qui n'ont point été épargnés. Beaucoup de lieux dignes de remarque pour être connus dans l'Antiquité, quoique détruits aujourd'hui, ont été recueillis, & admis dans le nombre des positions ; & pour les distinguer, on les a figurés par quatre points posés en quarré ou en lozange. Cette circonstance demandoit qu'on s'en expliquât ici. Mais, ce qu'on a tâché de rendre ou d'exprimer le plus au naturel qu'il se pouvoit, à proportion de l'étendue de la Carte, c'est la suite & les branches des montagnes qui enveloppent l'Italie, & qui la traversent dans toute sa longueur. Et puisqu'en même-tems qu'une Carte Géographique est réputée le tableau du sujet qu'elle représente, la distinction des pays de montagnes aux pays unis fait une partie essentielle & des plus utiles de la représentation, il s'ensuit que la négligence en ce point sera toujours très blamable. Une Carte qui paroîtra à cet égard plus chargée que les autres, peut par conséquent être jugée plus expressive : & il est bon de prendre la peine d'examiner, s'il n'est pas même entré de l'art dans l'arrangement du détail de cette Carte, pour éviter la confusion. Si on n'a pas communément l'œil fait à cette partie Topographique d'une Carte, c'est qu'en-effet on voit peu de Cartes fidéles à cet égard. On peut regarder comme un article des plus importans, & si j'ose le dire, plus recommandables dans la Carte d'Italie, la maniére dont les Alpes avec les rameaux qui en sortent, & qui leur servent de degrés pour parvenir à leur cime ou crête principale, y sont représentées. Il n'y a point de Vallée ou d'ouverture assez considérable dans ces montagnes, qui soit couverte dans la Carte par la maniére de figurer les montagnes avec trop de largeur, & sans ordre ou distribution recherchée d'après la disposition naturelle du local. Il faut être persuadé, que c'est la plus laborieuse partie dans le détail d'une Carte. J'ajouterai un mot sur les divisions ou districts. Non-seulement les Etats, mais même les différentes parties dont la plûpart sont composés, ont eu leur distinction le plus précisément qu'il a été possible, & qu'une Carte générale le permettoit. J'ai eu cette partie de détail assez à cœur, pour avoir le désir de la discuter par écrit, & de donner une exposition de la formation des Etats actuels de l'Italie, qui auroit fait un Supplément à cette Analyse. Mais, je n'ai pas osé prendre le tems de me satisfaire sur ce sujet, après en avoir beaucoup plus employé que je n'avois prévû, comme cela m'est assez ordinaire, au travail de la Carte d'Italie.

FIN.

APPROBATION.

J'Ai lû par ordre de Monseigneur le Chancélier, un Manuscrit portant pour titre, *Analyse Géographique de l'Italie, par le Sieur d'Anville;* & il m'a paru que l'Auteur y soutenoit parfaitement la réputation que ses autres Ouvrages lui ont si justement acquise. A Paris, ce 27 Juin 1743. DU RESNEL.

AUTRE APPROBATION.

J'Ai lû par ordre de Monseigneur le Chancélier, l'*Analyse Géographique de l'Italie;* & j'ai cru que l'impression en seroit utile & agréable au Public, & principalement à ceux qui aimeront à voir les matiéres de Géographie traitées à fond, & dans toute l'exactitude possible. FAIT à Paris, ce 11 Décembre 1743.

FONTENELLE.

PRIVILEGE DU ROI.

LOUIS, par la Grace de Dieu, Roi de France & de Navarre: A nos amés & féaux Conseillers, les Gens tenans nos Cours de Parlement, Maîtres des Requêtes ordinaires de notre Hôtel, Grand Conseil, Prevôt de Paris, Baillifs, Sénéchaux, leurs Lieutenans Civils, & autres nos Justiciers qu'il appartiendra. SALUT. Notre bien amé le Sieur D'ANVILLE, notre Géographe ordinaire, Nous a fait exposer qu'il desireroit faire imprimer & donner au Public un Ouvrage de sa composition, qui a pour titre *Nouveau Corps de Cartes Géographiques générales, avec des Analyses & des Discussions*, s'il nous plaisoit lui accorder nos Lettres de Privilege pour ce nécessaires. A CES CAUSES, voulant favorablement traiter l'Exposant, Nous lui avons permis & permettons par ces Présentes, de faire imprimer l'Ouvrage ci-dessus, en un ou plusieurs Volumes, & autant de fois que bon lui semblera, & de les faire vendre & débiter par tout notre Royaume pendant le tems de vingt années consécutives, à compter du jour de la date desdites Présentes. Faisons défenses à toutes sortes de personnes de quelque qualité & condition qu'elles soient, d'en introduire d'impression étrangere dans aucun lieu de notre obéissance: comme aussi à tous Libraires, Imprimeurs & autres d'imprimer, faire imprimer, vendre, faire vendre, débiter, ni contrefaire ledit Ouvrage, ni d'en faire aucuns extraits, sous quelque prétexte que ce soit d'augmentation, correction, changement, ou autre, sans la permission expresse & par écrit dudit Exposant, ou de ceux, qui auront droit de lui, à peine de confiscation des Exemplaires contrefaits, de trois mille livres d'amende contre chacun des Contrevenans, dont un tiers à nous, un tiers à l'Hôtel-Dieu de Paris, l'autre tiers audit Exposant, ou à celui qui aura droit de lui, & de tous dépens, dommages & interêts ; à la charge que ces Présentes seront enregistrées tout au long sur le Registre de la Communauté des Libraires & Imprimeurs de Paris, dans trois mois de la date d'icelles ; que l'impression dudit Ouvrage sera faite dans notre Royaume, & non ailleurs, en bon papier & beaux caracteres conformément à la feuille imprimée & attachée pour modèle sous le contre-scel desdits Présentes ; que l'Impétrant se conformera en tout aux Réglemens de la Librairie, & notamment à celui du 10 Avril 1725, & qu'avant que de l'exposer en vente, le Manuscrit, qui aura servi de copie à l'impression dudit Ouvrage, sera remis dans le même état, où l'Approbation y aura été donnée, ès mains de notre très-cher & féal Chevalier, le Sieur Daguesseau, Chancélier de France, Commandeur de nos Ordres ; & qu'il en sera ensuite remis deux Exemplaires dans notre Bibliotheque publique, un dans celle de notre Château du Louvre, & un dans celle de notre très-cher & feal Chevalier le Sieur Daguesseau, Chancélier de France, le tout à peine de nullité des Présentes ; du contenu desquelles vous mandons & enjoignons de faire jouïr ledit Exposant ou ses ayant-cause, pleinement & paisiblement, sans souffrir qu'il leur soit fait aucun trouble ou empêchement. Voulons que la copie desdites Présentes, qui sera imprimée tout au long au commencement ou à la fin dudit Ouvrage, soit tenuë pour dûement signifiée, & qu'aux copies collationnées par l'un de nos amés & feaux Conseillers & Secretaires foi soit ajoûtée comme à l'Original. Commandons au premier notre Huissier, ou Sergent sur ce requis, de faire, pour l'exécution d'icelles, tous actes requis & nécessaires, sans demander autre permission, & nonobstant Clameur de Haro, Charte Normande, & Lettres à ce contraires ; Car tel est notre plaisir. DONNE' à Versailles le vingt-deuxiéme jour de Février l'an de grace mil sept cens quarante quatre, & de notre Regne le vingt-neuvième. Par le Roi en son Conseil.

SAINSON.

Registré sur le Registre XI. de la Chambre Royale & Syndicale des Libraires & Imprimeurs de Paris, N°. 266. fol. 225. conformément aux anciens Reglemens, & notamment à celui de 1723, qui fait défenses, article IV. à toutes personnes de quelque qualité qu'elles soient, autres que les Libraires & Imprimeurs, de vendre, débiter & faire afficher aucuns Livres pour les vendre en leurs noms, soit qu'ils s'en disent les Auteurs ou autrement, à la charge de fournir à ladite Chambre Royale & Syndicale des Libraires & Imprimeurs de Paris huit Exemplaires de chacun, prescrits par l'Article CVIII. du même Réglement. A Paris, ce 23 Février 1744. SAUGRAIN, Syndic.

De l'Imprimerie de CLAUDE SIMON, *Pere.*

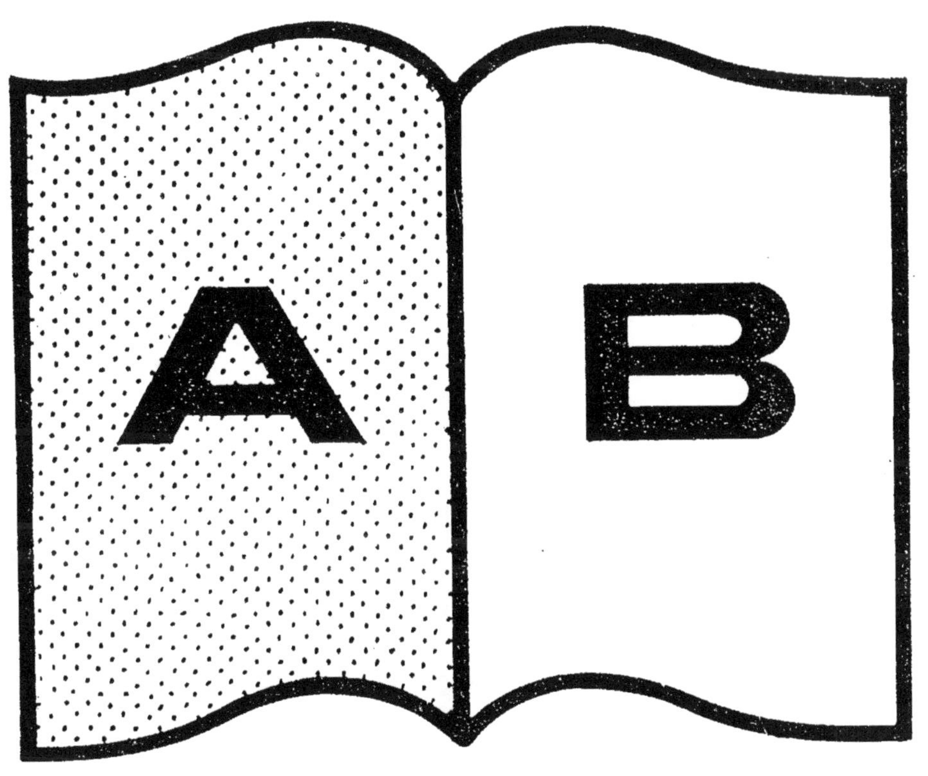

Contraste insuffisant

NF Z 43-120-14

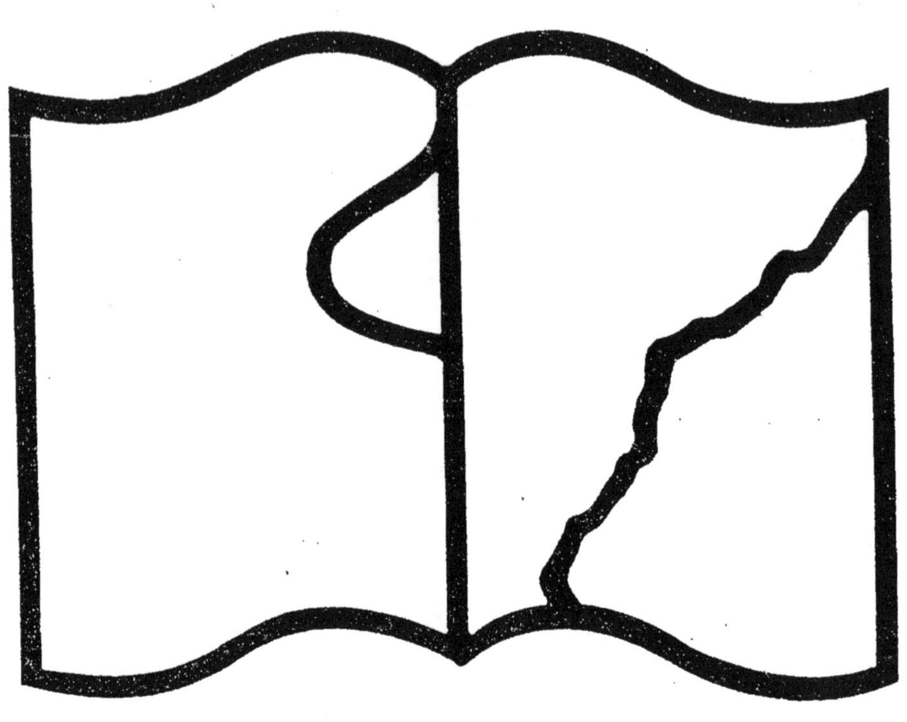

Texte détérioré — reliure défectueuse

NF Z 43-120-11

www.ingramcontent.com/pod-product-compliance
Ingram Content Group UK Ltd.
Pitfield, Milton Keynes, MK11 3LW, UK
UKHW020158250726
13967UKWH00003B/1135

9 782012 856530